物联网大数据分析实战

[美] 安德烈·敏特尔 著

吴 骅 译

U0378254

清华大学出版社

北 京

内 容 简 介

本书详细阐述了与物联网大数据分析相关的基本解决方案，主要包括物联网分析和挑战、物联网设备和网络协议、云和物联网分析、创建 AWS 云分析环境、收集所有数据的策略和技术、探索物联网数据、增强数据价值、可视化和仪表板、对物联网数据应用地理空间分析、物联网分析和数据科学、组织数据的策略、物联网分析的经济意义等内容。此外，本书还提供了相应的示例、代码，以帮助读者进一步理解相关方案的实现过程。

本书适合作为高等院校计算机及相关专业的教材和教学参考书，也可作为相关开发人员的自学用书和参考手册。

北京市版权局著作权合同登记号 图字：01-2018-3291

图书在版编目（CIP）数据

物联网大数据分析实战 ／（美）安德烈·敏特尔著；吴骅译. —北京：清华大学出版社，2022.10
书名原文：Analytics for the Internet of Things(IoT)
ISBN 978-7-302-61753-2

Ⅰ．①物… Ⅱ．①安… ②吴… Ⅲ．①物联网—数据处理 Ⅳ．①TP393.4 ②TP18

中国版本图书馆 CIP 数据核字（2022）第 161820 号

责任编辑：贾小红
封面设计：刘 超
版式设计：文森时代
责任校对：马军令
责任印制：沈 露

出版发行：清华大学出版社
   网 址：http://www.tup.com.cn，http://www.wqbook.com
   地 址：北京清华大学学研大厦 A 座 邮 编：100084
   社 总 机：010-83470000   邮 购：010-62786544
   投稿与读者服务：010-62776969，c-service@tup.tsinghua.edu.cn
   质量反馈：010-62772015，zhiliang@tup.tsinghua.edu.cn
印 装 者：北京同文印刷有限责任公司
经 销：全国新华书店
开 本：185mm×230mm 印 张：21.25 字 数：425 千字
版 次：2022 年 11 月第 1 版   印 次：2022 年 11 月第 1 次印刷
定 价：109.00 元

产品编号：074989-01

译　者　序

随着产业互联网、5G、云计算和人工智能等技术的普及，中国企业正在数字化的道路上狂奔。与其说这是一个产业升级的过程，不如说是一种升华。数字化使企业加装了物联网的强大驱动，张开了飞速发展的翅膀。

到 2020 年为止，中国企业实现数字化转型的比例仅有 25%，但是数字经济规模约有 35 万亿元，这意味着数字经济具有广阔的发展空间，它将是中国经济持续增长最重要也最强力的引擎。毫无疑问，物联网就是这个引擎的实体，而物联网产生的数据就是产业智能化发展的底层要素。如何从这些每天都会产生和累积的海量数据中提取有价值的信息，同时尽量降低数据的保存和分析成本，是摆在每个数字化企业面前的一个挑战。

本书从物联网数据分析模型、遇到的问题和挑战出发，介绍了物联网设备用例、网络连接协议和消息传递协议等，以帮助读者了解物联网数据的设备特征；通过引入弹性数据分析和可扩展设计等概念，介绍了 PaaS（platform as a service）平台（包括 Amazon Web Services 和 Microsoft Azure 等，也可以使用阿里云和华为云）；在数据存储方面，介绍了 Hadoop 集群架构；在数据处理方面，介绍了 Apache Spark；在数据探索和可视化方面，介绍了 Tableau 软件；在执行分析的语言方面，介绍了 R 和 RStudio。此外，本书还介绍了添加内部和外部数据集以增强数据分析价值、对物联网数据应用地理空间分析、通过机器学习和深度学习进行预测等操作，并且探讨了物联网分析的经济意义，为数据分析师抓住业务、拓展机会提供了参考。

在翻译本书的过程中，为了更好地帮助读者理解和学习，本书对大量的术语以中英文对照的形式给出，这样的安排不但方便读者理解书中的代码，而且有助于读者通过网络查找和利用相关资源。

本书由吴骅翻译。此外，黄进青也参与了部分翻译工作。由于译者水平有限，难免有疏漏和不妥之处，在此诚挚欢迎读者提出任何意见和建议。

前　　言

我们该如何理解物联网设备生成的大量数据？在接收数据之后，又该如何从中找到赚钱的方法？这一切都不会自行发生，但绝对有可能做到。本书展示的就是如何将一堆纷繁杂乱、难以理解的数据转变为高价值的分析结果。

我们将从处理数据这一复杂的任务开始。在用于分析之前，物联网数据往往都有复杂的流动路径，生成的数据通常也是混乱的，并且存在大量缺失值。但是，在经过清洗处理并采用可视化和统计建模等技术之后，我们很可能发现一些有价值的模式。本书将深入讨论如何使用多种分析技术从物联网大数据中提取价值。

我们还将阐释物联网设备如何生成数据，以及信息如何通过网络传播。本书将涵盖主要的物联网通信协议。云资源非常适合物联网分析，因为它易于更改容量，并且可以将数十种云服务纳入分析流程。我们将详细介绍 Amazon Web Services、Microsoft Azure 和 PTC（parametric technology corporation）公司的 ThingWorx 平台，读者将了解如何创建一个安全的云环境，以在其中存储数据、利用大数据工具和应用数据科学技术。

本书还介绍采集和存储数据的策略，讨论处理数据质量问题的策略，演示如何使用 Tableau 快速可视化和探索物联网数据。

将物联网数据与外部数据集（例如人口统计、经济和位置来源等数据）相结合，可以增强在数据中发现价值的能力。我们介绍这些数据的若干个有用来源，以及如何使用每个来源提高物联网分析能力。

与在数据中发现价值同样重要的是如何将分析结果有效地传达给他人。读者将学习到如何使用 Tableau 创建有效的仪表板和视觉效果。此外，本书还介绍快速实现警报系统以获得日常运营价值的方法。

地理空间分析也是利用位置信息的一种方式。本书涵盖使用 Python 代码进行地理空间处理的示例。将物联网数据与环境数据相结合可增强预测能力。

本书还阐释数据科学中的关键概念以及如何将它们应用于物联网分析。读者将学习如何使用 R 实现一些机器学习示例。我们还将讨论物联网分析的经济意义以及增加业务价值的方法。

除上述内容外，读者还将从本书了解到如何处理数据存储和分析的规模，如何利用

Apache Spark 处理可扩展性，以及如何使用 R 和 Python 进行分析建模等。

内容介绍

本书共分 13 章，具体内容如下。

第 1 章 "物联网分析和挑战"，出于本书讨论的需要，定义了物联网的构成、术语 "分析" 的含义和受限的概念等。本章还讨论物联网数据带来的特殊挑战，从大数据量到时间和空间相关问题，这些问题通常与公司内部数据集无关。读者将清晰地了解本书讨论的范围以及在后面章节的学习中需要克服的挑战。

第 2 章 "物联网设备和网络协议"，深入介绍各种物联网设备和网络协议。读者将了解设备的使用范围和用例。我们还将讨论各种网络协议以及它们试图解决的业务需求。到本章结束时，读者将对主要类别的设备和网络协议策略有所了解，并开始学习如何从结果数据中识别设备和网络协议的特征。

第 3 章 "云和物联网分析"，讨论基于云的基础架构在处理和分析物联网数据方面的优势。我们介绍各种云服务，包括 AWS、Azure 和 ThingWorx 等。读者将学习如何灵活地实施分析以实现各种功能。

第 4 章 "创建 AWS 云分析环境"，提供有关创建 AWS 环境的分步演练。该环境专门针对数据分析。除了屏幕截图和设置说明，我们还将解释操作原理。

第 5 章 "收集所有数据的策略和技术"，讨论收集物联网数据以实现分析的策略。读者将了解流式处理和批处理之间的权衡，学习如何构建数据存储的灵活性，以允许将未来的分析与数据处理集成在一起。

第 6 章 "了解数据——探索物联网数据"，重点介绍物联网数据的探索性数据分析。读者将了解如何提出和回答有关数据的问题。本章涵盖 Tableau 和 R 示例。读者将掌握快速理解数据意义和价值的策略。

第 7 章 "增强数据价值——添加内部和外部数据集"，介绍如何通过向物联网数据中添加额外的数据集来显著提高其价值，这些数据集可以来自内部和外部数据源。读者将学习如何寻找有价值的数据集并将它们与物联网数据结合起来以增强未来的分析能力。

第 8 章 "与他人交流——可视化和仪表板"，讨论如何为物联网数据设计有效的可视化和仪表板。读者将学习如何利用它们对数据的了解并以易于理解的方式进行传达。本章还介绍创建和可视化警报操作。

第 9 章 "对物联网数据应用地理空间分析"，重点介绍如何将地理空间分析应用于物联网数据。物联网设备在部署时通常具有不同的地理位置，有时甚至是移动的地理位置。这创造了通过应用地理空间分析来提取价值的机会。读者将学习如何为物联网分析实现这一点。

第 10 章"物联网分析和数据科学"，描述机器学习、深度学习和使用 ARIMA 对物联网数据进行预测的数据科学技术。读者将了解机器学习的核心概念，学习如何使用 R 语言对物联网数据实施机器学习方法和 ARIMA 预测。此外，本章还介绍深度学习以及开始在 AWS 上进行试验的方法。

第 11 章"组织数据的策略"，重点讨论如何有效地组织数据，以使数据科学家能够更轻松地提取其中的价值。本章介绍链接分析数据集的概念，读者将学习如何平衡数据的可维护性和数据科学家的工作效率。

第 12 章"物联网分析的经济意义"，讨论为物联网分析项目创建商业案例的经济意义。本章介绍通过最小化成本和增加收入流机会来优化投资回报的方法。读者将在预测性维护示例中学习如何应用分析来最大化价值。

第 13 章"总结和建议"，对本书内容进行简要回顾，并提供一些关于如何从物联网分析中获得最大价值的建议。

本书需要的软件包

本书将指导读者从物联网分析中获得最大价值，并提供一些操作示例。读者需要安装 R 和 RStudio、Tableau 和 Python 才能有效运行本书中的代码示例。

本书读者

本书适用于目前正在努力探索如何利用物联网数据创造价值或正在考虑在不久的将来建立这种能力的专业人士，包括应用程序开发人员、数据分析从业者、数据科学家和一般的物联网爱好者。

本书对正在研究物联网商业机遇的企业高管和经理也很有用，适合任何想要了解从海量数据中提取价值所需技术和一般策略的人。

如果读者希望了解物联网数据流的组成部分（这包括对设备和传感器、网络协议和数据采集技术的基本了解），或者希望了解数据存储的处理选项和策略，那么可以选择本书。

除此之外，读者还可以从本书中寻找到可用于从物联网大数据中提取价值的分析技术。

最后，如果读者正在寻找明确的策略来建立强大的分析能力，目标是使用物联网大数据集最大化业务价值，以最佳方式利用从简单的可视化到机器学习预测模型的所有级别的分析，那么本书非常适合。

有关物联网的先验知识对阅读本书会有所帮助，但并不是必需的。当然，如果读者有一些编程经验，那会很有用。

下载示例代码文件

读者可以从 www.packtpub.com 下载本书的示例代码文件。具体步骤如下。

（1）登录或注册 www.packtpub.com。

（2）在 Search（搜索）框中输入本书名称 *Analytics for the Internet of Things (IoT)* 的一部分（不分区大小写，并且不必输入完全），即可看到本书出现在推荐下拉菜单中，如图 1 所示。

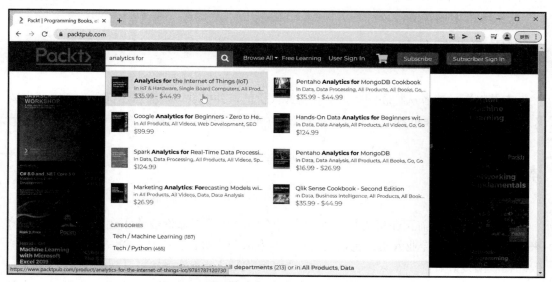

图 1　搜索书名

（3）单击 Analytics for the Internet of Things (IoT)，在其详细信息页面中单击 Download code from GitHub（从 GitHub 下载代码）按钮，如图 2 所示。需要说明的是，读者需要登

录此网站才能看到该下载按钮（注册账号是免费的）。

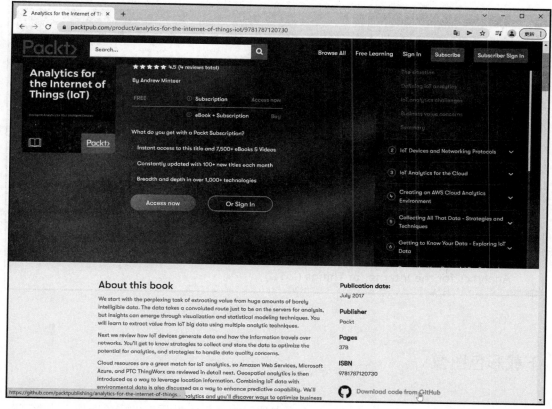

图 2　详细信息页面

本书代码包在 GitHub 上的托管地址如下。

https://github.com/prachiss/Analytics-for-the-Internet-of-Things-IoT

在该页面上，单击 Code（代码）按钮，然后选择 Download ZIP 即可下载本书代码包，如图 3 所示。

如果代码有更新，则也会在现有 GitHub 存储库上更新。

下载文件后，请确保使用下列软件的最新版本解压或析取文件夹中的内容。

❑　WinRAR/7-Zip（Windows 系统）。

❑　Zipeg/iZip/UnRarX（Mac 系统）。

❑　7-Zip/PeaZip（Linux 系统）。

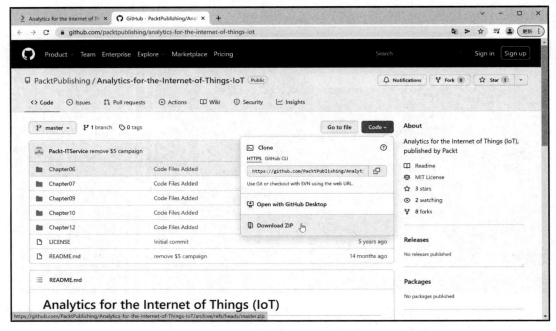

图 3　下载代码包

下载彩色图像

我们还提供了一个 PDF 文件，包含本书使用的屏幕截图/图表的彩色图像。读者可以通过以下网址下载。

https://www.packtpub.com/sites/default/files/downloads/AnalyticsfortheInternetofThings(IoT)_ColorImages.pdf

本书约定

本书使用了以下文本约定。

（1）有关代码块的设置如下所示。

```
IF SUM([Amount of Precipitation (inches)]) >= 0.2 THEN
```

```
    "Yes"
ELSE
    "No"
END
```

（2）任何命令行输入或输出都采用如下所示的粗体代码形式。

hdfs dfs -putlots_o_data.csv /user/hadoop/datafolder/lots_o_data.csv

（3）术语或重要单词采用中英文对照形式给出，在括号内保留其英文原文。示例如下。

简而言之，AWS CloudFormation 是一种基础设施即代码（infrastructure as code，IaC）。所谓"基础设施即代码"，就是以代码来定义环境，从而实现开发环境、测试环境、生产环境的标准化。

（4）对于界面词汇则保留其英文原文，在后面使用括号添加其中文译名。示例如下。

单击 Create（创建）按钮后，即可下载扩展名为 .pem 的密钥对文件（即 vpc_keypair.pem）。请确保知道文件的保存位置，现在也是将其移动到用户想要保存的安全位置的好时机。此时控制台屏幕将对其进行更新，可以看到列出的新密钥对。

（5）本书还使用了以下两个图标。

🛈表示警告或重要的注意事项。

🛈表示提示或小技巧。

关 于 作 者

Andrew Minteer 目前是一家全球领先的零售公司的数据科学与研究高级总监。在此之前，他曾在一家财富 500 强制造公司担任物联网数据分析和机器学习总监。

他拥有印第安纳大学的 MBA 学位，拥有统计学、软件开发、数据库设计、云架构的背景，并领导分析团队超过 10 年。

他在 11 岁时第一次在 Atari 800 计算机上自学编程，并深刻记得在 20 min 的等待中仅加载 100 行程序的挫败感。现在，只需要几分钟即可启动 1 TB 由 GPU 支持的云实例并开始工作，对此他感到非常惬意。

Andrew 是一名私人飞行员，他还喜欢皮划艇、露营、环游世界，以及和他 6 岁的儿子、3 岁的女儿一起玩耍。

感谢我的妻子 Julie，感谢她一直以来的支持和包容，她有很多个夜晚和周末都在支持我为这本技术书籍工作。我还要感谢她令人信服地让我相信这本书实际上并不是助眠剂——她只是因为看孩子而感到疲倦。感谢我精力充沛穿着公主裙的小女儿 Olivia 和聪明帅气挥舞着乐高的儿子 Max，他们激励我坚持下去。感谢我的家人一直以来的支持和鼓励，尤其是我的父亲，我怀疑他对这本书比我更兴奋。

感谢多年来与我共事过的所有人，包括上司和同事。我从他们那里学到的东西比他们从我身上学到的要多得多。真的很幸运能与这些有才华的人一起工作。

最后，还要感谢所有的编辑和审稿人，感谢他们在本书编写过程中提出的意见和建议。

我希望你，读者，不仅能学到很多关于物联网分析的知识，还能享受这种体验。

关于审稿人

    Ruben Oliva Ramos 是莱昂技术学院（León Institute Tecnologico）的计算机系统工程师，拥有墨西哥瓜纳华托州莱昂市拉萨尔大学巴西欧分校（University of Salle Bajio）计算机和电子系统工程、远程信息学和网络专业的硕士学位。

    他有 5 年以上 Web 应用程序开发经验，可使用 Web 框架和云服务来监控与 Arduino 和 Raspberry Pi 连接的设备，以构建物联网应用。

    他目前是拉萨尔大学巴西欧分校机电一体化教师，负责指导机电一体化系统设计工程专业的硕士学生。他还在墨西哥瓜纳华托州莱昂市的工业技术学士学位中心教学，所教内容包括电子学、机器人与控制、自动化和微控制器等。

    他还是一名解决方案咨询师和开发人员，开发领域包括监控系统和数据采集等，使用的技术包括 Android、iOS、Windows Phone、HTML5、PHP、CSS、Ajax、JavaScript、Angular、ASP.NET 数据库 SQLite、MongoDB、MySQL、Web 服务器 Node.js、IIS、硬件编程 Arduino、Raspberry Pi、Ethernet Shield、GPS、GSM/GPRS、ESP8266 以及用于数据采集和编程的控制和监控系统等。

目　　录

第 1 章　物联网分析和挑战

本章将详细讨论与物联网（internet of things，IoT）数据分析相关的一些概念和挑战。本章包含以下主题。

❑　分析成熟度模型。

❑　物联网分析的定义。

❑　物联网数据分析的挑战。

➢　大数据量。

➢　与时间相关的问题。

➢　与空间相关的问题。

➢　数据质量问题。

➢　分析方面的挑战。

❑　和商业价值发现相关的考虑因素。

1.1　虚 拟 情 境

在狭小的办公隔间里，你盯着桌子上的显示器，天花板上的吊灯放射出惨白刺眼的光芒，压在你身上，投下一大片阴影。你感觉到外面现在是晚上，但是沉重的幕墙遮挡了你的视线，让你察觉不到时间，于是你只能再度转过头来，盯着屏幕上的一个长长的文件名列表发呆，而在另一个屏幕上，来自传感器的纯文本行数据正在无声地闪烁。

你的上司刚刚离开，现在他可能正在某个你不知道的地方发泄余怒。就在刚才，他还一直虎视眈眈地看着你。

"去年我们花了 2000 万美元的咨询费和电信网络费来获取这些数据！硬件成本为 20 美元/单位。我们一直在采集数据，而且这些数据也一直在堆积，每月要花费 10000 美元。我们已经有了 20 TB 的文件，这可以说是大数据了吧？但我们竟然无法用它做任何事情！"他怒吼道。

"这太荒谬了！"他继续吼道，"它本应创造 1 亿美元的新收入，但是到现在为止我们连 1 美元都没有看到，为什么你不能用它做点儿事情？每周有 5 个顾问打电话告诉我，他们可以处理它，甚至可以实现自动化处理。也许我真应该从他们当中选择一个，希望他们能靠谱点。"

你知道他并不是真的在责怪你。你是公司内的一个 Excel 高手，并且知道如何查询数据库，很多分析请求都是由你处理的。当 CEO 决定公司需要一位大数据分析专家时，它们从硅谷聘请了一位副总裁，但新的副总裁最终却撂挑子了，在他应该入职的前一天跑到了另一家硅谷公司任职。

于是你被匆匆调到了新的数据分析团队，整个团队就只有一个人——你。在找到另一位副总裁之前，这就是一个临时的安排。那是 6 个月前的事了。那时的公司看起来收入很紧张，正在冻结用于外部培训的资金，于是你也没有获得相应的培训。

尽管很多人都知道与大数据分析相关的一些术语，但公司中并没有人真正了解Hadoop 是什么，甚至也没有人了解如何开始使用这种被称为机器学习的东西，只是其他人似乎越来越希望你不仅懂得这些，而且还可以付诸实践。

高管们一直在阅读《哈佛商业评论》和福布斯关于物联网与人工智能相结合的巨大潜力的文章。他们觉得公司如果没有自己的结合人工智能的物联网大数据解决方案，那么很快就会被市场抛弃。你的上司也感受到了这种压力，高管们对他提出了几个可以使用人工智能的思路。他们似乎认定获得思路才是困难的部分，而实现起来应该很容易。今天，你的上司之所以朝你发怒，是因为他担心自己的饭碗不保，这才让你遭受了池鱼之殃。

想清楚了其中的缘由，你转过头，看了看左侧的屏幕（见图 1.1），那正是来自传感器的纯文本行数据。

像这样的列表持续了好几页。你已经能够在 Excel 中合并多个文件并制作一些数据透视表和图表，但这需要花费你大量的时间，并且实际上你只能处理一两个月的数据。数据的增长超出了你的能力，你和你的上司一直在讨论让临时工来做这项工作——他们并不需要真正理解数据，只需按照你提出的步骤操作即可。

想到这里，你不禁又回过头来看了看右侧的屏幕（见图 1.2），上面显示的正是那个长长的文件名列表。

你的 IT 部门一直在将大量小文件合并为几个非常大的文件。如果不加处理，文件系统迟早会因为文件数量过多而过载，因此解决方案就是对文件进行合并。糟糕的是，对你而言，现在有许多文件因为太大而无法在 Excel 中打开，这限制了你可以对它们执行的操作。你最终只能对最近的数据进行更多分析，因为这更容易（文件仍然很小）。

仔细研究这些数据行，除计算总和与平均值之外，可以用它们来做什么并不明显。这些文件太大，无法在 Excel 中针对你的生产记录之类的内容执行 VLOOKUP——这些文件通常因为太大而无法在 Excel 中打开。

```
39.984702,116.318417,0,492,39744.1201851852,2008-10-23,02:53:04
39.984683,116.31845,0,492,39744.1202546296,2008-10-23,02:53:10
39.984686,116.318417,0,492,39744.1203125,2008-10-23,02:53:15
39.984688,116.318385,0,492,39744.1203703704,2008-10-23,02:53:20
39.984655,116.318263,0,492,39744.1204282407,2008-10-23,02:53:25
39.984611,116.318026,0,493,39744.1204861111,2008-10-23,02:53:30
39.984608,116.317761,0,493,39744.1205439815,2008-10-23,02:53:35
39.984563,116.317517,0,496,39744.1206018519,2008-10-23,02:53:40
39.984539,116.317294,0,500,39744.1206597222,2008-10-23,02:53:45
39.984606,116.317065,0,505,39744.1207175926,2008-10-23,02:53:50
39.984568,116.316911,0,510,39744.120775463,2008-10-23,02:53:55
39.984586,116.316716,0,515,39744.1208333333,2008-10-23,02:54:00
39.984561,116.316527,0,520,39744.1208912037,2008-10-23,02:54:05
39.984536,116.316354,0,525,39744.120949074,2008-10-23,02:54:10
39.984523,116.316188,0,531,39744.1210069444,2008-10-23,02:54:15
39.984574,116.315963,0,536,39744.1210648148,2008-10-23,02:54:20
39.984523,116.315823,0,541,39744.1211226852,2008-10-23,02:54:25
39.984574,116.315611,0,546,39744.1211805556,2008-10-23,02:54:30
39.984568,116.315407,0,551,39744.1212384259,2008-10-23,02:54:35
39.984538,116.315148,0,556,39744.1212962963,2008-10-23,02:54:40
39.984501,116.314907,0,560,39744.1213541667,2008-10-23,02:54:45
39.984532,116.314808,0,564,39744.121412037,2008-10-23,02:54:50
39.984504,116.314625,0,569,39744.1214699074,2008-10-23,02:54:55
39.984485,116.314426,0,574,39744.121527778,2008-10-23,02:55:00
39.984427,116.31424,0,579,39744.1215856481,2008-10-23,02:55:05
39.984485,116.314042,0,584,39744.1216435185,2008-10-23,02:55:10
39.984448,116.313818,0,589,39744.1217013889,2008-10-23,02:55:15
39.984501,116.313659,0,595,39744.1217592593,2008-10-23,02:55:20
39.984618,116.314323,0,113,39744.1218171296,2008-10-23,02:55:25
39.984649,116.314107,0,117,39744.121875,2008-10-23,02:55:30
39.984621,116.313941,0,121,39744.1219328704,2008-10-23,02:55:35
39.984655,116.313724,0,126,39744.1219907407,2008-10-23,02:55:40
39.984681,116.313521,0,129,39744.1220486111,2008-10-23,02:55:45
39.984708,116.313311,0,133,39744.1221064815,2008-10-23,02:55:50
39.984708,116.313099,0,137,39744.1221643519,2008-10-23,02:55:55
39.984696,116.312921,0,144,39744.1222222222,2008-10-23,02:56:00
39.984677,116.312746,0,153,39744.1222800926,2008-10-23,02:56:05
39.984682,116.312525,0,155,39744.122337963,2008-10-23,02:56:10
39.984649,116.312332,0,158,39744.1223958333,2008-10-23,02:56:15
39.984641,116.312123,0,164,39744.1224537037,2008-10-23,02:56:20
39.984647,116.311917,0,170,39744.1225115741,2008-10-23,02:56:25
39.984654,116.31172,0,178,39744.1225694444,2008-10-23,02:56:30
39.984631,116.311569,0,180,39744.1226273148,2008-10-23,02:56:35
39.984647,116.31138,0,184,39744.1226851852,2008-10-23,02:56:40
39.984653,116.311189,0,194,39744.1227430556,2008-10-23,02:56:45
39.984628,116.311026,0,206,39744.122800926,2008-10-23,02:56:50
39.984652,116.310854,0,214,39744.1228587963,2008-10-23,02:56:55
```

图 1.1　通过传感器采集的纯文本行数据

Name	Type	Compressed size	Password ...	Size		Ratio
20081023055305.plt	PLT File	13 KB	No	61 KB		80%
20081023234104.plt	PLT File	27 KB	No	135 KB		80%
20081024234405.plt	PLT File	83 KB	No	449 KB		82%
20081025231428.plt	PLT File	43 KB	No	231 KB		82%
20081026081229.plt	PLT File	37 KB	No	204 KB		83%
20081027111634.plt	PLT File	12 KB	No	53 KB		79%
20081027233029.plt	PLT File	8 KB	No	32 KB		78%
20081027235802.plt	PLT File	2 KB	No	7 KB		77%
20081028102805.plt	PLT File	10 KB	No	41 KB		78%
20081028233053.plt	PLT File	6 KB	No	22 KB		77%
20081028235048.plt	PLT File	4 KB	No	17 KB		77%
20081029110529.plt	PLT File	11 KB	No	47 KB		79%
20081029234123.plt	PLT File	26 KB	No	126 KB		80%
20081030233959.plt	PLT File	21 KB	No	94 KB		79%
20081101004235.plt	PLT File	44 KB	No	234 KB		82%
20081102030834.plt	PLT File	24 KB	No	122 KB		81%
20081102233452.plt	PLT File	8 KB	No	34 KB		78%
20081103133204.plt	PLT File	7 KB	No	31 KB		78%
20081103233729.plt	PLT File	10 KB	No	42 KB		78%
20081104054859.plt	PLT File	24 KB	No	120 KB		80%
20081104234436.plt	PLT File	11 KB	No	48 KB		79%
20081105110052.plt	PLT File	58 KB	No	360 KB		85%
20081106051423.plt	PLT File	4 KB	No	17 KB		78%
20081106133604.plt	PLT File	8 KB	No	35 KB		78%
20081106233404.plt	PLT File	37 KB	No	184 KB		81%
20081108034358.plt	PLT File	46 KB	No	240 KB		81%

图 1.2　文件名列表

　　在目前这个阶段，你无法思考如何将机器学习应用于这些数据。你甚至尚不确定它的含义。你知道的是，除了最近的数据集之外，数据很难处理。当然，从中提取价值需要很长的时间。

　　身后传来咳嗽声。你的上司回来了。

　　他平静而略带僵硬地说道："对不起，我们将不得不聘请一名顾问来接手这件事。我知道你一直在努力工作，以目前我们的条件，你已经做得够好了，但是我必须尽快向高管证明数据分析可取得的成果。新顾问可能需要一两个月才能完全进入状态，因此，这也是你的机会，坚持下去——也许在那之前我们可以取得突破。"

　　你的心沉了下去。你确信在这些已连接设备的数据中蕴藏着巨大的价值，如果能搞清楚如何提取出这些价值，那么你将从物联网分析中获得极大的成功，开创出全新的数据科学家事业。你不是一个轻言放弃者。

　　"我会努力的！"，你逐渐攥紧了自己的拳头。

1.2　物联网分析的定义

　　为了理解物联网分析的概念，将"分析"和"物联网"进行拆分并单独定义是有益的，这将有助于构建本书其余部分的讨论框架。

1.2.1　分析的定义

　　通过物联网采集的原始数据本身就是一组值。但是，这种形式的数据可能是很无趣的。只有当我们开始在数据中发现模式并解释它们时，才能做一些有趣的事情，例如预测未来并识别出意外的变化。

　　数据中的这些模式被称为信息（information）。可用于描述和预测现实世界中现象的大量持久且广泛的信息和经验的有组织的集合被称为知识（knowledge）。所谓数据分析（data analysis）就是将数据转化为信息，进而转化为知识的过程。将数据分析和预测结合起来，就是数据分析师或数据科学家的工作。

　　如果你让 100 个人来定义分析，则可能会得到 100 个不同的答案。每个人都有自己的定义，从静态报告到高级深度学习专家系统，每个人的理解都不相同。

　　本书将采用有关分析的相当广泛的定义，因为我们涵盖了相当多的领域。Tom Davenport 和 Jeanne Harris 在他们的畅销书 *Competing on Analytics*（《在分析上的竞争》）中创建了一个尺度，他们称之为 Analytics Maturity（分析成熟度）。随着分析使用的成熟，公司在该尺度上将达到更高的水平，并开始利用分析与其他公司展开竞争。

当我们使用"分析"这个词时，我们指的是从查询跃升到统计分析、预测和优化等的一系列技术，如图 1.3 所示。

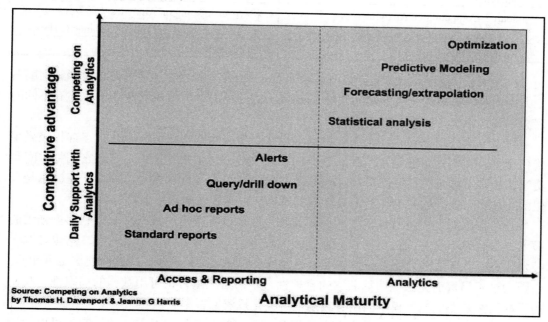

图 1.3　分析成熟度模型

原　　文	译　　文
Competitive advantage	竞争优势
Daily Support with Analytics	每日分析支持
Competing on Analytics	在分析上的竞争
Standard reports	标准报告
Ad hoc reports	临时报告
Query/drill down	查询/向下钻取
Alerts	警报
Access & Reporting	访问和报告
Statistical analysis	统计分析
Forecasting/extrapolation	预测/外推
Predictive Modeling	预测建模
Optimization	优化

原　　文	译　　文
Analytics	分析
Source: Competing on Analytics by Thomas H. Davenport & Jeanne G Harris	来源：Competing on Analytics（竞争分析） 作者：Thomas H. Davenport & Jeanne G Harris
Analytical Maturity	分析成熟度

在图 1.3 中显示的概念是，公司从 Standard reports（标准报告）开始，逐个级别朝右上方向前进，最终达到成熟度的顶峰 Optimization（优化）。本书将采用一些略有不同的理念，我们将努力同时在所有级别上取得成功。

对于一家公司来说，如果在分析上不成熟，那么除非它在每一个转折点都积极采用优化模型，否则这可能是危险的。这样的理念也给公司带来了压力，导致它们将时间和资源集中在可能没有投资回报率（return on investment，ROI）的地方。由于资源总是有限的，这也可能导致它们在其他具有更高投资回报率领域的项目上投资不足。

公司在数据上投资效益不彰的原因通常是根本没有正确的数据来充分利用更先进的技术，这也许不是它们自己的错，而是因为噪声中的信号太弱而无法梳理。这也许源于技术状态，甚至是因为还没有到达可以监控关键预测数据的地步。或者即使这是可能的，也因为过于昂贵而无法证明捕获它的合理性。本书将大量讨论可用数据的局限性。我们的目标始终是在成熟度模型的所有级别上最大化投资回报率。

我们认为，分析成熟度和企业在数据分析方面的竞争能力有关，通过它也可以知道如何评估企业的相关能力。这与你正在做什么无关，而与你能够做什么以最大限度地提高总投资回报率有关。只要有机会，你就应该充分利用图 1.3 中的每个级别。毫无疑问，我们也希望为这些级别提供清晰的解释，本书将详细介绍这方面的内容。

1.2.2　物联网的定义

几十年来，传感器一直在跟踪制造工厂、零售商店、远程石油和天然气设备的数据。为什么物联网突然之间在媒体上大出风头？

传感器成本和带宽成本的大幅降低、蜂窝网络覆盖范围的扩大以及云计算的兴起，都为通过互联网轻松连接设备创造了优越的条件。例如，如图 1.4 所示，Goldman Sachs 曾预测到 2020 年传感器的平均成本会低于 0.40 美元，是 2004 年的 30%。是否应该连接所有这些设备引起了激烈的争论。

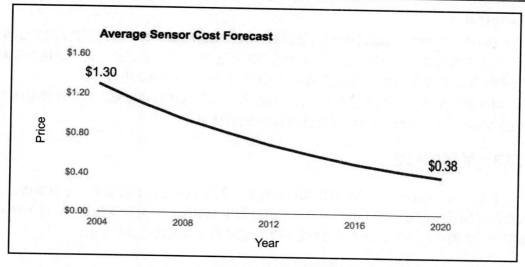

图 1.4　Goldman Sachs 对传感器价格的预测

数据来源：Goldman Sachs，BI estimates。

原　文	译　文
Average Sensor Cost Forecast	平均传感器成本预测
Price	价格
Year	年份

　　有关物联网的定义似乎有很大不同。有些定义仅包括机器传感器，而有些定义则包括 RFID 标签和智能手机。

　　本书将使用 Webopedia 网站上 Forrest Stroud 给出的定义。

　　物联网（IoT）是指不断增长的物理对象的网络，这些对象具有用于互联网连接的 IP 地址，并且可以与其他支持互联网的设备和系统通信。

　　或者也可使用以下更基础的定义：通过互联网与其他事物对话而不需要用户做任何事情的东西。这样非常简单明了。

　　对于物联网已连接的事物数量的估计也有很大差异。一些消息称 2020 年有 208 亿台设备，而另一些则估计联网设备的数量高达 500 亿台——是前者的两倍多。

　　就我们的目的而言，我们更关心如何分析生成的数据，而不是哪些设备应该被视为物联网的一部分。如果某些设备可通过互联网远程发送数据，那么它对我们来说无疑就是物联网设备，特别是，如果一端是机器生成数据，另一端是机器使用数据，那更是标准的物联网。

　　我们更关心如何从数据中提取价值并适应其固有的环境。物联网并不是真正的新事物，因为它的元素已经发展了几十年。早在 20 世纪 70 年代，就已经出现对于油井泄漏的远程检测，而基于 GPS 的远程车辆信息处理也已经有 20 多年的历史了。

　　物联网也不是一个单独的市场，它已经融入了当前的产品和流程。尽管许多媒体喜欢把它渲染成很了不起的东西，但是我们不应该这样想。

1.2.3　受限的概念

　　受限（constrained）一词是理解物联网设备、数据和对分析的影响的一个重要概念。它是指在物联网设备的设计中必须考虑的有限的电池电量、带宽和硬件能力。对于许多物联网用例而言，其中一台或多台设备必须与记录有用数据的需求相平衡。

1.3　物联网数据分析的挑战

　　物联网数据带来了一些特殊的挑战。这些数据是由远程操作的设备创建的，它们工作的环境条件也许每天都在变化，并且这些设备通常在地理上广泛分布。

　　物联网数据常通过不同的网络技术进行长距离通信。数据首先通过无线网络传输，然后通过一种网关设备经由公共互联网进行发送，这是很常见的，因为公共互联网本身就包括多种不同类型的网络，支持协同工作技术。

1.3.1　大数据量

　　一家公司可以轻松拥有数千到数百万台物联网设备，每台设备上都有多个传感器，每个传感器定期报告值，这意味着数据的流入可以非常迅速地增长。由于物联网设备会持续发送数据，因此总数据量的增长速度可能比许多公司习惯的要快得多。

　　为了演示这是如何发生的，我们想象一家制造小型监控设备的公司。从 2010 年推出该产品开始，该公司每年生产 12000 台设备，每台设备都在组装结束时进行测试，并且设备上的传感器报告的值会保存 5 年以供分析。该数据的增长如图 1.5 所示。

　　现在，想象一下该设备还具有互联网连接来跟踪传感器值，并且每台设备都保持连接两年。由于在设备构建后数据流入会在很长时间内持续，因此数据呈指数增长，直到旧设备停止报告值时才会趋于稳定。这看起来更像图 1.6 中的蓝色区域。

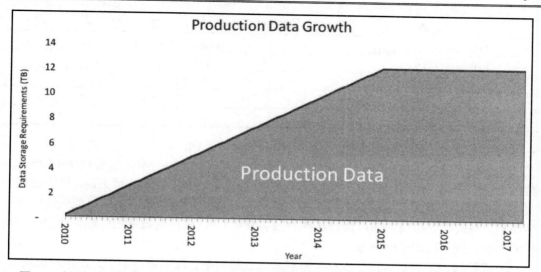

图 1.5　每月 200 KB 和 1000 个单位的生产快照的数据存储需求（按保存 5 年的生产数据计算）

原　　文	译　　文
Production Data Growth	生产数据增长
Production Data	生产数据
Data Storage Requirements (TB)	数据存储需求（单位：TB）
Year	年份

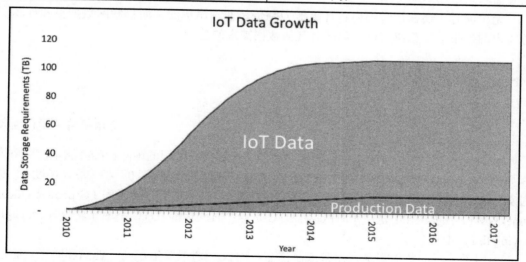

图 1.6　每条消息添加 0.5 KB 的物联网数据，每天 10 条消息（设备从生产开始连接两年）

原　　文	译　　文
IoT Data Growth	物联网数据增长
IoT Data	物联网数据
Production Data	生产数据
Data Storage Requirements (TB)	数据存储需求（单位：TB）
Year	年份

为了说明这些数据可以增长到多大，请考虑以下示例。

如果每天采集 10 条消息并且消息大小是完整生产快照的一半，那么到 2017 年，其数据存储需求也将比仅包含生产数据高出 1500 倍以上。对于许多公司来说，这会带来一些相应的问题。例如，数据库软件、存储基础设施和可用的计算能力等可能无法应对这种增长。与软件供应商的许可协议往往与服务器和 CPU 内核的数量相关联，而存储则由标准备份计划和保留策略处理。

数据量的迅速膨胀导致计算和存储需求远远超出单台服务器的容量。在传统架构下，将其分布在成百上千台服务器上的成本很快就会高得令人望而却步。要进行最佳分析，就需要大量的历史数据，而且由于我们不太可能提前知道哪些数据最具预测价值，因此必须尽可能多地保留手头的数据。

对于大规模数据，执行分析的计算能力要求不太容易预测，并且会根据所提出的问题而发生巨大变化。分析的需求是非常有弹性的。传统的服务器规划会根据预先确定的高峰需求来增加本地资源。

无论何时，要在短时间内将计算能力翻倍是非常昂贵的，而物联网数据量和计算资源需求的扩张可以迅速超过公司所有其他数据需求的总和。

1.3.2　与时间相关的问题

时间存在的价值在于，任何事情都不可能即刻实现。

——艾尔伯特·爱因斯坦

时间与地理位置和日历上的日期密切相关。跟踪公共时间的国际标准方法是使用协调世界时（coordinated universal time，CUT）。UTC 在地理上与经度 0° 相关联，经度 0° 穿过英国格林威治。尽管它与位置有关，但它实际上与格林威治标准时间（Greenwich mean time，GMT）不同。GMT 是一个时区，而 UTC 是一个时间标准。UTC 不遵守夏令时（daylight saving time，DST）。

当用于分析的数据记录在总部或制造工厂时，一切都发生在同一地点和时区。物联网设备遍布全球，因此，在绝对同一时间发生的事件并不会在相同的本地时间发生。记录时间的方式会影响结果分析的完整性。

当物联网设备传输传感器数据时，可以使用本地时间来采集时间。如果不清楚记录的是当地时间还是 UTC，会极大地影响分析结果。例如，假设一位分析师在一家生产停车位占用检测传感器的公司工作。她的任务是创建预测模型来估计未来的停车场填充率。对于这项任务来说，一天中的时间可能是一个非常具有预测性的数据点。如何记录这段时间对她来说有很大的不同。在不清楚记录的是当地时间还是 UTC 的情况下，即使确定传感器位置是白天还是黑夜都很困难。

这对于创建设备的工程师来说可能并不明显。他的任务是设计一种设备来确定该数据点是否开放。他可能不理解编写可以跨多个时区和位置采集时间值的代码的重要性。

时钟同步也可能存在问题。一般来说，设备会将其内部时钟设置为与所使用的时间标准同步。如果是本地时间，则可能由于配置错误而使用了错误的时区。由于与时间标准源的通信问题，它也可能不同步。

如果使用的是本地时间，则夏令时也可能会导致问题。当然，夏令时的变化因国家而异（中国大陆地区在 1986—1992 年短暂实施过夏令时制度）。在美国，夏令时在每个时区的当地时间 02:00 更改。在欧盟，它是经过协调的，以便所有欧盟国家在格林威治标准时间 01:00 同时更改所有时区。这使得时区之间始终相隔 1 个小时，但代价是每个时区都会在不同的当地时间发生变化。图 1.7 显示了这种变化。

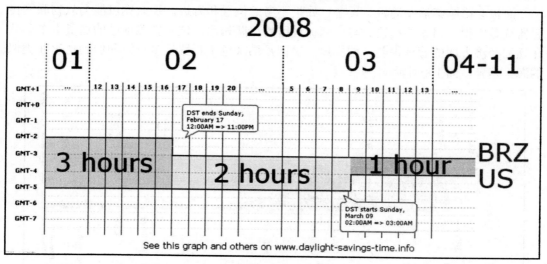

图 1.7　2008 年年初，巴西中部时间比美国东部时间早 1、2 或 3 小时，具体取决于日期

资料来源：Wikipedia commons。

原　　文	译　　文
3 hours	3 小时
2 hours	2 小时
1 hour	1 小时
BRZ	巴西
US	美国
DST ends Sunday, February 17	夏令时结束于 2 月 17 日星期天
DST starts Sunday, March 09	夏令时开始于 3 月 9 日星期天
See this graph and others on www.daylight-savings-time.info	有关该图及其他详细信息，可访问：www.daylight-savings-time.info

记录事件时，例如停车位被腾出，对于分析来说，尽可能接近实际发生时间是至关重要的。但在实践中，可用于分析的时间有事件发生的时间、物联网设备发送数据的时间、接收数据的时间或将数据添加到数据仓库的时间。

1.3.3 与空间相关的问题

物联网设备通常位于多个地理位置。世界不同地区有不同的环境条件。温度变化会影响传感器的精度。如果寒冷会影响设备，那么安装在黑龙江省佳木斯市的设备的读数可能不如海南省三亚市的设备读数准确。

海拔会影响柴油发动机等设备。如果不考虑位置和海拔，那么你可能会从物联网传感器读数中得出错误的结论。与江浙沪地区的车队相比，位于青藏地区的送货卡车车队在燃油经济方面的管理很差。同样地，美国丹佛（位于科罗拉多州）和纽约也存在类似的海拔差异，图 1.8 所示。

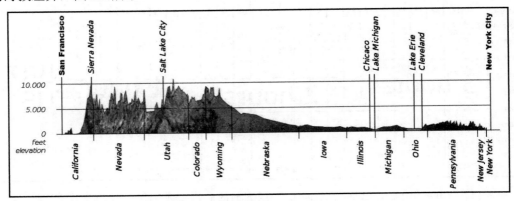

图 1.8　美国从洛杉矶到纽约的海拔剖面图

资料来源：reddit.com。

原　　文	译　　文
0 feet elevation	0 英尺海拔
San Francisco	旧金山
California	加利福尼亚州
Sierra Nevada	内华达山脉
Nevada	内华达州
Utah	犹他州
Salt Lake City	盐湖城
Colorado	科罗拉多州
Wyoming	怀俄明州
Nebraska	内布拉斯加州
Iowa	爱荷华州
Illinois	伊利诺伊州
Chicaco	芝加哥
Lake Michigan	密歇根湖
Michigan	密歇根州
Ohio	俄亥俄州
Lake Erie	伊利湖
Cleveland	克利夫兰
Pennsylvania	宾夕法尼亚州
New Jersey	新泽西州
New York	纽约州
New York City	纽约市

远程位置的网络访问可能较弱。较高的数据丢失可能导致这些位置的数据值在结果分析中的代表性不足。

许多物联网设备都是太阳能供电的。可用的电池电量会影响数据报告的频率。俄勒冈州波特兰市经常多云多雨，显然那里的设备将比亚利桑那州凤凰城的同类设备受到更大的影响，后者的大部分时间都是晴天。

物联网设备的位置也存在政治考虑。欧洲的隐私法会影响设备数据的存储方式以及可接受的分析类型。我们可能需要对来自某些国家/地区的数据进行匿名处理，这当然会影响到我们的分析操作。

1.3.4　数据质量问题

受限设备意味着有损网络。对于数据分析任务而言，有损网络通常会导致数据丢失或不一致。丢失的数据通常不是随机的。如前文所述，它可能会受到位置的影响。设备在一种被称为固件的软件上运行，这种软件在不同位置的结果可能不一致，这意味着报告频率或值的格式的差异。这可能导致数据丢失或损坏。

来自物联网设备的数据消息通常需要目的地知道如何解释这些正在发送的消息。软件错误会导致消息和数据记录出现乱码。

消息在翻译转换中丢失或由于电池缺电而未发送都会产生缺失值。此外，功率守恒通常意味着并非设备上的所有可用值会同时发送，这也将导致结果数据集产生缺失值，因为设备在每次报告时发送值的频率可能不一致。

1.3.5　分析方面的挑战

在执行数据分析时，如果遇到缺失值，通常需要决定是填充它还是忽略它。任何一种选择都可能导致数据集不能代表实际情况。

例如，近年来的政治民意调查结果屡屡被人吐槽不准确。许多专家认为，由于世界大部分地区将手机号码作为唯一的电话号码，现有的民调机构正处于危机之中。对于民意调查者来说，通过固定电话号码进行调查会更便宜、更容易，这可能导致在受访者中使用固定电话的人的比例过高，而这些人往往比只使用移动设备的受访者年龄更大、更富有。

民意调查的响应率也从 20 世纪 70 年代的近 80%下降到今天的 8%左右（很多调查电话被视为电信诈骗），这使得获取具有代表性的样本变得更加困难（并且成本高昂），从而导致许多令人尴尬的错误民意调查预测。

除此之外，还可能存在数据未捕获的外部影响，例如环境条件。冬季风暴可能导致电源故障，影响能够报告数据的设备。操作者最终可能会在没有意识到的情况下根据不具代表性的数据样本得出结论。这可能会影响物联网分析的结果，但原因尚不清楚。

由于连接对于许多设备来说是新事物，因此通常也缺乏历史数据来作为预测模型的基础。这可能会反过来限制我们可以对数据执行的分析类型。

这种情况也可能导致数据集中的近期偏差（recency bias），因为新产品在数据中的比例过高，而更高的百分比现在是物联网的一部分。

因此，在物联网分析中的第一条规则是：

永远不要相信你不了解的数据。

请记住这条规则。

1.4　和商业价值发现相关的考虑因素

许多公司都在努力寻找物联网数据的价值，但与此同时，存储、处理和分析物联网数据的成本也会迅速增长。由于未来的财务回报不确定，一些公司质疑它是否值得投资。

根据咨询机构麦肯锡公司的说法，大多数物联网数据都没有被有效使用。根据它们的研究，在石油平台生成的数据中，只有不到 1%的数据用于决策目的。

通过物联网分析发现价值，通常就像在沙中淘金或在废墟中寻找钻石一样。

我们可以接受 1%的数据是有价值的，但哪些数据是这个 1%？这可能因问题而异。对于某个人而言毫无价值的花岗岩，对于另一个人而言可能就是无价钻石。

和物联网数据商业价值发现相关的挑战是如何保持较低成本，同时提高其创造卓越财务回报的能力。数据分析是实现这一目标的最佳方法。

1.5　小　　结

本章从本书的角度定义了物联网的构成要素。我们阐释了术语"分析"的含义，讨论了物联网数据带来的特殊挑战，包括数据量较大问题、与时间相关的问题、与空间相关的问题、数据质量问题和分析方面的挑战等，而公司内部的数据集通常不会有这些问题。在通读完本章之后，读者应该对本书的讨论范围以及在后续章节中将要面临的挑战有一个很好的了解。

第 2 章　物联网设备和网络协议

当你开始接受分析任务之后，往往会发现物联网数据并不总是完整的，甚至怀疑它不总是准确的，但并不知道其中原委。平均下来，我们每天要从每台设备上获得数百条记录。

例如，公司制造的物联网设备连接到货运卡车，它们将跟踪位置，有时甚至还要跟踪温度。当卡车装载冷藏装置（在物流行业中被称为"冷链"）时，即需要监测温度。冷藏货柜的内部温度必须保持在一定范围内，具体取决于所运输的物品。

如果启用该选项，则设备将位于卡车外部，并通过导线插入货柜内以读取温度。冷链所使用的冷藏装置（如冷藏货柜）可能由大型卡车牵引着在全国各地的道路上移动，也可能通过航运在全球范围内运输。

你一直专注于在数据中发现价值，却从未想过它是如何被采集并与公司的服务器通信的。现在你开始考虑这个问题，并且要知道在数据中看到的问题是不是随机发生的。如果不是，那才是你真正需要担心的，因为这将影响到你已经完成的数据分析结论，而这些结论将被公司用于制定业务决策。

本章将简要介绍各种物联网设备和网络协议，以及它们试图解决的业务需求。到本章结束时，读者将对主要设备分类和网络协议策略的内容有比较清晰的了解。

本章包含以下主题。

❑　物联网设备的应用范围以及一些用例。
❑　常见的物联网网络连接协议。
❑　常见的物联网数据消息传递协议。
❑　不同设备和网络协议策略的优缺点。
❑　如何分析数据以推断协议和设备特征。

2.1　物联网设备

当今，物联网设备种类繁多，其涉及的范围和功能的独创性也正在以惊人的速度扩展。有关被测量、监控和跟踪的范围本身就值得用一本专著来讨论。限于篇幅，本章只能做一些简单介绍。

2.1.1　物联网设备的缤纷世界

出于数据分析目的，了解设备的种类及其使用方式会很有帮助。来自某一个行业的想法可以交叉传播到另一个行业并创造意想不到的价值。设备和用例的组合也可能带来截然不同的分析机会和挑战。接下来将简要介绍以下行业和领域的物联网设备。

- ❑　医疗保健。
- ❑　制造业。
- ❑　运输和物流。
- ❑　零售业。
- ❑　石油和天然气。
- ❑　家庭自动化和监控。
- ❑　可穿戴设备。

2.1.2　医疗保健

急症护理患者的生命体征由低功率无线传感器监测，数据可以远程分析。目前有一些初创公司（如 Proteus Digital Health）可望开发出药丸大小的可摄入传感器。Proteus 公司制造了一种可消化的传感器药丸，与佩戴在皮肤上的传感器贴片结合使用，可以监测患者服用药物的时间和频率。

2.1.3　制造业

跟踪和分析制造工厂中监控传感器的数据由来已久。有一整套的设备专门用于该领域，通常被称为工业物联网（industrial internet of things，IIoT）或工业 4.0。各个门类的制造业都在实施物联网设备和传感器的全连接。

例如，Ergon Refining 公司在密西西比州设有工厂，可以将多个传感器单元（如振动、声学和位置传感器）连接到中心系统以监控和分析数据。

Emerson Process Management（艾默生过程管理）公司可生产无线监控的 Enardo 2000 紧急泄压阀（emergency pressure relief vent，EPRV），许多加工厂都有数百个蒸汽疏水阀监控和泄压口，使用廉价的传感功能对其进行监控可以避免由于设备故障而导致的计划外停机，这极大地提高了生产效率。

2.1.4 运输和物流

Geotab 公司构建了 GPS 跟踪设备,物流供应商可以将其连接到它们的车辆上,以监控和分析行驶路线、燃油经济性并检测事故。这些设备在行业中被称为远程信息处理设备(telematics device)。客户可以在地图上创建地理围栏(geofence),以便在车辆进入或离开该区域时接收通知。

设备可以监控驾驶员的行为并将超速或紧急制动的报告发送到公司办公室。设备还会读取车辆报告的任何故障代码,并将信息立即传输给车队经理,以便在发生重大故障之前解决问题。图 2.1 显示了远程信息处理设备 Geotab GO7。

图 2.1 Geotab GO7 远程信息处理设备

资料来源:Geotab。

2.1.5 零售业

土耳其的 Turkcell 公司及其合作伙伴使用了蜂窝网络和信标来识别客户,当客户靠近特定商店时,会接收到商店为忠诚客户提供的店内促销信息。

许多零售连锁店都使用了射频识别(radio frequency identification,RFID)标签和传感器来优化库存并监控仓库内物品的移动。

Extreme Networks 公司与 New England Patriots(新英格兰爱国者队)及其主场合作,以监控访客流量模式。体育场使用这些数据来了解客户聚集的位置,并使用物联网传感器数据生成的流量热图,适当地为广告和产品展示位置定价。

2.1.6 石油和天然气

物联网的先驱行业之一是石油和天然气行业。随着物联网技术的进步,采掘公司现在可以更轻松地连接遍布油井的传感器。数据读数也可以被更频繁地采样，例如每 30 s 一次。

结合传感器数据的边缘分析（edge analytics），公司可以做很多事情，例如，优化油井柱塞举升周期。正如一篇英特尔行业文章所报道的，这可以将产量提高 30%。边缘分析是指在设备本身或支持中控单元的附近设备上运行的应用分析。分析处理发生在网络边界或边缘的多个位置，而不是发生在中心位置。

此类公司还可使用相同的信息来优化其资产组合管理。例如，它们可以重用数据以按生产效率对油井进行排名。

2.1.7　家庭自动化和监控

Ecobee 智能 Wi-Fi 恒温器可以与放置在家中不同房间的电池供电的无线传感器连接，它不仅跟踪供暖通风和空调（heating ventilation and air conditioning，HVAC），还可以跟踪每个传感器报告的温度，进而平衡房间内的温度，还可以在炉子运行不正常时通知住户。

2.1.8　可穿戴设备

很多人可能没有意识到，其实我们每天都在带着物联网设备四处走动。很多人少了这种设备就浑身不自在甚至寸步难行，这种设备就是手机。手机可以并且确实与远程服务器进行通信，而无须任何人工交互。Google 工具可以编译信号数据并使用手机作为远程传感器生成警报。Foursquare 工具可以检查你进出地理围栏的位置。蜂窝网络可监控连接以及时间和位置，然后将其转换为实时交通数据。

除了手机，还有很多设备，如 Fitbit 步数跟踪腕带、Garmin 心率监测胸带和耐克智能鞋等。不开玩笑，甚至还有一个支持物联网的雨伞，可以向你的手机发送天气警报（假设你的眼睛和检测湿度的能力需要一些额外的确认）。

2.1.9　传感器类型

传感器可以报告环境读数或条件状态（例如开/关或下雨/不下雨）。即使它正在报告条件状态，在许多情况下，信号也是连续的，并且某些逻辑会确定它是否已超过被解释为状态变化的阈值。

传感器的精度各不相同，通常需要权衡成本以提高测量精度。

外部条件也可能影响准确性。例如，极端寒冷气候会影响某些运动传感器的准确性。这对于数据分析来说很重要，因为它会影响机器学习模型的预测结果。这种外部影响因素可能是所谓的混杂变量（confounding variable）。它对两个或多个测量变量有影响，但本身并不是直接测量的。

在后端处理数据以进行分析时，分析员可能需要对其进行调整。以温度为例，分析员可以应用一个公式来根据自己将在后端混合的外部天气数据来调整读数。

传感器读数中也存在一定程度的噪声，因此有时必须对其进行过滤或转换以平滑报告的值。这通常是通过各种算法在设备上进行的。设备上用于推断测量值的算法可能不被正确地实现，从而导致对某些值的误读。

这些问题大多数会在产品验证过程中被发现并纠正。但重要的是，要知道当它接近其工作范围的边缘时是否需要任何生产限制或调整。

2.2　有关网络的基础知识

图 2.2 显示了网络协议栈的简化视图。网络协议栈所涵盖的内容比本章将要介绍的要多得多。此处对其进行适当简化将有助于读者的理解。

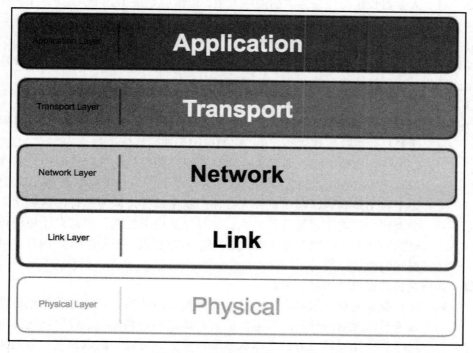

图 2.2　网络协议栈的简化视图

原　文	译　文	原　文	译　文
Application Layer	应用层	Network	网络
Application	应用	Link Layer	链路层
Transport Layer	传输层	Link	链路
Transport	传输	Physical Layer	物理层
Network Layer	网络层	Physical	物理

网络通信分层运行，底层不需要知道其他上面的层。解释该协议栈中每一层可用的所有选项会让初学者感到一头雾水。因此，图 2.2 仅显示了我们所关注的物联网分析的关键层。

该图基于简化的 OSI 模型（OSI model），将通信分为 5 个基本层。底部有一个物理层，与设备电气工程有关。由于我们仅专注于分析，因此这里将其省略。

❑　连接性（connectivity）主要指该协议栈链路层中的选项。

❑　网络层（通常）是我们都知道的互联网协议（internet protocol，IP）。它是一个很好的整合器，可以在互联网通信的网络协议栈中实现很大的灵活性。

❑　对于大多数长距离传输数据的网络方案，传输层是指 TCP 或 UDP。TCP 有更好的交付保证，但开销更大；UDP 的开销较小，但交付保证较差。

❑　数据通信或消息传递主要指应用层。

目前，有各种各样的网络协议可用于从互联网到物联网设备的连接，以及设备生成的数据的通信。它们解决了以下两个主要问题。

❑　如何建立通信，以便发送数据包？

➢　让我们用蜗牛邮件作为类比（电子邮件和即时通信的兴起使得昔日用来传递消息的邮政信件逐渐式微，它们也因为速度较慢而被称为"蜗牛邮件"）。如果资金有限，那么发件人会更喜欢发送简短的明信片，即使它需要更长的时间才能到达收件人手中。它的成本更低，写起来也不需要太多的努力。如果钱不是问题，那么发件人会使用航空邮件，以便信件快速到达。在这个类比中，电池电量就像金钱。如果电池电量受限，那么只能使用较低规格的硬件配置；如果电量不受限，就可以使用更高端的 CPU/内存，以获得更好的性能。

❑　如何交付数据包以满足需求？

➢　你和我都同意获取对方的地址并直接发送信件吗？或者你总是把信件交给邮递员，然后由他转送给需要的人？如果你必须确定信件已送达，可以发挂号信；如果第三方的通信成本非常便宜，可以考虑选择它；但是如果信件丢失对你而言就是世界末日，那么你显然需要更加严密的通信机制。

使用哪种网络协议取决于设备的类型和它所在的环境，还可以取决于要使用数据的业务优先级。

例如，如果要监控飞行中的飞机发动机的情况，那么获取最新数据比获取所有数据更加重要。我们需要尽快发现问题，而不是完整记录所有飞行数据。因此，如果必须在"等待但得到一切"或"从不等待但不时丢失一些数据包"之间做出选择，那么我们应该选择后者。

这与拥有传感器的物流供应商是不一样的，传感器的作用是检测货车何时进出配送中心。在该用例中，你需要完整的流量记录，并且愿意等待一两分钟。

物联网的另一个重要组成部分是网关（gateway）。网关是连接两个使用不同协议的独立网络的网络节点。网关可处理它们之间的转换，在许多受限设备的物联网网络中很常见。它可以将针对受限设备优化的协议转换为更广泛的互联网使用的协议（IP）。

目前有多个标准分布在多个组织中，如工业互联网联盟、IPSO 联盟和 IEEE P2413等。许多公司和联盟使用了不同的连接协议，但又需要保持一致，而物联网就是在这种局面下不断发展的。可能还需要 5～10 年的时间，这些标准才会考虑进行整合。

接下来，我们将介绍物联网网络连接协议，看看它们可以解决哪些问题。

2.3　物联网网络连接协议

连接性是我们要解决的主要问题——在物联网设备之间建立一种通信方法。能够使用的策略将受到网络设备约束的影响，例如，电源可用性通常是最重要的一项，因此我们将物联网的网络连接协议分为以下两类。

- 电源受限时的连接协议。
- 电源不受限时的连接协议。

2.3.1　电源受限时的连接协议

以下协议专门设计用于低功率限制条件下的连接，它们支持的物联网设备通常具有较低的复杂性和比特传输率。

- 低功耗蓝牙。
- 6LoWPAN。
- ZigBee。
- NFC。
- Sigfox。

1. 低功耗蓝牙

蓝牙是一种低功耗无线连接技术，广泛应用于手机传感器、键盘、视频游戏系统。Bluetooth（蓝牙）这个名字是一个绰号，它指的是公元 958 年左右现挪威和瑞典地区的 Harald Blatand（哈拉尔德·布拉坦）国王。Blatand 国王之所以获得这样一个怪异的绰号，缘于他喜欢吃蓝莓（另有一说是因为他喜欢吃冻死的敌人）。不管怎样，蓝牙是从他的名字衍生而来的，因为国王 Blatand 曾经将纷争不断的丹麦部落统一为一个王国，而最初的蓝牙技术联盟的成立也有意要将通信协议统一为全球标准。

低功耗蓝牙（bluetooth low energy，BLE）也被称为蓝牙智能（bluetooth smart），是大多数消费者熟悉的技术。该规范由一个名为蓝牙特别兴趣小组（Bluetooth Special Internet Group，SIG）的组织维护，该组织由 25000 家公司组成。低功耗蓝牙（BLE）是一种较新的实现，它与经典蓝牙（以手机、耳机闻名）不直接兼容。低功耗蓝牙专为低功率需求和较低的数据交换频率而设计。图 2.3 显示了 BLE 的网络协议栈。

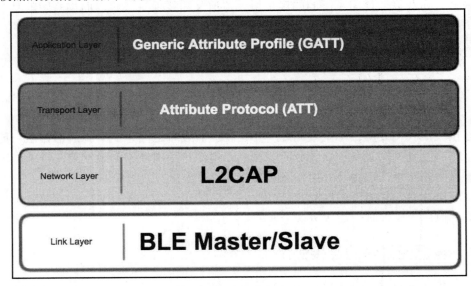

图 2.3　BLE 的网络协议栈

原　　文	译　　文
Application Layer	应用层
Generic Attribute Profile (GATT)	通用属性规范（GATT）
Transport Layer	传输层
Attribute Protocol (ATT)	属性协议（ATT）
Network Layer	网络层

续表

原　文	译　文
Link Layer	链路层
BLE Master/Slave	BLE 主/从设备

BLE 设备是网络中的主设备或从设备。主设备在连接中充当广告者（advertiser），而从设备充当接收者（receiver）。一台主设备可以连接多台从设备，而一台从设备只能连接一台主设备。连接到主设备的从设备的网络组被称为微微网（piconet），即每个独立的同步蓝牙网络被称为一个微微网。

为了使数据可用于分析，主设备使用本章稍后讨论的数据消息协议之一通过 Internet 传递数据。通常有一个网关设备，它既是蓝牙网络的一部分，也可链接到互联网。它负责将 BLE 节点报告的数据转换为适当的格式，以便通过 Internet 进行数据消息传递。它通常是一种不受限制的设备，不需要过多担心电源问题。

2016 年年中发布的蓝牙 5.0 规范承诺将连接速度提高 2 倍，信号范围扩大至原来的 4 倍，并将低功耗场景的数据广播能力提高至原来的 8 倍，如图 2.4 所示。

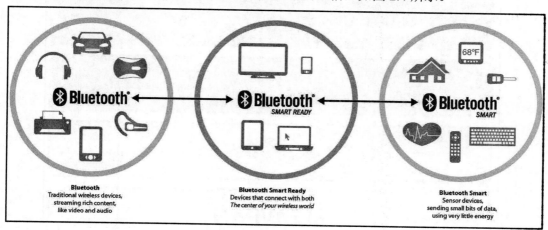

图 2.4　蓝牙 5.0 规范

资料来源：蓝牙技术联盟（Bluetooth SIG）。

原　文	译　文
Traditional wireless devices, streaming rich content, like video and audio	传统的无线设备， 流式传输丰富的内容， 例如视频和音频

续表

原　　文	译　　文
Devices that connect with both The center of your wireless world	连接双方的设备 无线世界的中心
Sensor devices, sending small bits of data, using very little energy	传感器设备， 发送少量数据， 使用很少的能量

2. 6LoWPAN

　　IPv6 over Low-Power Wireless Personal Area Network（6LoWPAN）是基于 IPv6 的低功耗无线个人局域网，可用作协议栈数据链路部分的适配层。它采用无线标准 IEEE 802.15.4 设备以使用 IPv6 进行通信。由于 IP 协议是很多技术的通用语言，因此，它将使得通过 Internet 进行通信变得更加容易。

　　图 2.5 显示了 6LoWPAN 的网络协议栈。

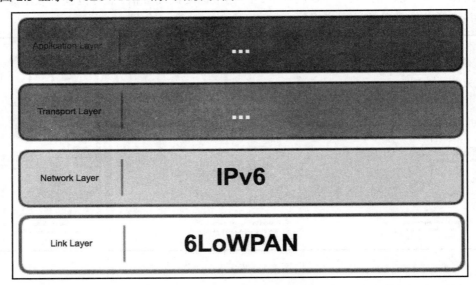

图 2.5　6LoWPAN 的网络协议栈

原　　文	译　　文	原　　文	译　　文
Application Layer	应用层	Network Layer	网络层
Transport Layer	传输层	Link Layer	链路层

6LoWPAN 优化了低功耗和有损网络上的 IPv6 数据报传输。它执行此操作的方式之一是通过标头压缩。这可以将数据包中的寻址信息减少到几个字节。

可以在链路层使用高级加密标准（advanced encryption standard，AES）AES-128 来实现安全性。传输层安全（transport layer security，TLS）加密也可用于传输层。

6LoWPAN 支持网状网络。网络内的设备将使用无状态自动配置（stateless auto configuration），它们可以生成自己的 IPv6 地址。

6LoWPAN 网状网络通过边缘路由器（edge router）连接到 IPv6 互联网。边缘路由器执行以下 3 项工作。

❑　6LoWPAN 中设备之间的本地数据交换。

❑　互联网和 6LoWPAN 设备之间的数据交换。

❑　6LoWPAN 无线网络的创建与维护。

6LoWPAN 网络使用通用的基于 IP 的路由器连接到其他网络。这种连接可以通过任何类型的链路，例如 Wi-Fi、以太网或蜂窝网络，因此连接 Internet 比其他连接选项更简单。其他连接选项需要有状态（stateful）的网关设备才能与 IP 网络进行通信。有状态的网关设备更复杂，因为它们需要记住每个物联网设备的通信状态。

6LoWPAN 网络中有两种类型的设备：主机（host）和路由器（router）。路由器可以将数据报转发给其他设备。主机只是端点，它们可以在休眠状态下运行，定期醒来并使用其父设备（路由器）检查新数据，如图 2.6 所示。

3. ZigBee

ZigBee 与前面讨论的网络有点不同。它涵盖了协议栈的多个层。它是网络协议、传输层和应用框架，是客户开发的应用层的基础。

图 2.7 显示了 ZigBee 的网络协议栈。

ZigBee 是一种基于 IEEE 802.15.4 的无线个人局域网（wireless personal area network，WPAN）协议，该协议的目标是商业和住宅物联网网络，这些网络受成本、功耗和空间的限制。ZigBee 一词源自蜜蜂在发现花粉位置时传递信息的概念，它们会通过跳 8 字舞（英文称为之字形——Zigzag）来告知同伴，这可以说是小动物通过简捷的方式实现了“无线”沟通，因此使用该名称来形容一个数据包通过网状网络（从设备到设备）的流动。

ZigBee 的传输范围很短，只有 100 m 的视线（非穿墙距离），但它可以通过其他 ZigBee 设备的网状网络传递数据来实现长距离传输。

ZigBee 联盟是维护和发布 ZigBee 标准的公司联盟。ZigBee 于 2003 年首次作为标准发布。该协议旨在比其他无线协议更简单、更便宜。开发代码可以少至蓝牙等效代码的 2%。

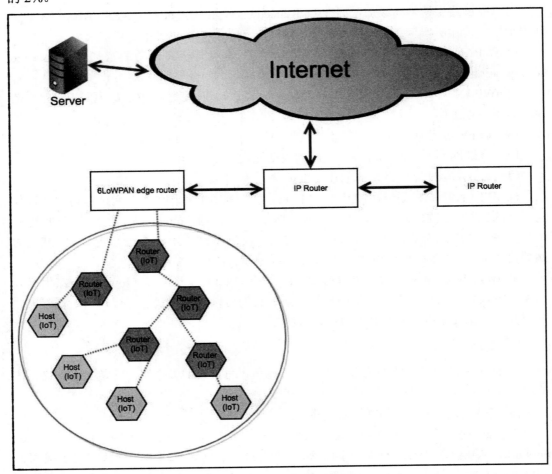

图 2.6 6LoWPAN 网络示例

原　　文	译　　文
Server	服务器
6LoWPAN edge router	6LoWPAN 边缘路由器
IP Router	IP 路由器
Host (IoT)	主机（物联网）
Router (IoT)	路由器（物联网）

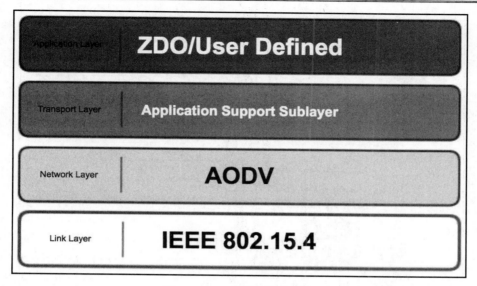

图 2.7　ZigBee 的网络协议栈

原　文	译　文
Application Layer	应用层
Transport Layer	传输层
Network Layer	网络层
Link Layer	链路层
ZDO/User Defined	ZDO/用户定义
Application Support Sublayer	应用支持子层

这些设备形成了个人局域网（personal area network，PAN）。网络交互时间可能非常快。设备可以在 30 ms 内加入网络，并在 15 ms 内从休眠状态变为活动状态。

网络中存在以下 3 种类型的 ZigBee 设备。

❑ 协调器设备（coordinator device）：该设备将启动形成网络。每个网络只有一个协调器设备。一旦网络形成，它也就可以充当路由器。它将充当信任中心，是安全密钥的存储库。

❑ 路由器设备（router device）：该设备是可选的。它可以加入协调器或其他路由器设备，并在消息路由中充当多跳中介。

❑ 端设备（end device）：该设备只有与其协调器进行通信的功能。它是可选的，且不能参与消息的路由。

图 2.8 是 ZigBee 网络示例。

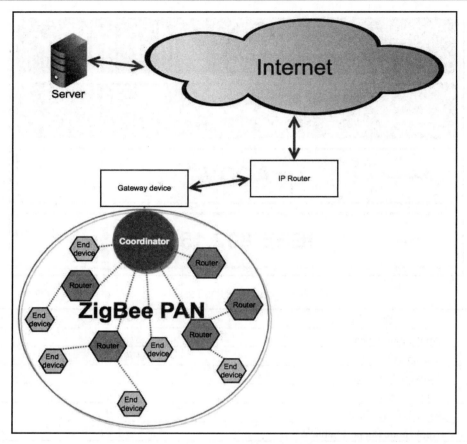

图 2.8　ZigBee 网络示例

原　文	译　文	原　文	译　文
Server	服务器	Coordinator	协调器
IP Router	IP 路由器	End device	端设备
Gateway device	网关设备	Router	路由器

　　ZigBee 网络路由协议是反应式的。它按需建立路由路径，而不是像 IP 那样主动建立路由路径。使用的网络协议是点对点按需距离向量（ad hoc on-demand distant vector，AODV）。它通过向所有邻居广播来找到目的地，这意味着它需要向所有邻居发送请求，直至找到目的地。

　　ZigBee 网络在连接之间是静默的。网络是可以自我修复的。该网络由 128 位 AES 加密保护，通常有一个网关设备。该设备是 ZigBee 网络的一部分，也连接到互联网。它将数据转换为适当的格式，以便通过 Internet 进行消息传递。它还可以将 ZigBee 网络路由协议转换为 IP 路由协议。网关通常是不受限的设备，不需要过多担心电源问题。

　　ZigBee 网络有以下优点。

- ❑　稳定可靠。网络是自我形成和自我修复的。
- ❑　低功耗要求。设备无须新电池即可运行多年。太阳能电源可以坚持很长时间。
- ❑　全球。它所建立的无线协议在全球范围内可用。
- ❑　安全性。加密是标准的一部分，而不是可选的附加组件。

　　ZigBee 网络也有一些缺点。

- ❑　不是免费的。在撰写本文时，该标准的许可费用为 3500 美元。
- ❑　低数据速率。它不是为支持更高的数据速率而设计的。
- ❑　星网受限。协调器设备最多支持 65000 台设备。

　　ZigBee 常用于以下应用。

- ❑　家庭自动化。
- ❑　公用事业监控。
- ❑　智能照明。
- ❑　楼宇自动化。
- ❑　安防系统。
- ❑　医疗数据收集。

4．NFC

　　近场通信（near field communication，NFC）允许两个设备在非常短的距离内（约 4 cm）进行通信。它是一组提供低速和简单设置的通信协议。根据类型和用例，有多种 NFC 协议栈。

　　图 2.9 显示了 NFC 的标志。

　　当 NFC 设备交换信息时，会在两根环形天线之间使用电磁感应。其数据速率约为 100～400 kbit/s。它在 13.56 MHz 的无线电频段上运行，该频段无须许可且全球可用。

图 2.9　NFC 标志

　　NFC 通常有一个全功能设备（如智能手机），以及一个 NFC 标签（如芯片阅读器）。所有全功能 NFC 设备可以在以下 3 种模式中运行。

- ❑　NFC 点对点。设备即时交换信息。
- ❑　NFC 卡模拟。智能手机在这种模式下可以像智能卡一样工作，这允许进行移动支付或购票等操作。

❑　　NFC 读取器/写入器。全功能的 NFC 设备可以读取存储在廉价 NFC 标签中的信息，如海报或小册子上使用的印刷图形。当然，也可以在会议上使用它来扫描与会者的参会标记。

NFC 标签通常是只读的，但也有可能是可写的。NFC 通信中存在发起设备（initiator device）和目标设备（target device）。发起设备将创建一个可以为目标设备供电的射频场。这意味着 NFC 标签在所谓的被动模式（passive mode）下不需要电池。未通电的 NFC 标签设备非常便宜。

还有一种主动模式（active mode），每台设备可以通过交替生成自己的字段来读取数据，然后将其关闭以接收数据来与其他设备进行通信。这种模式通常要求两台设备都有电源。

对于最终在分析数据集中存储的数据记录，全功能的 NFC 设备将充当网关，转换消息，然后通过不同的网络协议栈进行通信。对于智能手机，它将获取 NFC 标签数据并创建自己的数据消息，以通过 5G/4G/LTE 发送到互联网上的目的地。

NFC 的常见应用如下。

❑　　智能手机支付。

➤　　Apple Pay。

➤　　主机卡模拟（host card emulation，HCE）——支持 Android。

❑　　智能海报。

❑　　身份证识别。

❑　　事件记录。

❑　　触发可编程动作。

5．Sigfox

Sigfox 是一家总部位于法国的公司，它开发了一种蜂窝式、超低功耗的远程网络技术。Sigfox 网络适用于不经常发送的短消息。其数据传输速率非常低，为 100 bit/s。使用的信号可以传输 40 km 左右，一个基站可以处理多达 100 万个节点。与蜂窝网络类似，它不适用于专用网络，因为它需要覆盖该区域才能使用。

图 2.10 显示了 Sigfox 的标志。

图 2.10　Sigfox 标志

由于低复杂性和低功率要求，Sigfox 设备的成本非常低。其功率要求可能低至等效蜂窝通信的千分之一。它已被用在廉价但至关重要的事物上，例如烟雾探测器和狗的健身追踪项圈（有了它就可以轻松定位狗的位置）。

Sigfox 网络目前的覆盖范围包括整个法国和西班牙、欧洲的其他几个地区以及北美的一些大都市。

2.3.2 电源不受限时的连接协议

在电源不受限的情况下，协议更多关注的是速度和高比特率。它们支持的物联网设备通常更加复杂。

常见的电源不受限时的连接协议如下。

❑ Wi-Fi。

❑ 蜂窝网络。

1. Wi-Fi

Wi-Fi 是指遵循 IEEE 802.11 规范的任何无线网络。它无处不在，而且是全球性的。许多物联网设备使用它来连接互联网，因此了解它的工作原理很有用。

图 2.11 显示了 Wi-Fi 的标志。

图 2.11 Wi-Fi 标志

要连接到 Wi-Fi 局域网（Wi-Fi local area network，WLAN），设备需要网络接口控制器。它可以是单独的控制器卡，也可以只是集成为设备内部芯片组的一部分。Wi-Fi 通信使用预先确定的无线电通信频段上的以太网式数据包。它不保证数据包传递，并使用尽力而为的传递机制。协议栈中较高的网络协议层，如 TCP 或 UDP，可以在 Wi-Fi 标准之上提供数据传输保证。

图 2.12 显示了 Wi-Fi 的网络协议栈。

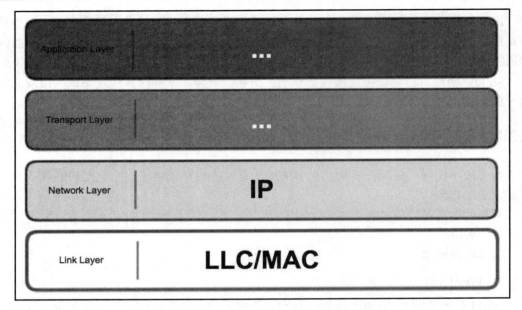

图 2.12　Wi-Fi 的网络协议栈

原　　文	译　　文
Application Layer	应用层
Transport Layer	传输层
Network Layer	网络层
Link Layer	链路层

　　物联网设备连接到 Wi-Fi 接入点（无线路由器），而 Wi-Fi 接入点本身（通常）连接到具有互联网访问权限的有线以太网（对于光纤宽带来说，就是所谓的"光猫"）。

　　Wi-Fi 可提供非常快的数据速率，但需要更多功率支持来回通信。它的普遍性使其对物联网设备具有吸引力。IEEE 802.11ah 等新标准专为低功耗场景而设计。事实上，Wi-Fi 已经成为物联网广泛使用的连接选项。

　　Wi-Fi 常见于以下应用。

- ❑　家庭自动化。
- ❑　智慧校园。
- ❑　智能楼宇。
- ❑　数字化机场。
- ❑　制造工厂机器监控。

2. 蜂窝网络

蜂窝数据通过无线电波运行。第四代网络技术（4G）是一种基于 IP 的网络架构，可同时处理语音和数据。长期演进（long term evolution，LTE）是一种 4G 技术，数据速率高达 300 Mbit/s。

图 2.13 显示了 4G LTE 标志。

图 2.13　4G LTE 标志

LTE 可以处理快速移动的设备（例如手机或远程信息处理设备）。它允许设备移出一个网络范围并进入另一个网络范围而不会中断。由于更高的功率需求，它通常需要恒定功率或频繁的电池充电。LTE 支持不同类别的服务。

图 2.14 显示了 LTE 的网络协议栈。

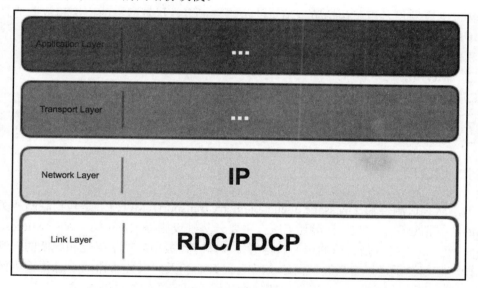

图 2.14　LTE 的网络协议栈

原　　文	译　　文	原　　文	译　　文
Application Layer	应用层	Network Layer	网络层
Transport Layer	传输层	Link Layer	链路层

还有一个较新的类别 LTE Category 0（LTE Cat 0），它专为满足物联网要求而设计，具有较低的数据速率，最大上限为 1 Mbit/s。LTE Cat 0 还削减了带宽范围，从而显著降低了复杂性。它仍然能够在现有的 LTE 网络上运行，并支持低功耗受限物联网设备。

　　但是，并非所有地区都提供蜂窝网络覆盖，还有一些地方（如山区）是没有信号的。对于数据分析而言，这意味着如果你的物联网设备四处移动，那么它可能会冒险进入一个没有信号的区域。在这种情况下，数据可能会丢失，除非它被缓冲直到信号恢复。

　　蜂窝网络通常见于以下应用。

- □　货运跟踪。
- □　车辆连接（远程信息处理）。
- □　智能手机。
- □　远程设备监控。

2.4　物联网网络数据消息传递协议

　　物联网联网设备用于传输数据消息的策略有很多。尽管网络的连接和数据消息传递有时可以混为一谈，但为简单起见，我们还是将它们分开讨论。

　　我们将介绍以下常用协议。

- □　MQTT。
- □　HTTP。
- □　CoAP。
- □　DDS。

2.4.1　MQTT

　　消息队列遥测传输（message queue telemetry transport，MQTT）是与物联网相关的最常见的数据消息传递协议。它得到了所有主要云基础设施提供商（如 AWS、Microsoft 和 Google 等）的支持，是常用的传递数据的协议，专为最小的功率损耗和最低的带宽要求而设计。它起源于通过卫星通信网络支持远程石油和天然气传感器的消息传输用例。近年来，该协议不断发展，已经很好地转化为适用于更广泛的物联网世界。

　　图 2.15 显示了 MQTT 的网络协议栈。

　　从本质上讲，MQTT 的概念类似于消息队列架构，但尽管名称如此，它并不是传统意义上的队列。新数据作为消息进入中间代理（broker），然后传递到终端服务器上。物联网设备被称为发布者（publisher），终端服务器被称为订阅者（subscriber）。两者都连接到代理，但从不相互连接。

　　MQTT 遵循发布/订阅（publish/subscribe，Pub/Sub）架构模式，但它的实现方式与传统消息队列不同。它提供一对多的消息发布，主题的消息可以被最新数据替换，而不是像传统消息队列那样被添加到扩展的消息行中。

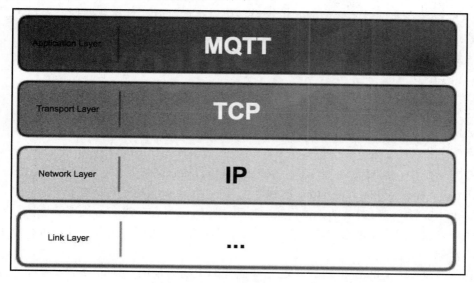

图 2.15　MQTT 的网络协议栈

原　　文	译　　文	原　　文	译　　文
Application Layer	应用层	Network Layer	网络层
Transport Layer	传输层	Link Layer	链路层

　　无论发布者或订阅者是否在线并愿意与之交互，代理上的消息都存在。这使其对间歇性连接（有意或无意）来说非常稳定可靠。订阅者不必等到发布者从休眠状态醒来并进行交互，发布者也可以随时发送消息，而无须关心谁想要且能够接收它之类的细节。

　　代理不知道也不关心消息中的内容。消息由设备发布到代理上被称为主题（topic）的地址。主题是 MQTT 中的关键概念，稍后将详细讨论。

　　MQTT 队列（主题）与传统消息队列的区别如下。

- ❑ 主题不必提前创建，它们很灵活，可以即时创建；传统的消息队列必须先创建并显式命名，然后才能接收消息。
- ❑ 主题在被使用之前不会保留所有消息，传统队列会保留所有消息，直到订阅者使用完为止。主题只是用新消息替换旧消息。
- ❑ 主题可以有多个订阅者接收相同的消息，而传统的消息队列是为一个客户端使用的消息而设计的。

❑　消息并不是必须有订阅者，传统的消息队列需要有人来使用它们；否则，它最终会被填满而无法接收更多的消息。

MQTT 旨在实现非常轻型的开销。设备可以定期打开，连接到代理，发送消息，然后重新进入睡眠状态，而无须担心订阅者是否能够立即收到。

当然，大多数实现都将保持持久连接。在实践中，通信往往接近实时。

1. 主题

主题采取的是类似于文件系统的分层结构。例如以下订阅内容。

```
vehicleID/engine/oil/temperature
vehicleID/engine/oil/pressure
```

在本示例中，连接到特定车辆（vehicleID）的物联网设备可能会向代理上的一个名为 vehicleID/engine/oil/temperature 的地址（其中，vehicleID 将是该特定车辆的唯一标识符）发布一条包含值 122.2 的消息。然后，此主题的订阅者在建立与代理的连接时即可收到一条包含值 122.2 的消息。如果能够保持与代理的持续连接，那么该订阅者将近乎实时地接收消息。

订阅者支持主题匹配的概念。这允许在订阅主题时使用通配符+或#。发布者则不允许这样做。

❑　+是单个级别的通配符。它的工作方式类似于所有非+级别必须匹配的搜索模式。

❑　#是多个级别的通配符，必须在字符串末尾使用。它将返回指定的整个层次结构。
　　与在文件系统中复制文件夹类似，它将订阅指定级别包含的所有子目录和文件。

通配符允许对主题进行更简单的订阅管理。例如，可以订阅以下内容。

```
vehicleID/engine/+/temperature
```

这可以获取引擎主题中的所有温度值。

还可以订阅下面的内容。

```
+/engine/oil/temperature
```

这可以获取发布到该代理的所有设备的发动机油温度值。

无论级别有多深，都可以订阅下面的内容。

```
vehicleID/engine/#
```

这可以获取引擎层次结构中的所有值。

主题树的设计要考虑到灵活性，这一点很重要。它应该是可扩展的，以便可以添加新的分支而无须重新设计树。

从数据分析的角度来看，这意味着：如果设计得当，则添加更多来自设备的信息的成本将相对较低；如果设计不佳，则需要重新设计主题树，这会使其成本变高。在不断适应的分析世界中，我们需要了解新的事物并加以利用，因此也需要各个层面的灵活性。

2. MQTT 的优点

MQTT 具有以下优点。

- ❑ 数据包不可知：任何类型的数据都可以在数据包携带的有效载荷中传输。数据可以是文本或二进制，只要接收方知道如何解释它即可。
- ❑ 可靠性：有一些服务质量（quality of service，QoS）选项可用于保证交付。
- ❑ 可扩展性：发布/订阅模型可以按一种节能的方式很好地扩展。
- ❑ 解耦设计：该设计中有若干个元素可以将设备和订阅服务器解耦，从而产生更强大的通信策略。
- ❑ 时间：无论订阅服务器的状态如何，设备都可以发布其数据。然后，订阅服务器可以连接并接收数据。这在时间基础上解耦了通信的两端。可以把它想象成在手机上给某人发短信的能力。接收短信的人可以择机回复而不必即时响应。但如果是打电话，就不一样了，他必须即时和你交流。MQTT 允许设备保持休眠状态，而不必担心订阅者是否能够在设备唤醒进行通信时接收数据。
- ❑ 空间（交付细节）：发布者需要知道代理 IP 地址以及如何与之通信，但不需要知道订阅者的任何信息。订阅者不需要知道发布者的网络连接细节。这使得设备端的通信开销保持在较低水平（通常在功率可用性方面受到更多限制）。它还允许两端独立运行。订阅者可以更改自己的订阅，而在发布设备端则无须进行任何更改。
- ❑ 同步：双方都不必暂停正在做的事情来进行交流或接收消息。该过程是异步的。无须中断正在进行的工作即可发布消息。
- ❑ 安全性：MQTT 在这方面既有优点也有缺点。使用 MQTT 可获得安全性，这是它出现在优点列表中的原因。由于 MQTT 通过 TCP 操作，因此用户可以而且绝对应该在通信中使用 TLS/SSL 加密。但是，由于 MQTT 本身是未加密的，因此它也出现在缺点列表中，关于这一点下文还将做出解释。
- ❑ 双向：设备既可以是发布者，也可以是订阅者。通过这种方式，它可以订阅代理上的主题以接收命令。它还可以从其他设备接收数据，这些数据可能是它发布的数据的输入。在实践中，通常使用的是中心辐射模型（hub and spoke model）。
- ❑ 成熟度：MQTT 是 IBM 于 1999 年基于其 MQSeries 产品（这就是消息队列部分名称的来源）在协议的第一个草案中发明的。它于 2010 年免费发布，此后被作为开源项目捐赠给 Eclipse 基金会。它被数以百万计的连接产品使用。

3. MQTT 的缺点

MQTT 具有以下缺点。

- ❏ 它通过 TCP 运行：TCP 专为内存和处理能力比许多轻量级、电源受限的物联网设备更多的设备而设计。TCP 需要更多的握手次数来建立通信链接，然后才能交换任何消息。这会增加唤醒和通信时间，从而影响长期电池消耗。TCP 连接的设备倾向于通过持久会话保持套接字彼此打开，这增加了功率和内存要求。
- ❏ 中心式代理可能会限制规模：代理会影响可扩展性，因为连接它的每台设备都会产生额外的开销。网络只能增长到本地代理中心可以支持的大小。这限制了每个中心辐射组的扩展。
- ❏ 代理单点故障：MQTT 网络中存在单点故障的风险。只要代理宕机，那么整个网络都将瘫痪。常见的情况是，代理设备的电源是插入墙上插座中的，发布设备是使用电池供电的。如果发生电源故障，发布设备将继续运行，但代理将离线。在恢复供电之前，网络将毫无用处。
- ❏ 安全性：MQTT 默认未加密。因此它本身并不安全，并且需要用户采取额外的步骤并吸收一些开销以确保实现 TLS/SSL。如果没有采用这些安全机制，那么任何通过 MQTT 进行的通信，包括用户名和密码，都将对黑客开放。

4. QoS 等级

服务质量（QoS）等级存在固有的权衡。QoS 是有关消息传递可靠性要求的 MQTT 术语。它是网络中的一个常用术语，我们来看看它是如何专门为 MQTT 实现的。

QoS 的权衡介于使用的带宽和消息传递的可靠性之间。如果需要传递更多的往返消息以确保更高的可靠性，那么显然将增加相同消息包的带宽要求。MQTT 为用户提供了一些不同的可选项，这就是所谓的 QoS 等级。

ℹ️ **注意：**

可以为通信的两端分别设置 QoS 等级，即可以为从发布者到代理的消息传递设置一个 QoS 等级，为从代理到订阅者连接设置另一个单独的 QoS 等级。

一般来说，这两个 QoS 等级是一样的，但也并非总是如此。

1）QoS 0

该等级被称为射后不理（fire and forget，也被称为即发即弃），即发送消息之后就不管了。

　　QoS 0 是最低的 QoS 级别，消息被发送到代理后，无须确认代理是否已将消息发送给订阅者。它仍然具有 TCP 协议的所有保证，所有形式的标准 MQTT 也是如此。

　　从图 2.16 中可以看出，这种服务质量等级的通信开销最小，其功率要求自然也最低。一旦发送到代理，消息就会从设备（发布者）上被删除。代理立即发送给具有开放连接的订阅者。与其他 QoS 级别不同，当 QoS 被设置为 0 时，不会为离线订阅者存储消息。

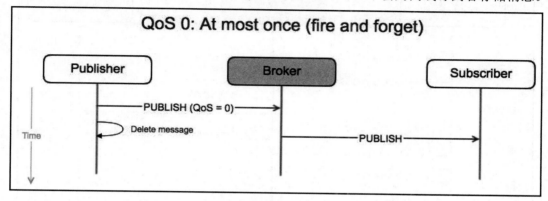

图 2.16　QoS 0 示意图

原　　文	译　　文
QoS 0: At most once (fire and forget)	QoS 0：最多一次（射后不理）
Publisher	发布者
Time	时间
Delete message	删除消息
Broker	代理
PUBLISH	发布
Subscriber	订阅者

　　当连接稳定且不太可能出现中断（如有线连接）时，通常使用 QoS 0。当功率限制比消息传递更重要时，也可以使用它。在这种情况下，即使丢失了一些消息，结果数据也是可以接受的，或者消息的频率足够高，如果丢失一个也无关紧要，因为另一个很快就会出现。

　　2）QoS 1

　　QoS 1 等级被称为交付一次（deliver once），即不在乎消息是否被发送了 10 次，只要确保目标方收到即可。

　　QoS 1 是最常用的级别。它保证消息至少被交付一次。重复消息需要在订阅方或某些后期处理中处理。与 QoS 0 相比，该服务质量等级的通信开销更高，但仅是 QoS 2 的一半。

图 2.17 显示了 QoS 1 的示意图。

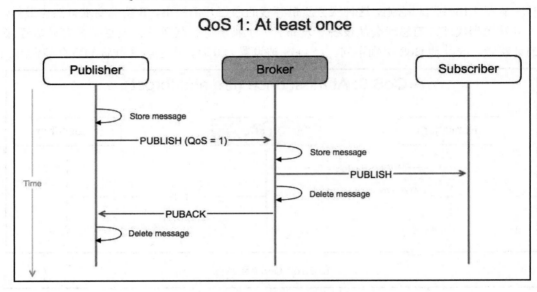

图 2.17　QoS 1 示意图

原　　文	译　　文
QoS 1: At least once	QoS 1：最少一次
Publisher	发布者
Time	时间
Store message	存储消息
Delete message	删除消息
Broker	代理
Subscriber	订阅者
PUBLISH	发布
PUBACK	发布确认

当需要保证交付并且用例可以处理重复消息时，可使用 QoS 1。

3）QoS 2

QoS 2 等级被称为仅交付一次（deliver exactly once）——确保目标方获得消息，并且确保仅获得一次——次数多了会让目标方感到困惑。

QoS 2 可保证消息被交付且仅交付一次。从图 2.18 可以看出，有多个来回通信来协调这种保证。通信的状态需要由双方存储，直到将完整的交付确认传回给发布者。这需要更高级别的电源和更多的内存占用，以便存储更复杂的状态。完成 QoS 2 通信也需要更长的时间。

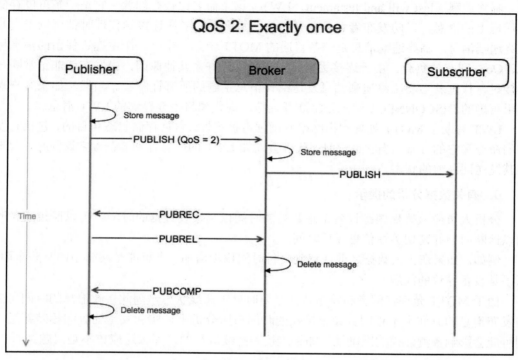

图 2.18　QoS 2 示意图

原　　文	译　　文
QoS 2: Exactly once	QoS 2：仅交付一次
Publisher	发布者
Time	时间
Store message	存储消息
Delete message	删除消息
Broker	代理
Subscriber	订阅者
PUBLISH	发布
PUBREC	发布收到
PUBREL	发布释放
PUBCOMP	发布完成

当需要保证交付并且最终应用程序或订阅客户端无法处理重复消息时，使用 QoS 2。

5. LWT

临终遗嘱（last will and testament，LWT）这个命名比较有创意，它是一条可以存储在代理上的消息，以防发布者意外断开网络。每个发布者在连接到代理时都可以指定其临终遗嘱消息。临终遗嘱消息是一条普通的 MQTT 消息，带有一个主题、保留的消息标志、QoS 和有效负载。由于连接丢失、电池耗尽或许多其他原因，当发布者非正常断开连接时，代理就会将临终遗嘱消息发送给该消息主题的所有订阅者。当然，如果客户端使用正确的 DISCONNECT 消息正常断开连接，则代理将丢弃存储的 LWT 消息。

LWT 有助于 MQTT 处理有损网络并增强可扩展性。它将存储状态和目的，包括它发布的命令和它的订阅。当它退出时，代理会通知 LWT 的所有订阅者；当它返回时，代理将其发送回之前的状态。

6. 有关数据分析的提示

分析人员应该确保跟踪设备记录数据的时间以及接收数据的时间。可以监控交付时间以诊断问题并密切关注信息滞后时间。

例如，如果在丢失数据之前注意到交付时间稳步增加，则可能是网络中的某些东西，而不是设备导致的问题。

由于 MQTT 允许订阅者和发布者在必要时处于离线状态，因此接收消息的时间可能与发布消息的时间大不相同。如果接收的时间与所分析事件实际发生的时间相差甚远，则可能会影响预测建模的准确性。如果连接是持续进行的，那么这应该不是问题。

7. MQTT 的常见用例

MQTT 协议常见于以下应用。
- 家庭医疗保健。
- 汽车远程信息处理。
- 油气远程监控。
- 库存跟踪。
- 货柜跟踪。
- 能源使用情况监测。

2.4.2 超文本传输协议

我们平常上网时访问的网页就是使用超文本传输协议（hyper text transfer protocol，

HTTP）来交换数据的。HTTP 是一种基于字符的协议。它运行在应用层，符合 RESTful
原则。用户对它应该非常熟悉，但可能没有意识到即使没有网页存在，它也可以与物联
网设备一起使用。

图 2.19 显示了 HTTP 的网络协议栈。

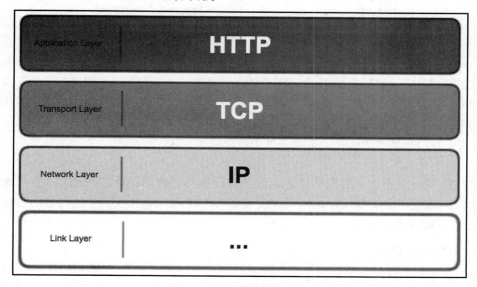

图 2.19　HTTP 的网络协议栈

原　　文	译　　文
Application Layer	应用层
Transport Layer	传输层
Network Layer	网络层
Link Layer	链路层

1．REST

具象状态传输（representational state transfer，REST）允许支持互联网的设备使用统
一的应用程序编程接口（application programming interface，API）相互操作。符合这一架
构的设备或服务器被称为 RESTful。它假设交互是基于客户端/服务器的并且是无状态的。
表 2.1 显示了 HTTP REST API 接口支持的主要命令。

表 2.1　HTTP REST API 接口支持的主要命令

HTTP REST API	说　　明
HTTP POST	添加新资源

续表

HTTP REST API	说　　明
HTTP PUT	通过将特定资源替换为更新版本来更新它
HTTP GET	读取指定资源
HTTP PATCH	部分更新集合中的资源
HTTP DELETE	删除资源

2．HTTP 和物联网

在许多情况下，HTTP 并不适合物联网应用程序。延迟是不可预测的，它通常依赖于轮询来检测状态变化。HTTP 是一个基于文本的协议，这意味着信息量往往很大，从而增加了物联网设备使用它进行通信的功率需求和复杂性开销。

当然，HTTP 是一个成熟的标准并且被广泛使用，这使它成为一个成熟且受到良好支持的接口。

HTTP 可用来建立从客户端设备到服务器设备的连接并保持打开状态，直至通信完成。HTTP 的交付是有保证的，并且在流程的每个步骤都确认收到数据消息。它运行在 TCP 之上并且是可靠的。

3．HTTP 的优点

HTTP 作为物联网协议有以下几个优点。

- ❑ 可靠性：消息交付得到保证和确认。
- ❑ 无处不在：HTTP 到处都在使用，而且很容易实现。
- ❑ 易于实现：如果用户可以连接到互联网，则可以在世界任何地方使用 HTTP，不需要特殊的硬件或软件。

4．HTTP 的缺点

HTTP 作为物联网协议有以下缺点。

- ❑ 更高的功率需求：通信需要频繁的交互，因此需要保持连接，纯文本也会导致更大的信息量。这一切都需要更多的功率来支持。
- ❑ 物联网设备的复杂性：设备需要足够的内存和 CPU 能力来支持 TCP 和高级 HTTP RESTful API。

2.4.3　CoAP

受限应用协议（constrained application protocol，CoAP）是基于用户数据报协议（user datagram protocol，UDP）的点对点通信。它具有低开销要求，是专为在互联网上运行的低功耗设备而开发的。

CoAP 被设计用于具有低至 10 KiB RAM 的微控制器，并且操作代码只需要 100 KiB。

💡 提示：

KiB 是 kilo binary byte 的缩写，指的是千位二进制字节。

1 KiB = 1024 Byte

1 KB = 1000 Byte

图 2.20 显示了 CoAP 的网络协议栈。

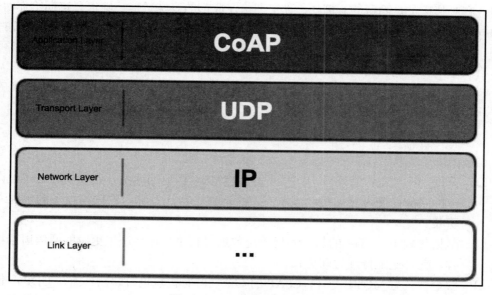

图 2.20　CoAP 的网络协议栈

原　　文	译　　文
Application Layer	应用层
Transport Layer	传输层
Network Layer	网络层
Link Layer	链路层

CoAP 由互联网工程任务组（Internet Engineering Task Force，IETF）创建，旨在满足功率受限的物联网设备的需求。Eclipse 基金会也支持它作为开放标准。

CoAP 遵循客户端/服务器架构，是一对一的通信约定。它确实允许一些多播功能，但在笔者撰写本书时这些功能还处于早期开发阶段。

CoAP 与 HTTP 类似，也是一种文档传输协议，可与 RESTful Web 进行互操作。不过 CoAP 与 HTTP 也有不同之处，即 CoAP 是为网络低功耗且经常有损的应用程序设计的。

CoAP 在 UDP 协议上运行，UDP 中的数据包比 HTTP 小得多，HTTP 使用更大的 TCP 包。客户端和服务器可以在没有建立连接的情况下进行通信。UDP 使用自包含数据报传输信息。数据报是 UDP 协议的核心，每个数据报都包含路由需要的所有信息，而不依赖于客户端和服务器之间的先前交换。

将数据报想象为通过邮件（这里指的是以前的蜗牛邮件）与某人通信可能会有助于理解这个概念。信封有一个投递地址和一个回信地址，有效载荷就是里面的信件，但信件的内容对邮递员是隐藏的。例如，你定期给在成都的表妹寄信，她也会定期给你回信。因为我们无法保证所有信件都按照邮寄的顺序被送达，所以收到信件后，你有责任打开它们，将它们按正确的顺序排列，并找出是否有遗漏。如果你发现丢失了信件，则可以写信给表妹，要求她重新发送一次。

CoAP 的工作方式与你和表妹寄信和收信的方式相同。需要对应用程序进行适当的编程以获得所需的交付可靠性水平。

1．CoAP 的优点

CoAP 具有以下优点。

❑ 降低功率要求：它通过 UDP 运行，这意味着需要的通信开销很小。它还允许更快的唤醒时间和延长的睡眠状态。总而言之，这意味着物联网设备的电池寿命更长。

❑ 数据包较小：UDP 的另一个优点是数据包较小。这会产生更短的通信周期。同样，允许电池持续时间更长。

❑ 安全性：与 MQTT 一样，CoAP 的安全性既有优点也有缺点。当在 UDP 上使用数据报传输层安全性（datagram transport layer security，DTLS）时，通信是加密和安全的。尽管实现这一点需要一些额外的开销，但我们可以并且应该使用它。

❑ 异步通信选项：客户端可以通过设置标志请求观察设备。然后，服务器（物联网设备）可以在发生状态更改时将状态更改流式传输到客户端。任何一方都可以取消观察请求。

❑ 基于 IPv6：CoAP 从一开始就被设计为支持 IPv6。这也允许多播选项。

❑ 资源发现：服务器可以提供资源和媒体类型的列表。然后，客户端可以查看并发现可用的内容。

2．CoAP 的缺点

CoAP 具有以下缺点。

- ❑ 消息不可靠性：UDP 不保证数据报的传递。CoAP 添加了一种方法来请求确认已收到消息，但这并不能验证它是否被完整接收并正确解码。
- ❑ 标准仍有待成熟：CoAP 仍在不断发展，尽管其背后有很多市场动力。随着其使用越来越广泛，它可能会迅速成熟。
- ❑ NAT 问题：网络地址转换（network address translation，NAT）设备常用于企业网络和云环境。CoAP 在与 NAT 后面的设备通信时可能会遇到问题，因为其 IP 可能会随着时间的推移而动态变化。
- ❑ 安全性：与 MQTT 一样，CoAP 在默认情况下是未加密的。因此它本身并不安全，用户需要采取额外的步骤来确保通信不会向黑客开放。

3．消息可靠性

CoAP 的消息可靠性问题等同于 MQTT 的服务质量（QoS）。使用 CoAP 时，可以选择将请求和响应数据报标记为可确认。在这种情况下，接收方将以确认（acknowledge，ACK）消息进行响应。

如果此标志未被标记，则数据报将被射后不理（fire and forget），这相当于 MQTT QoS 0。

4．CoAP 的常见用例

CoAP 协议常见于以下应用。

- ❑ 公用领域区域网络。
- ❑ 远程气象站传感器。
- ❑ 密封电池供电的传感器设备。

2.4.4　DDS

数据分发服务（data distribution service，DDS）是一种网络中间件。其标准由对象管理组（object management group，OMG）管理。它是一种总线式的架构，不需要中心节点。其通信是点对点的，而不是中心控制的。

图 2.21 显示了 DDS 的网络协议栈。

DDS 通过被称为动态发现（dynamic discovery）的过程自动发现通信端点。DDS 使用发布/订阅模型的变体，其中总线上的节点将宣布它们正在发布什么数据，以及它们想要订阅什么数据。

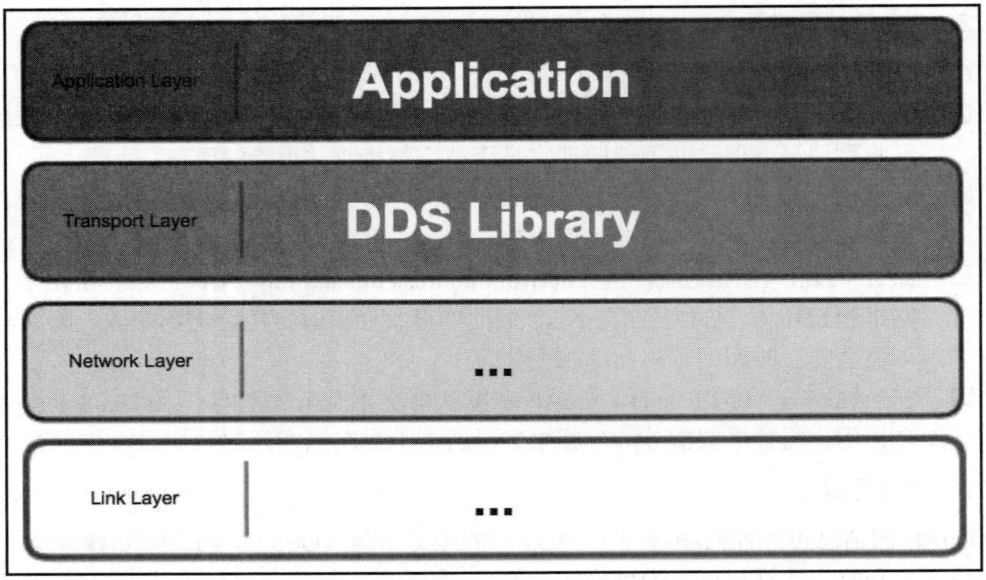

图 2.21　DDS 的网络协议栈

原　　文	译　　文
Application Layer	应用层
Transport Layer	传输层
Network Layer	网络层
Link Layer	链路层
Application	应用
DDS Library	DDS 库

　　DDS 参与者可以在同一台机器上或在同一工厂，甚至可以分布在很广的区域。当单个 DDS 域链接在一起时，可能是所有这些组合。这是一个非常可扩展的架构。

　　DDS 的数据交换是实时且可靠的，具有高传输率。DDS 可为用户处理传输工作的详细信息，例如消息寻址、传递、流控制、重试和数据编组/解组等。任何节点都可以是发布者、订阅者或同时是这两者。

　　对于使用 DDS 的设备上的应用程序，数据看起来像通过 API 访问的本机内存。这是通过 DDS 维护的称为全局数据空间（global data space）的本地数据存储实现的。这给应用程序一个错觉，即只有需要的数据才会被保存在本地，并且只在需要时才保存。

　　图 2.22 显示了 DDS 网络架构示例。

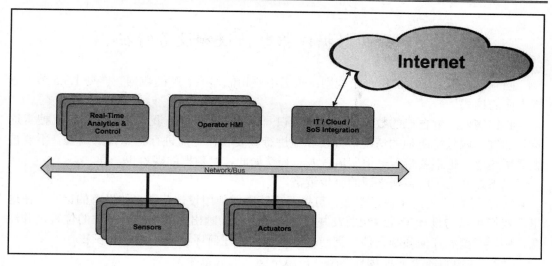

图 2.22 DDS 网络架构示例

原 文	译 文
Real-Time Analytics & Control	实时分析和控制
Operator HMI	操作员人机界面
IT / Cloud / SoS Integration	IT/云/SoS 集成
Network/Bus	网络/总线
Sensors	传感器
Actuators	执行器

2.4.5 DDS 的常见用例

DDS 常见于以下应用。

❑ 住院病人监护。
❑ 汽车驾驶员安全系统。
❑ 防御控制系统。
❑ 飞机喷气式发动机监控。
❑ 金融交易。
❑ 风力涡轮机监控。
❑ 高性能计算。
❑ 远程手术设备。

2.5　分析数据以推断协议和设备特征

回到物联网分析中的第一条规则：永远不要相信你不了解的数据（详见 1.3.5 节"分析方面的挑战"）。

我们需要了解自己的数据，就像刚认识一位新朋友一样。我们可以在百度上搜索这位新朋友，四处打听他的情况，并在和他进行重要合作之前进行犯罪背景调查。不要被表象所迷惑，也不要带着刻板印象看人。社交如此，对数据的观察也一样。

以下是开始了解数据来源的分步策略。

（1）绘制设备的工作示意图，可以画出草图或使用设计蓝图（如果有的话）。在这里，我们可以与设计工程师交朋友并虚心向他请教。画出关键传感器所在的位置，并注意传感器类型和任何限制条件。询问影响准确性的任何环境条件并记录下来。

（2）了解设备如何连接到网络，注意草图上的连接类型。

（3）确定设备用于通信的数据消息协议。在你的草图上注明这一点。

图 2.23 提供了一个简单示例。

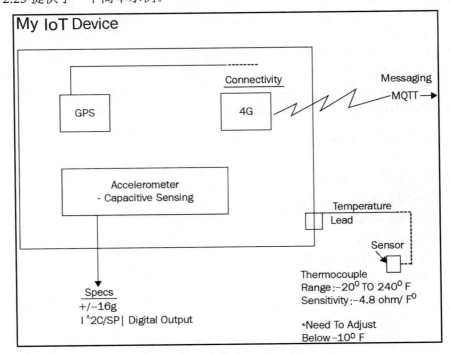

图 2.23　物联网设备草图示例

原　　文	译　　文
My IoT Device	我的物联网设备
Connectivity	连接
Messaging	消息传递
Accelerometer	加速度计
-Capacitive Sensing	-电容感应
Temperature	温度
Lead	导线
Sensor	传感器
Thermocouple	热电偶
Range：-20°TO 240°F	范围：-20°～240°F（约相当于-29℃～116℃）
Sensitivity：-4.8 ohm/F°	灵敏度：-4.8 Ω/F°
*Need To Adjust	*需要调整到
Below -10°F	-10°F（约相当于-23℃）以下
Specs	规格
Digital Output	数字输出

（4）如果你可以接触到正在使用该设备的实际站点，则可以对它进行拍照；如果你无法接触到它，则可以请能接触到它的人帮忙。尝试对若干个不同的位置进行拍照，这样做是为了捕捉设备在真实世界的工作条件以供日后参考。

图 2.24 提供了一个物联网设备真实工作条件的照片示例。

图 2.24　物联网设备真实工作条件的照片示例

原　　文	译　　文
IoT Box Installed Here	物联网盒子安装位置

（5）将真实世界的图片和草图组合成一个参考文件，将它钉在工作隔间墙上以供参考。

（6）分析数据以推断出一些相关事宜。

❑ 获取若干个月的完整数据。保持数据足够小，以便轻松使用，但又要足够大，以便我们有一些历史记录。

❑ 通过从当前记录的时间中减去同一台设备上先前记录的时间来计算记录之间的频率。这将获得每条消息的间隔数字。

❑ 随机选择至少30台单独的设备，并为它们保留所有记录。

❑ 对于每台设备，查看其记录。如果间隔数字在很大程度上是一致的，那么可以知道它具有定期的报告频率，并且知道报告之间的时间长度。如果不一致，则可能是因为没有设定时间间隔，并且当设备进入网络范围（它是可移动的）或不规则事件触发通信时才会进行数据通信。无论哪种方式，都需要在参考文档中注明这一点。

❑ 寻找间隔数字的不规则增加情况。如果这种情况频繁发生，则设备可能处于有损网络状态。请在你的参考文档中注明这一点。

❑ 如果间隔数字很大，涵盖几个小时或几天，并且消息大小（列数）很低，那么你的物联网设备可能是受限的并且依赖于长期电池。它更有可能处于有损网络情况。

❑ 如果间隔数字很小，为几秒或几分钟，那么设备可能很容易获得电源。它不太可能处于有损网络情况。

❑ 按日期计算每台设备的平均间隔。将它们绘制在同一张图表上，每台设备都独占一行。如果所有设备的平均间隔变化发生在完全相同的日期，则说明中心数据收集过程存在网络或数据处理问题。

2.6　小　　结

本章简要介绍了各种物联网设备和网络协议。我们讨论了物联网设备的工作范围和用例，并阐释了各种网络协议以及它们试图解决的业务需求。

本章还介绍了物联网设备分类和网络协议策略等相关内容，并且探讨了一些通过分析数据来识别物联网设备特征和网络协议特征的技术。

第 3 章　云和物联网分析

现在你已经知道手中的数据是如何传输回公司服务器的，你觉得自己对它有了更好的理解。你的脑海中也有一个参考框架，可以了解它在现实世界中的运作方式。

你的上司又来了。

"滚动平均计算的结果出来了吗？"他不耐烦地问道。

这项计算任务过去你一直完成得很好，仅在 3 个月前，它只要 1 个小时即可完成，但是由于数据的不断增长，它已经需要越来越长的时间来完成，有时甚至不能顺利完成。今天，它已经持续了 6 个小时，你正在祈祷不要出问题。而在昨天，它已经崩溃了两次，看起来好像是出现了内存不足的错误。

你已经与公司 IT 团队和财务团队讨论如何获得更快的服务器和更多的内存。增购需要很大的成本，并且可能需要数月才能完成购买和安装的过程。财务团队的同事对此不置可否，因为在本财政年度并没有安排这方面的预算。

你感觉很糟糕，因为这是唯一给你带来麻烦的分析工作。它虽然每月只运行一次，但会产生关键数据。

不知道该说什么，你给了你的上司一个充满希望而又有点紧张的微笑。你交叉的十指试图维护内心的平静，但左手大拇指在右手食指上的不停摩擦却暴露了你的不安。

"还在算着呢……也许快好了吧。"

本章将介绍基于云的基础架构在处理和分析物联网数据方面的优势。我们将讨论云服务，包括 Amazon Web Services（AWS）、Microsoft Azure 和 ThingWorx。读者将学习到如何弹性实现数据分析以启用各种功能。

本章包含以下主题。

❑　构建弹性数据分析。

❑　可扩展设计。

❑　云安全和数据分析。

❑　主要云提供商概述。

　　➤　AWS。

　　➤　Microsoft Azure。

　　➤　PTC ThingWorx。

3.1　构建弹性数据分析

如前文所述，物联网数据量会迅速增加。物联网数据分析在进行预测的时候尤其需要密集计算。物联网数据的商业价值是不确定的，需要大量的实验才能找到正确的实现。

将这些条件和方法结合在一起，就意味着你需要足够的计算资源，能够快速扩展，并且动态对需求做出响应，还能在恰当的时间拥有几乎无限容量的存储空间。所有这些都需要以低成本和低维护需求快速实现。

要满足这一需求，寻求公司大量增购计算机硬件可能是不现实的，因为成本太高。更好的选择是进入云。物联网数据分析和云基础设施就像瞌睡虫遇到枕头一样紧密结合在一起。

3.1.1　关于云基础设施

美国国家标准与技术研究院（National Institute of Standard and Technology，NIST）定义了云基础设施的 5 个基本特征。

❑ 按需自助服务：可以根据需要配置服务器和存储等内容，而无须与他人交互。

❑ 广泛的网络访问：云资源可以采用各种方法（如 Web 浏览器或手机）通过 Internet 访问（只要能够联网即可）。

❑ 资源池：云提供商使用多租户模型，可以将其服务器和存储容量提供给许多客户。无论是物理资源还是虚拟资源，都可以根据需要动态分配和重新分配。资源的具体位置对于客户来说是未知的，但这并不影响客户的使用。

❑ 快速弹性：云资源可以弹性创建和销毁；可以根据需要自动发生以满足需求；可以快速扩展，也可以快速收缩。从客户的角度来看，资源的供应实际上是无限的。

❑ 可度量的服务：资源使用情况由云提供商监控、控制和报告。用户可以访问相同的信息，为使用情况提供透明度。云系统将不断自动优化资源。

除公共云外，还有一种私有云（private cloud）的概念，即存在于某个场所内或由第三方为特定组织定制构建的云。本书将只讨论公共云，这是因为总地来说，大多数的数据分析都将在公共云上完成。

公共云上的可用容量是惊人的。早在 2016 年 6 月，AWS 就已经估计有 130 万台服务器在线。这些服务器的效率被认为是企业系统的 3 倍。

云提供商拥有硬件并维护可用服务所需的网络和系统。用户只配置自己需要的东西即可，通常是通过 Web 应用程序进行配置。

云提供商可以提供不同级别的抽象。它们既可以仅提供底层的服务器和存储，方便用户在其中进行细粒度控制，也可以提供托管服务，为用户处理服务器、网络和存储的配置。这些选项相互结合使用，两者没有太大区别。

云的硬件故障会自动处理。资源将被转移到新硬件并重新上线。当用户为云进行设计时，物理组件变得不重要，它将被抽象出来，以便用户可以专注于资源需求。

使用云的优点如下。

❑ 速度：可以在几分钟内让云资源上线。

❑ 敏捷性：快速创建和销毁资源的能力使各种实验变得很容易。这提高了数据分析企业的敏捷性。

❑ 多种服务：云提供商有许多服务可用于支持在几分钟内部署的分析工作流。这些服务可为用户管理硬件和存储需求。

❑ 全球范围：只需单击几次鼠标，用户就可以将数据分析的范围扩展到世界的另一端。

❑ 成本控制：用户只需在需要时为资源付费。这比自己购买软硬件要便宜得多。

图 3.1 是美国国家航空航天局（National Aeronautics and Space Administration，NASA）在 AWS 上构建的架构图，它是针对学童的教育启蒙计划的一部分。

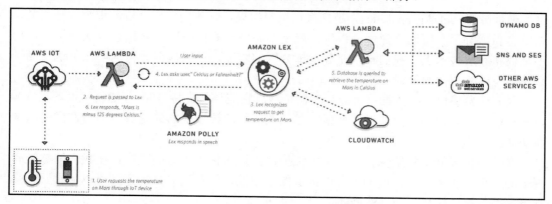

图 3.1　NASA 在 AWS 上构建的架构图

资料来源：Amazon Web Service，https://aws.amazon.com/lex/。

原　　文	译　　文
1. User requests the temperature on Mars through IoT device	1. 用户通过物联网设备查询火星温度
2. Request is passed to Lex	2. 请求被传递给 Lex
3. Lex recognizes request to get temperature on Mars	3. Lex 识别获取火星温度的请求
4. Lex asks user, "Celsius or Fahrenheit?"	4. Lex 询问用户："摄氏度还是华氏度？"
5. Database is queried to retrieve the temperature on Mars in Celsius	5. 查询数据库以获取火星上的摄氏温度
6. Lex responds, "Mars is minus 125 degrees Celsius."	6. Lex 回答："火星温度为-125℃。"
User input	用户输入
Lex responds in sppech	Lex 以语音回应
OTHER AWS SERVICES	其他 AWS 服务

当给出语音命令时，它将与火星探测器复制品通信以检索物联网数据，例如温度读数。该过程包括语音识别、生成文本的自然语音、数据存储和处理、与物联网设备的交互、网络、安全以及发送文本消息的能力。这不是一年的开发工作，它是通过将已经存在的基于云的服务捆绑在一起构建的。

这不仅仅适用于像美国国家航空航天局这样的资金充足的政府机构。如果你的数据分析在云中运行，那么今天你也可以使用所有这些服务。

3.1.2　弹性分析的概念

弹性分析（elastic analytics）是什么意思？如果把它放到数据分析流程中进行研究，就很容易理解了。所谓"弹性分析"，就是不必考虑规模问题，将重点放在分析上，而不是放在底层技术上。我们希望充分发挥分析的功能，关注数据分析的潜在价值，而不必受限于现有硬件的限制。

我们还希望自己的数据分析能够轻松扩展。它应该从支持 100 台物联网设备到 100 万台物联网设备，而不需要做任何根本性的改变。应该发生的只是成本随着需求的增加而增加。

弹性分析降低了复杂性并提高了可维护性。这转化为更低的成本，使我们能够进行更多的分析。更多的分析增加了发现价值的可能性，而发现更多价值又可以激励我们执行更多的分析。这是一个良性循环。

有关弹性分析的一些核心概念如下。

❑　　将计算与存储分开。在购买笔记本计算机时，我们通常会考虑其硬件规格。例如，你可能会购买一台具有 16 GB 内存和 500 GB 硬盘驱动器的设备，因为你认为这将满足你 90%的需求，而且这是你预算的最高限额。

云基础设施将这一点抽象出来。在云中进行分析就像租用一台神奇的笔记本计算机，单击几次鼠标就可以轻松地将 4 GB 内存更改为 16 GB。仅当我们使用了 16 GB 时，租金费用才会增加。我们也可以再次轻松地将其降回到 4 GB 以节省一些费用。

硬盘驱动器可以独立于内存规格而增长和缩小。我们不必在它们之间选择一个良好的平衡，可以将计算需求与自己的实际要求相匹配。

❑ 从一开始就无须考虑可扩展性的问题。旅游业者非常苦恼的就是淡旺季问题，因为他们为旅游旺季投资的软硬件设施在淡季时就可能变成一种必须维护的负资产。弹性分析就没有这种烦恼，它所使用的软件、服务和编程代码可以轻松满足各种规模的需要，即使分析数据量从 1 扩展到 100 万，也无须做任何更改。我们投入生产的每个分析流程都需要进行持续的维护。随着添加的流程越来越多，这些工作也会不断增加。因此，为了让自己以后能够轻松一点，我们必须构建一个弹性分析流程，这样就不会因为已经达到了规模的极限而不得不重新构建一年前构建的流程。

❑ 使你的瓶颈变成湿件（wetware）而不是硬件。湿件是指脑力。像"我的笔记本计算机没有足够的内存运行这项作业"，这样的问题不应该成为瓶颈。真正的瓶颈应该是："我还没弄明白，目前有几种可能性在测试中。"

❑ 管理预算开支，而不是可用硬件。只要符合支出预算，就可以使用尽可能多的云资源。

在云中运行数据分析时，无须将分析限制在一定数量的服务器中。传统的企业架构会提前购买硬件，这会产生资本支出。公司的财务人员（通常）不喜欢资本支出。你也不应该喜欢它，因为这意味着你可以做的事情刚刚设定了一个上限（至少在短期内是如此）。管理支出意味着关注成本，而不是资源限制。在需要时扩展并确保快速收缩以降低成本。

❑ 实验、实验、再实验：我们可以创造资源，尝试一些东西，如果它们不起作用，就丢弃它们，然后再尝试其他方法。不断迭代直至获得正确的答案。

弹性分析意味着我们可以随时扩展资源以运行实验。在需要时轻松增加更多资源，完成后又可以释放资源以降低成本。

如果弹性分析正确完成，就会发现最大的限制是时间和湿件，而不是硬件和资金。

3.1.3　设计时要考虑最终结果

考虑一下，如果成功，我们在云中开发的分析结果将如何？它会变成定期更新的仪表板吗？它会被部署在某些条件下运行以预测客户行为吗？如果检测到异常，它会定期针对一组新数据运行并发送警报吗？

当列出可能的结果时，请考虑从开发阶段的分析解决方案过渡到标准生产流程版本的难易程度问题。你可以选择能够轻松快捷地进行过渡的工具和分析解决方案。

3.2　可扩展设计

随着需求的扩展，遵循一些关键概念将有助于将分析流程的更改保持在最低限度。

3.2.1　解耦关键组件

解耦（decouple）意味着将功能组分离成组件，使它们不相互依赖也能运行。这允许更改功能或添加新功能，而对其他组件的影响降至最低。

3.2.2　封装分析

封装意味着将相似的功能和活动组合成不同的单元。它是面向对象编程的核心原则，目标是降低复杂性并简化未来的变化，我们应该在分析中使用它。

随着分析的发展，用户将拥有一个操作列表，这些操作要么转换数据，要么通过模型或算法运行数据，要么对结果做出反应。它很快就会变得很复杂。

通过封装分析，更容易知道需要的时候在哪里进行更改。用户还可以在不影响其他组件的情况下重新配置流程的某些部分。

封装过程遵循以下步骤。

（1）列出步骤清单。

（2）将这些步骤分组。

（3）想想哪些分组可能一起改变。

（4）将独立的组划分到各自独立的过程中。

如果可能，最好将数据转换步骤与分析步骤分开。有时，分析与数据转换紧密相关，分开没有意义，但在大多数情况下，它们是可以分开的。基于分析结果的操作步骤几乎总是可以分开的。

每组步骤也将有自己的资源需求。通过封装它们并分离流程,用户可以独立分配资源并在需要的地方更有效地扩展。这样做可以少花钱多办事。

3.2.3 与消息队列解耦

将封装之后的分析流程与消息队列解耦有一些优点。它允许在任何过程中进行更改,而无须其他过程进行调整。这是因为它们之间没有直接的联系。

与消息队列解耦还使得分析更加稳定可靠,以防止一个进程出现故障。当某个进程重新启动时,队列可以继续扩展而不会丢失数据,并且在事情重新开始后不会丢失任何内容。

那么,什么是消息队列?其简单示意图如图 3.2 所示。

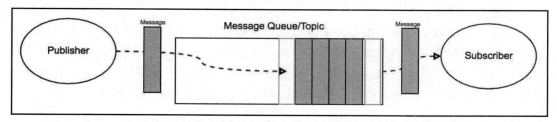

图 3.2 消息队列的简单示意图

原　　　文	译　　　文
Publisher	发布者
Message	消息
Message Queue/Topic	消息队列/主题
Subscriber	订阅者

新数据作为消息进入队列中,排队等待交付,然后在轮到它时交付给终端服务器。添加消息的进程被称为发布者(publisher),接收消息的进程被称为订阅者(subscriber)。

无论发布者或订阅者是否已连接并在线,消息队列都存在。这使其对间歇性连接(有意或无意)具有鲁棒性。订阅者不必等到发布者愿意聊天,反之亦然。

队列的大小也可以根据需要增长或缩小。如果订阅者落后了,队列就会增长以弥补,直到它赶上。如果发布者的消息突然爆发,这可能很有用。当订阅者的处理突然涌入时,队列将充当缓冲区并扩展以捕获消息。

当然,这是有限制的。如果队列达到某个设定的阈值,它将拒绝(并且很可能会丢失）任何传入的消息，直至队列重新受到控制。

以下是一个真实的例子，说明了消息队列失控是如何发生的。

Joe Cut-rate（开发人员）："嘿，你希望这个小玩意儿（指物联网设备）什么时候唤醒并报告？"

Jim Unwares（工程师）："每 4 个小时。"

Joe Cut-rate："没问题。我会将它编程为在世界标准时间上午 12 点启动，然后每 4 个小时启动一次。这玩意儿你还要卖多少？"

Jim Unwares："大约 2000 万。"

Joe Cut-rate："嗯……太厉害了！那我最好硬编码为世界标准时间上午 12 点，对吧？"

4 个月后……

Jim Unwares："我们仅从 10% 的设备中获取了数据，并且永远不会是相同的 10%。这究竟是怎么回事？"

分析师安吉拉："世界上每台设备都在完全相同的时间报告，这是我检查到的首要问题。消息队列已被填满，因为我们的订阅者无法快速处理并且新消息被丢弃。由于对报告时间进行了硬编码，我们将不得不耗费巨资为队列购买大量带宽。我们现在需要这样做，否则每 4 个小时就会丢失 90% 的数据。你们的消息队列已经失控了，知道吗？"

尽管队列在实践中的运行通常几乎没有延迟，但请确保跟踪数据的起始时间，而不仅仅是跟踪将数据从队列中拉出的时间。仅捕获处理消息的时间以节省空间可能很诱人，但这可能会给分析带来问题。

为什么这对分析很重要？如果只有订阅服务器收到消息的日期和时间，那么它可能不像你想象的那样接近在原始设备上生成消息的时间。如果消息队列反复出现问题，则时差的传播会在不知情的情况下起起落落。

我们会在预测建模中广泛使用时间值。如果时间值有时准确有时不准确，则模型将很难在数据中找到预测值。

重新利用数据的潜在收入也会受到影响。如果服务跟踪事件时间并不总是准确的，那么客户不太可能为它们付费。有一个简单的解决方法。确保跟踪设备发送数据的时间以及接收数据的时间。我们可以监控交付时间以诊断问题并密切关注信息滞后时间。例如，如果在丢失数据之前注意到传递时间稳步增加，则可能是消息队列已满；如果在丢失之前交付时间没有变化，则不太可能是排队。

使用云的另一个好处是在使用托管队列服务时队列大小不受限制，这使得上述情况发生的可能性大大降低。

3.2.4　分布式计算

分布式计算（distributed computing）也被称为集群计算（cluster computing），是指使用框架将进程分布在多台服务器上。该框架负责协调每台单独的服务器，这样，使用集群时就好像在使用一个统一的系统。在分布式计算的背后，可能有几台服务器（被称为节点）乃至数千台服务器。当然，这些我们都不必操心，框架将协调一切。

3.2.5　避免将分析局限在一台服务器上

物联网分析的优势在于规模。我们可以通过向集群添加节点来添加资源，这样就无须更改分析代码。目前最常用的框架是 Hadoop，本书将在第 4 章进行详细讨论。

一般来说，你应该尽量避免将分析局限在一台服务器上（除了一些例外情况），因为这会为处理规模设置上限。

3.2.6　使用一台服务器的恰当时机

分布式计算固然可以快速扩展，但它也存在复杂性成本。它不像单台服务器分析那么简单，即使框架承担了大部分的复杂性，用户仍必须考虑和设计分析以跨多个节点工作。

以下就是可以考虑使用一台服务器的恰当时机。

- ❑ 不需要太大的规模。即使物联网设备和数据的数量激增，分析流程也几乎不需要改变。例如，分析过程对已按月汇总的数据进行预测。在这种情况下，设备的数量几乎没有什么影响。
- ❑ 小数据而不是大数据。分析在一小部分数据上运行，不受数据大小的影响。随机样本分析就是一个例子。
- ❑ 资源需求极少。即使数据量增加了几个数量级，用户也不太可能需要比标准服务器更多的可用数据。在这种情况下，使用一台服务器显然更合适。

3.2.7　假设变化一直发生

随着我们获得有关结果的反馈并适应不断变化的业务状况，我们今天创建的分析日后将多次更改。

分析流程将因需而变。假设这样的变化一直发生，就需要为此而提前设计，这给我们带来了持续交付（continuous delivery，CD）的概念。

持续交付是来自软件开发的概念。它指的是自动将代码发布到生产环境中。我们的想法是让改变成为一个常规过程。具体做法就是在以下 3 个阶段保留一组同步副本。

（1）开发副本：保留一份分析副本，以改进和尝试新事物。

（2）测试副本：准备好后，将改进合并到此副本中，其中功能保持不变，但应经过反复测试。测试可确保该副本按预期工作。

为测试保留一个单独的副本还允许继续开发其他功能。

（3）主副本：这是投入生产的副本。将测试中的内容合并到主副本中，与将其投入实际使用是一样的。云提供商通常具有持续交付服务，可以简化此过程。

对于任何熟悉软件开发的读者来说，这其实就是 git flow 方法的简化，对于该方法的讨论超出了本书的范围。如果可以，建议读者进行一些额外的研究来学习 git flow 并将其应用于云中的分析开发。

3.2.8　利用托管服务

云基础设施提供商（如 AWS 和 Microsoft Azure）可以提供消息队列、大数据存储和机器学习处理等服务。这些服务可处理底层资源需求，如服务器、存储配置以及网络需求等。用户不必担心这在幕后是如何发生的，它可以根据用户的需要进行扩展。

云提供商还管理着服务的全球分布，以确保低延迟。

这减少了用户必须为数据分析而操心的事情。它使用户可以更多地关注业务应用程序，而不是技术。这是一件好事，我们应该善加利用。

托管服务的一个示例是 Amazon 简单队列服务（simple queue service，SQS）。SQS是一个消息队列，其中底层服务器、存储和计算需求由 AWS 系统自动管理。用户只需要稍作设置即可使用，这只需要几分钟的时间。

3.2.9　使用应用程序编程接口

应用程序编程接口（application programming interface，API）是其他流程、软件或服务访问用户所创建的分析代码的一种方式。通过它，用户可以轻松地在其他应用程序中重用自己的代码，还可以允许客户通过基于 Web 的 API 直接访问此功能。

API 建立在封装原则之上。它是另一个系统可以调用和检索的受支持操作和信息的定义列表。调用系统不需要知道操作是如何执行的，也不需要知道如何创建和检索信息。其复杂性是隐藏的。

API 定义了如何与一组封装的分析过程进行交互。它抽象出细节，还支持一定程度的修改以改进分析过程，而无须其他系统改变它们正在做的事情。只要 API 定义保持不变，其他系统就不会知道其中的区别。

API 是为更复杂的分析创建构建块的好方法。可以使用多个 API 在短时间内构建丰富、功能齐全的分析应用程序。通过重新配置组装的应用程序以使用不同的 API 组合，适应不断变化的业务条件也容易得多。

Web API 使用互联网来处理系统之间的通信。云提供商将其作为托管服务进行提供。它在处理安全性和规模方面有很大帮助。使用此服务，用户可以安全、大规模地快速实现新的分析功能。API 可以是公共的或私有的。私有 API 意味着只能由内部应用程序访问，而公共 API 则将其开放给公司外部的系统。

图 3.3 显示了使用 Web API 网关的示例架构。

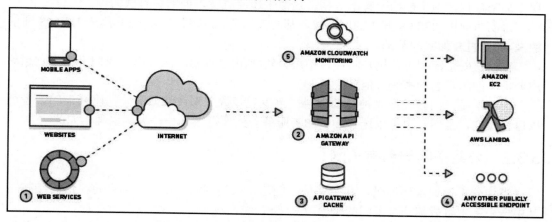

图 3.3　使用 Web API 网关的示例架构

资料来源：Amazon Web Service。

原　　　文	译　　　文
MOBILE APPS	移动应用
WEBSITES	网站
WEB SERVICES	Web 服务
AMAZON API GATEWAY	Amazon API 网关
API GATEWAY CACHE	API 网关缓存
ANY OTHER PUBLICLY ACCESSIBLE ENDPOINT	任何其他可公开访问的端点

如果决定将 API 背后的功能作为付费服务提供给客户，则云提供商甚至可以处理使用情况跟踪和计费。

3.3　云安全和数据分析

用户可以使用主要云基础设施提供商支持的多种方法将安全性构建到数据分析中。

3.3.1　公钥/私钥

云提供商在其整个服务中使用非对称加密，生成公钥和私钥。用户保留私钥，因此服务没有副本。服务持有的是公钥。使用公钥/私钥进行的通信是安全的，并且从未中断过。

云提供商可以在公开媒体上发布公钥，这无关紧要；仅用公钥无法破解加密。公钥用于加密数据，但不能用于解密数据，这似乎违反直觉，但它是有效的。

每次访问以 HTTPS:开头的网站时，都会使用公钥/私钥加密。它是用于 HTTPS 通信的 SSL 和 TLS 加密的基础。

在构建安全流程时，用户将经常使用公钥/私钥进行物联网分析。我们可以将它想象成分析用的用户名和密码（但效果更好）。

密码学是一门有趣而又神秘的学科（至少对多数人来说是如此），感兴趣的读者可以自行研究，当然，也可以选择相信加密服务会处理得很好——事实也确实如此。

3.3.2　公共子网与私有子网

当为分析设置云环境时，其实就是在创建自己的网络环境。这需要定义网络结构。其中一个基本组成部分是子网的概念。

子网（subnet）是云环境中整个网络的逻辑细分。用户将资源启动到子网中，它将遵循为子网定义的 Internet 寻址规则。公共子网具有可从外部 Internet 寻址的资源。这并不意味着子网中的所有资源都可以从外部找到，用户需要先为其分配一个公共 IP 地址。

无法从外部 Internet 寻址私有子网。有一些方法允许通过网关设备进行 Internet 通信，通常是网络地址转换（network address translation，NAT）设备，但外部对象无法直接与私有子网中的事物发起通信。

出于安全原因，大多数分析处理应该在私有子网中进行，这增加了与资源连接的一些复杂性。这也是我们在这里讨论它的原因。当然，保护子网安全是非常值得的。用户需要了解自己的哪些子网是私有的，并确保在其中启动新资源。

3.3.3　访问限制

我们应该仅限指定用户访问分析资源，避免保留每个人都可使用的单一用户 ID 和密码。对于通过公钥/私钥访问的资源，请确保将私钥保存在安全、可靠的地方。

为了网络安全，可以仅允许网络流量访问我们开放的资源，其他访问则一律阻止。开始时可以锁定一切，然后在需要时才开放资源。

在分布式计算环境中（例如你将用于物联网分析的环境），网络是安全和解决问题的关键要素。我们可能会遇到数据分析作业无法正确运行的情况，并发现其缘由是网络或安全相关设置。因此，最好从分析项目开始就了解这一点并使用最佳实践。

3.3.4　保护客户数据的安全

我们应该确保自己的物联网数据是安全的，使用访问控制并加密数据文件。物联网数据可用于推断客户的信息，因此应特别注意它。我们是客户信息的守护者。如果未正确保护客户数据，那么可能会在无意中使公司面临法律风险。

可以通过两种方式启用加密：传输中加密和静态加密。这里的"传输中加密"是指网络传输，如 SSL 或 TLS。大多数云服务都需要使用它们。因此，应确保支持分析过程的所有网络通信在传输过程中均已加密。

静态加密是指数据存储。这可能是服务器上的数据文件或数据库内的数据。如果你使用公钥/私钥对来保护数据，则云提供商可以加密这些数据并使其对你透明。

当大量用户（例如公司的所有员工）可以访问数据时，请使用此选项。如果由于严格的访问控制，数据只能由少数人访问，并且它位于私有子网中，那么可以不那么严格——它不太可能被泄露。

一般来说，如果加密是无缝执行的，则可以考虑使用它；如果你的数据将通过公共互联网访问，则必须使用它。

云提供商诞生于公共互联网内部。安全性内置于每个级别。我们可以利用它并使用公钥/私钥、私有子网、访问控制和加密来保护自己的数据。

3.4　AWS 概述

在云基础设施领域，Amazon Web Service（AWS）处于市场领先地位，它于 2005 年推出，并且是目前最大的设施。它在云基础设施提供商的 Gartner 魔力象限的每个部分中均名列前茅。

根据 COMPUTER WORLD 的报告，2015 年第 4 季度，AWS 拥有超过 30%的市场份额，紧随其后的竞争对手 Microsoft Azure 仅占 9%，如图 3.4 所示。

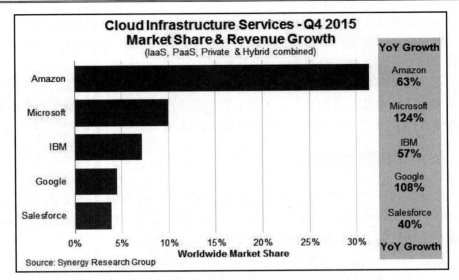

图 3.4　2015 年第 4 季度云基础设施服务市场份额和利润增长

原　　文	译　　文
Cloud Infrastructure Services - Q4 2015 Market Share & Revenue Growth	2015 年第 4 季度云基础设施服务市场份额和利润增长
IaaS, PaaS, Private & Hybrid combined	基础设施即服务（IaaS）、平台即服务（PaaS）、私有云和混合云合计
Worldwide Market Share	全球市场份额
YoY Growth	同比增长
Source: Synergy Research Group	资料来源：Synergy Research Group

AWS 可提供从网络到计算，再到物联网的广泛服务。以下是 AWS 管理控制台中的服务列表。该管理控制台是我们启动新服务、监控现有服务和查看账单的地方，如图 3.5 所示。

对于数据分析支持而言，需要正确配置的是以下 3 类服务。

❑　Networking & Content Delivery（网络和内容交付）。

❑　Compute（计算）。

❑　Storage（存储）。

Networking & Content Delivery（网络和内容交付）包括安全和处理通信路由。服务之间需要相互通信。

Compute（计算）可以负责处理、计算和运行应用程序。这就是有趣的事情发生的地方——分析将在这里运行。

Compute	Migration	Security & Identity, Compliance	Application Services
Amazon EC2	AWS Database Migration Service	AWS Identity and Access Management (IAM)	AWS Step Functions
Amazon EC2 Container Registry	AWS Server Migration Service	Amazon Inspector	Amazon API Gateway
Amazon EC2 Container Service	AWS Snowball	AWS Certificate Manager	Amazon Elastic Transcoder
Amazon Lightsail	AWS Snowball Edge	AWS CloudHSM	Amazon AppStream
Amazon VPC	AWS Snowmobile	AWS Directory Service	
AWS Batch		AWS Key Management Service	**Messaging**
AWS Elastic Beanstalk	**Networking & Content Delivery**	AWS Organizations	Amazon SQS
AWS Lambda	Amazon VPC	AWS Shield	Amazon Pinpoint
Auto Scaling	Amazon CloudFront	AWS WAF	Amazon SES
Elastic Load Balancing	Amazon Route 53	AWS Artifact	Amazon SNS
	AWS Direct Connect		
Storage	Elastic Load Balancing	**Analytics**	**Business Productivity**
Amazon Simple Storage Service (S3)		Amazon Athena	Amazon WorkDocs
Amazon Elastic Block Storage (EBS)	**Developer Tools**	Amazon EMR	Amazon WorkMail
Amazon Elastic File System (EFS)	AWS CodeCommit	Amazon CloudSearch	
Amazon Glacier	AWS CodeBuild	Amazon Elasticsearch Service	**Desktop & App Streaming**
AWS Storage Gateway	AWS CodeDeploy	Amazon Kinesis	Amazon WorkSpaces
AWS Snowball	AWS CodePipeline	Amazon Redshift	Amazon AppStream 2.0
AWS Snowball Edge	AWS X-Ray	Amazon QuickSight	
AWS Snowmobile	AWS Command Line Interface	AWS Data Pipeline	**Software**
		AWS Glue	AWS Marketplace
Database	**Management Tools**		
Amazon Aurora	Amazon CloudWatch	**Artificial Intelligence**	**Internet of Things**
Amazon RDS	Amazon EC2 Systems Manager	Amazon Lex	AWS IoT Platform
Amazon DynamoDB	AWS CloudFormation	Amazon Polly	AWS Greengrass
Amazon ElastiCache	AWS CloudTrail	Amazon Rekognition	AWS IoT Button
Amazon Redshift	AWS Config	Amazon Machine Learning	
AWS Database Migration Service	AWS OpsWorks		**Game Development**
	AWS Service Catalog	**Mobile Services**	Amazon Lumberyard
	AWS Trusted Advisor	AWS Mobile Hub	
	AWS Personal Health Dashboard	Amazon API Gateway	
	AWS Command Line Interface	Amazon Cognito	
	AWS Management Console	Amazon Pinpoint	
	AWS Managed Services	AWS Device Farm	
		AWS Mobile SDK	

图 3.5 AWS 服务列表

资料来源：AWS 管理控制台。

　　Storage（存储）可以负责保存物联网分析的输入数据和输出结果。这需要与分析要求相匹配。

　　托管服务可预先配置这 3 类服务的组合，以便可以自动处理大部分细节。底层服务的启动和配置被抽象出来并在幕后进行处理。这使我们能够快速添加功能，同时降低整体复杂性。代价是我们将自己锁定在 AWS 生态系统中。但这样做的收益通常大于成本，强大的分析能力触手可及。

3.4.1　AWS 关键概念

　　现在，我们将讨论 AWS 云设计中的一些关键概念，具体如下。
- 区域。
- 可用区。

❑　子网。

❑　安全组。

1. 区域

区域（region）是 AWS 的主要划分，对应于一般数据中心的地理位置，如新加坡、东京和美国东部等。

环境存在于一个区域内。如果不设置特殊的路径，则一个区域中的环境不知道也无法与其他区域中的环境进行通信。我们可以通过将环境复制到另一个区域来轻松扩展自己的全球影响力。

2. 可用区

在区域内有多个可用区（availability zone，AZ）。其数量取决于地区。这些是物理上独立的位置，但彼此密切相关。

可用区之间的通信很容易配置。出于可用性原因，环境可能会跨越多个可用区。如果一个 AZ 出现故障，则另一个 AZ 不太可能也出现故障，因此功能可以自动转移。

3. 子网

子网（subnet）是网络的划分，由 IP 范围表示。子网是在可用区内创建的。资源被启动到子网中，并且可以与同一子网中的其他资源进行通信。子网外部的通信需要被定义。

4. 安全组

安全组（security group）定义了允许进出的网络流量。它们围绕着启动的计算（和其他一些）资源。一个或多个资源可以属于一个组。服务器实例、数据库和集群节点都需要它们。默认情况下，它们会阻止所有内容，因此我们必须指定允许的流量。

这是一个重要的安全网。例如，即使启动了一个新的 Linux 服务器并使其完全开放（这样容易受到全世界的攻击，因此不建议这样做），但只要安全组被锁定，就没有恶意流量可以到达它。云环境在很大程度上是一个无人信任的世界。

3.4.2　AWS 关键核心服务

在理解了一些关键概念之后，我们可以重点讨论物联网分析感兴趣的服务。我们将从一些核心服务开始介绍，具体如下。

❑　虚拟私有云。

❑　身份和访问管理。

❑　弹性计算。

❑　简单存储服务。

1. 虚拟私有云

虚拟私有云（virtual private cloud，VPC）是我们自己的 AWS 云的逻辑隔离部分。这是我们在定义网络时创建和配置自己的网络的地方。

我们可以将虚拟私有云视为自己的独立环境，分析将存在于其中。在这里，我们拥有完全的控制权，可以创建并配置自己的 IP 地址范围、子网、网络网关和路由表。

虽然最初不是这样的，但现在已经没有转义的 VPC。即使不创建自定义 VPC，AWS 也会创建一个（被称为默认 VPC）。这里并不限于一个 VPC，我们可以拥有若干个属于自己的小分析世界。

图 3.6 显示了一个 VPC 和可用区架构示例。

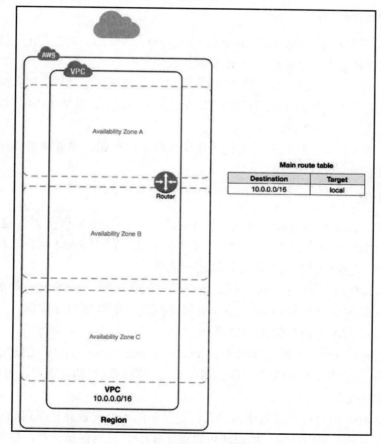

图 3.6 VPC 和可用区架构示例

资料来源：Amazon Web Service。

原　　文	译　　文
Availability Zone A	可用区 A
Availability Zone B	可用区 B
Availability Zone C	可用区 C
Router	路由器
Region	区域
Main route table	主路由表
Destination	目的地
Target	目标

2. 身份和访问管理

身份和访问管理（identity and access management，IAM）可以定义用户（IAM 用户）、创建访问密钥对和定义安全角色（IAM 角色）。

IAM 角色是一个关键概念，因为它们为用户的实例和其他 AWS 服务提供了一种简单而安全的通信方式。我们在创建资源时即可指定这些角色，然后 IAM 将以原生方式获得对角色中定义的服务的权限。

发生这种情况时无须在服务器实例上存储任何访问密钥。这意味着即使服务器被攻破，反派也找不到王国的钥匙。

3. 弹性计算

弹性计算（elastic compute）EC2 服务允许用户创建虚拟服务器，这被称为实例（instance）。用户可以定义虚拟硬件配置（基本上就是 CPU/RAM 组合）和存储量。然后，只要几分钟它就可以启动并准备好供用户使用。

在撰写本书时，有 55 种不同的 EC2 虚拟硬件配置选项。AWS 支持许多操作系统，包括 Windows 和多个版本的 Linux。下文会将虚拟服务器称为 EC2 实例。

图 3.7 显示了 AWS 内存优化 EC2 实例。

EC2 实例是从 Amazon 系统映像（Amazon machine image，AMI）创建的，当包括社区 AMI 时，有数千种不同的类型。在安装了自己喜欢的软件和设置后，可以将 AMI 视为硬盘驱动器的映像。

使用 EC2 时，用户可以有效地暂停它、定义新的硬件配置并重新启动它，也可以根据需要将存储动态添加到其中。用户还可以停止实例，只为存储付费，然后在需要时重新启动它。将这些用于仅定期运行的分析作业可以节省大量资金。

M4

M4 instances are the latest generation of General Purpose Instances. This family provides a balance of compute, memory, and network resources, and it is a good choice for many applications.

Features:

- 2.3 GHz Intel Xeon® E5-2686 v4 (Broadwell) processors or 2.4 GHz Intel Xeon® E5-2676 v3 (Haswell) processors

- EBS-optimized by default at no additional cost

- Support for Enhanced Networking

- Balance of compute, memory, and network resources

Model	vCPU	Mem (GiB)	SSD Storage (GB)	Dedicated EBS Bandwidth (Mbps)
m4.large	2	8	EBS-only	450
m4.xlarge	4	16	EBS-only	750
m4.2xlarge	8	32	EBS-only	1,000
m4.4xlarge	16	64	EBS-only	2,000
m4.10xlarge	40	160	EBS-only	4,000
m4.16xlarge	64	256	EBS-only	10,000

图 3.7　AWS 内存优化 EC2 实例

资料来源：Amazon Web Service。

4. 简单存储服务

简单存储服务（simple storage service，S3）是一种基于对象的存储服务。它会自动处理扩展和冗余。文件的多个副本是跨多个设备和位置自动制作的。

在给定的一年服务中，其存储的可用性非常高，达到 99.999999999%。单个文件的大小可以从 0 字节到 5 TB。超额存储大小仅受预算成本的限制。

对象是存储在 Amazon S3 中的基本实体，但可以简单地将其视为具有任何大小或类型的文件。一切都包含在所谓的存储桶（bucket）中。

存储桶是最高级别的 S3 命名空间，并链接到拥有它的 AWS 账户。S3 存储桶就像互联网域名。对象具有唯一的键值，并使用 HTTP URL 地址进行检索。

出于分析目的的考虑，这意味着用户可以在其中存储大量数据，而不必担心备份、硬盘驱动器故障或空间不足，可以使用类似 URL 的格式轻松访问存储的数据（假设用户拥有正确的安全密钥/权限）。

3.4.3　用于物联网分析的 AWS 关键服务

AWS 提供的服务非常多，此处我们仅介绍与物联网分析相关的内容。当然，还有更多新服务一直在添加（例如，语音识别和深度学习图像识别服务）。

我们将介绍以下服务。

- ❑　简单队列服务。
- ❑　弹性映射归约服务。
- ❑　机器学习。
- ❑　关系数据库服务。
- ❑　Redshift。

1．简单队列服务

Amazon 简单队列服务（simple queue service，SQS）是 AWS 托管的消息队列服务。它可以处理底层的计算和存储资源，用户只需要创建它。当然，还需要为 API 调用支付费用。

2．Amazon 弹性映射归约服务

Amazon 弹性映射归约服务（elastic map reduce，EMR）是一个完全托管的 Hadoop 框架，可以在几分钟内启动。它可以处理节点供应、集群设置、配置和集群调整等任务。它使用 EC2 实例运行，可以从一个节点扩展到数千个节点。

用户可以手动增加或减少实例数量，也可以使用自动扩展功能动态执行此操作，即使在集群运行时也是如此。EMR 服务可以对集群进行监控，还可以处理失败任务的重试，并自动替换性能不佳的实例。

即使它是托管的，用户也可以完全控制集群，包括根访问。

用户还可以安装其他应用程序。EMR 可以从多个 Hadoop 发行版和应用程序中进行选择，如 Apache Spark、Presto 和 HBase。

数据存储可以使用 EMR 文件系统（EMR file system，EMRFS）链接到 S3。用户可以将数据存储在 Amazon S3 中并使用多个 EMR 集群来处理相同的数据集，由此可以根据手头任务的要求配置集群，而无须在所有任务之间进行最佳权衡。可见，它符合我们提出的分离计算和存储的目标。

用户还可以按编程方式创建 EMR 集群、运行作业，在完成后自动将其关闭，这使得 EMR 对于大规模批处理或分析工作非常有用。

3．AWS 机器学习

AWS 机器学习（machine learning，ML）服务具有向导和可视化工具，可指导用户完成创建机器学习模型的过程。用户可以部署经过训练的模型来对新数据进行预测，而无须设置单独的系统。随用随付，没有前期费用。

该服务具有高度可扩展性，每天可以处理数十亿个预测。

图 3.8 是 AWS 机器学习评估示例。

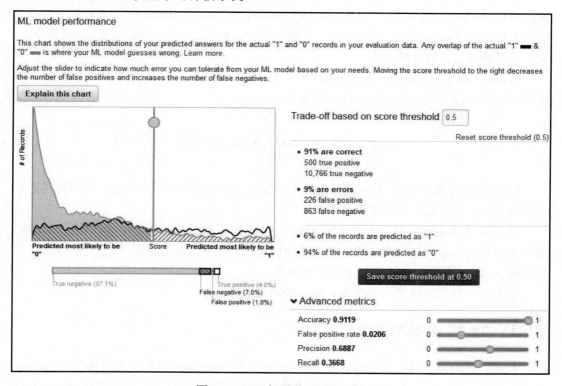

图 3.8　AWS 机器学习评估示例

资料来源：Amazon Web Service。

4．关系数据库服务

关系数据库服务（relational database service，RDS）是一组托管的关系数据库，包括 Oracle、Microsoft SQL Server、PostgreSQL、MySQL 和 MariaDB 等数据库引擎。用户可以完全控制数据库，但对托管它的底层服务器没有任何访问权限。RDS 负责处理这部分，还提供对数据库管理系统运行状况的监控。例如，用户可以使用与非 RDS Oracle 或 SQL Server 数据库上使用的相同的工具连接和管理 RDS 上的数据库。

这对于大多数标准关系数据库需求来说非常有用，但对于自定义或复杂的实现可能会受到限制。当然，对于数据分析而言，这基本上不是问题。

5. Redshift

Redshift 是一项完全托管的、符合 SQL 的数据仓库服务。用户最多可以在 Redshift 集群中存储 PB 大小的数据（1 PB = 1024 TB）。它有自己的 JDBC 和 ODBC 驱动程序，但也支持标准 PostgreSQL 驱动程序。这意味着大多数商业智能（business intelligence，BI）工具都可以直接连接到它。

Redshift 对于经常查询的数据很有用，并且是放置已处理和汇总的物联网数据的常用位置，这样可以为企业提供更广泛的用途。

3.5 Microsoft Azure 概述

Microsoft 提供了名为 Azure 的云基础设施服务，直接与 AWS 竞争。它的规模和能力同样是在全球市场上名列前茅的。

Microsoft Azure 的服务范围类似 AWS，但更具有 Microsoft 风格。Microsoft 称这些服务更容易与企业内部网络集成，并且其集成更倾向于 Microsoft 技术，如 Windows 操作系统、.NET 编程语言和 SQL Server 数据库。

接下来，我们将讨论一些与物联网分析相关的服务。

3.5.1 Azure 数据湖存储

Azure 数据湖存储（Azure data lake store）与 Hadoop 分布式文件系统（Hadoop distributed file system，HDFS）兼容，第 4 章将对此展开详细讨论。它还可以为与 WebHDFS 兼容的应用程序提供 REST 接口。

用户可以使用 Hadoop 生态系统中的分析框架（如 MapReduce 和 Hive）分析存储在数据湖存储中的数据，也可以配置 Microsoft Azure HDInsight 集群以直接访问存储在数据湖存储中的数据。

用户可以存储各种数据类型以进行分析，并且存储大小实际上是无限的。单个文件的大小可以从 KB 到 PB。存储是持久的，因为多个副本是自动创建和管理的。

3.5.2　Azure 分析服务

Azure Analysis Services（Azure 分析服务）基于 Microsoft SQL Server Analysis Services（SSAS）构建，与 SQL Server 2016 Analysis Services Enterprise Edition 兼容。它支持表格模型。功能包括 DirectQuery、分区、行级安全性、双向关系和转换等。

可以使用和 SSAS 相同的工具为 Azure Analysis Services 创建数据模型。用户可以使用 SQL Server Data Tools（SSDT）或使用 SQL Server Management Studio（SSMS）中的某些 Azure 模板来创建和部署表格数据模型。如果使用者是 Microsoft Store 的常客，那么会对这一切感到很熟悉。

用户可以连接到 Azure 云中的数据源，也可以连接到组织中的本地数据。连接到云数据源是相当流畅的，因为从云服务器的角度来看，它基本上位于同一个本地网络中。本地数据网关支持连接到本地数据源，从而可以安全地连接到云中的 Analysis Services 服务器。

图 3.9 显示了 Azure Analysis Services 支持的数据源。

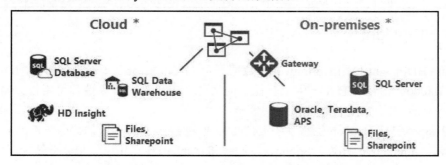

图 3.9　Azure Analysis Services 支持的数据源

资料来源：Microsoft Azure。

原　　文	译　　文
Cloud	云
On-premises	本地部署
SQL Server Database	SQL Server 数据库
SQL Data Warehouse	SQL 数据仓库
Files, Sharepoint	文件，Sharepoint
Gateway	网关

用户可以从 Microsoft 工具（如 Power BI Desktop 和 Excel）连接到数据，也可以使

用连接器来链接自定义应用程序和一些基于浏览器的工具，如图 3.10 所示。

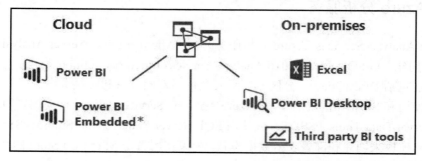

图 3.10　Azure Analysis Services 支持其他的数据源

资料来源：Microsoft Azure。

原　　文	译　　文
Cloud	云
On-premises	本地部署
Third party BI tools	第三方商业智能（BI）工具

3.5.3　HDInsight

Azure HDInsight 使用 Hortonworks 数据平台（Hortonworks data platform，HDP）发行版中的 Hadoop 组件。它在云中部署托管的集群，重点是高可靠性和可用性。Microsoft active directory 用于安全和管理。

HDInsight 包括 Hadoop 生态系统工具的实现，如 Apache Spark、HBase、Kafka、Storm、Pig、Hive、Interactive Hive、Sqoop、Oozie 和 Ambari。它还可以与商业智能（business intelligence，BI）工具集成，如 Power BI、Excel、SQL server analysis services 和 SQL server reporting services。

HDInsight 集群使用的 HDFS 的默认存储可以是 Azure 存储账户或 Azure 数据湖存储。

3.5.4　R 服务器选项

2015 年，Microsoft 收购了一家名为 Revolution Analytics 的公司，该公司维护着开源 R 发行版的托管版本。从那时起，Microsoft 一直在将 R 集成到它的若干个软件产品中，Microsoft Azure 也不例外。

HDInsight 包含一个选项，用于在创建集群时将 R server 集成到 HDInsight 集群中。这允许 R 脚本使用 Hadoop 来运行分布式计算。

Microsoft 包含一个名为 ScaleR 的大数据分析 R 包。

用户可以连接到集群并在边缘节点上运行 R 脚本，也可以选择使用 ScaleR 在边缘节点服务器的核心上运行并行分布式功能，还可以使用 ScaleR Hadoop MapReduce 或 Spark 计算上下文在集群的节点上运行它们。

3.6 ThingWorx 概述

PTC 公司开发了 ThingWorx，该公司在为机器与机器对话的世界创建软件方面有着悠久的历史。ThingWorx 是用于构建物联网解决方案的应用程序开发环境。

ThingWorx 是将物联网设备及相关组件和服务抽象为基于模型的开发对象的软件平台。用户可以将软件安装在自己的硬件上（或使用云提供商虚拟实例）。

该平台可以轻松地对设备、数据进行建模，能够通过基于 Web 的应用程序快速创建仪表板，而且不需要代码。

ThingWorx 还可以通过其市场扩展到第三方组件，因此无须特殊配置即可轻松添加第三方功能。它还可以与 AWS 和 Azure IoT 中心服务集成。

ThingWorx 有多个组件。ThingWorx Foundation 是该平台的中心。它可以划分为以下3 个区域，如图 3.11 所示。

- ❑ ThingWorx Core。
- ❑ ThingWorx Connection Services。
- ❑ ThingWorx Edge。

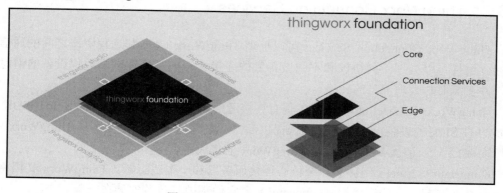

图 3.11 ThingWorx Foundation[①]

资料来源：thingworx.com。

[①] 图中英语单词的格式与英文原书图中的单词格式保持一致，原文不再赘述。

3.6.1　ThingWorx Core

ThingWorx Core 是一个软件平台环境，可让用户设计、运行和实施物联网应用程序的分析，以控制和报告来自远程设备的数据。这些设备可以是传感器、消费电子产品或工业设备。

ThingWorx 使用基于对象的代表性设计。这意味着用户可以创建软件对象来代表物联网设备和其他资产。该表示包括相关属性和相关数据项。

然后，用户可以使用这些对象来创建用于监控和管理物联网设备的应用程序，可以创建仪表板、实现响应逻辑并集成第三方应用程序。

ThingWorx Core 是 ThingWorx 环境的中枢。用户可以在逻辑上定义和设置 ThingWorx 环境中的物联网设备或远程资产之间的行为和关系。在软件中对实际设备进行建模后，它们就可以被注册并与 ThingWorx Core 通信。然后，用户可以收集数据并管理物理设备。

ThingWorx Core 包括两个主要工具，可供用户创建物联网解决方案。

❑　ThingWorx Composer。这是一个建模环境，用户可以在其中设置远程资产、业务逻辑、数据存储和安全性。

❑　ThingWorx Mashup Builder。这是一个拖放工具，用户可以在其中快速创建仪表板和移动界面而无须编写代码，还可以在此处执行诸如在地图上显示位置、绘制传感器值趋势的图表之类的操作。

3.6.2　ThingWorx Connection Services

ThingWorx Connection Services 可以处理 ThingWorx Core 和远程资产之间的通信和连接。组件可以处理不同协议和不同设备云的连接。它们可处理进出远程设备的消息路由，并在需要时处理消息的转换。

ThingWorx Connection Services 具有连接适配器，用于连接使用 AWS IoT SDK 或 Azure IoT SDK 的设备。它们链接到云提供商，并允许用户将数据转换到 ThingWorx 中。

图 3.12 显示了 AWS 物联网和 ThingWorx 的集成。

Connector Services 组件有一个核心连接服务器和一个适配器。ThingWorx 文档将这两者结合在一起，称为连接器（connector）。它们都被打包并安装在一起。

每个连接器都支持特定协议，其中入站消息被转换为 ThingWorx 格式并发送到 ThingWorx Core，而从 ThingWorx Core 到远程设备的出站消息则相反。

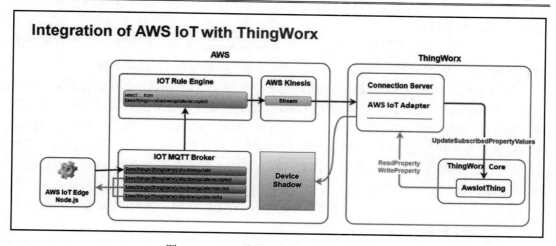

图 3.12　AWS 物联网和 ThingWorx 的集成

资料来源：ThingWorx。

原　　文	译　　文
Integration of AWS IoT with ThingWorx	AWS 物联网和 ThingWorx 的集成
AWS IoT Edge	AWS 物联网边缘设备
IoT Rule Engine	物联网规则引擎
IoT MQTT Broker	物联网 MQTT 代理
Stream	流传输
Connection Server	连接服务器
AWS IoT Adapter	AWS 物联网适配器
Update Subscribe Property Values	更新订阅的属性值
AWS Iot Thing	AWS 物联网设备
Read Property	读取属性
Write Property	写入属性
Device Shadow	设备影子

3.6.3　ThingWorx Edge

　　ThingWorx Foundation 的第三个组件 ThingWorx Edge 由若干个在物联网网络边缘运行的软件产品组成。

　　其中一个产品作为小型服务器和枢纽运行，用于与中心系统中的 ThingWorx Core 组件进行通信。它被称为 ThingWorx 基于 Websocket 的边缘微服务器（Websocket-based edge microserver，WS EMS）。

还有一个软件开发工具包（software development kit，SDK），开发人员需要将它作为设备软件的一部分安装在物联网设备上。它被称为 ThingWorx Edge SDK。

WS EMS 是安装在远程设备上的独立应用程序。它使用名为 AlwaysOn 的 ThingWorx 协议与 ThingWorx Core 进行通信。WS EMS 支持多种操作系统并且占用空间小。它可以与大量设备一起工作，以提供一种在边缘设备和 ThingWorx Core 之间建立通信的方法。

根据开发人员为物联网设备代码所使用的语言，有多个版本的 ThingWorx Edge SDK 允许用户添加与设备的连接。既有支持 C、.NET（C#）和 Java 语言的 SDK，也有适用于 Android 平台和 iOS 平台的 SDK。

SDK 被嵌入物联网设备中，每台设备都有一个 SDK 实例。所有 SDK 都具有通用接口，并为 ThingWorx Core 提供安全的通信通道。

3.6.4　ThingWorx 概念

我们将讨论 ThingWorx Core 上使用的主要对象和概念，以对环境进行建模，并更好地了解其工作原理。

在 ThingWorx 平台中，基本架构要素主要包括以下几项。

❑　事物模板。
❑　事物。
❑　属性。
❑　服务。
❑　事件。
❑　事物形状。
❑　数据形状。
❑　实体。

1．事物模板

事物模板（thing template）设置并定义了一些基本功能，用户可以从中构建多个事物。一般来说，它定义了包含一组通用属性、服务、事件和订阅的通用类别。这些东西将包含在基于模板的任何事物定义中。事物将继承自事物模板。

2．事物

事物（thing）是物联网中对象的统称，可以代表智能设备、资产、产品、IT 系统、人员和流程等。事物基于事物模板，但通常会包含一些额外的属性、服务或事件，这些属性、服务或事件对于在模板中定义的更通用的基本事物的实现是唯一的。

有以下几种类型的事物。

- ❑ 事物：代表现实世界的资产、设备或系统。
- ❑ 远程事物：远程事物是一种特殊类型的事物，表示远程位置的资产。使用 ThingWorx Edge SDK 时，需要使用 RemoteThing 模板在 ThingWorx Composer 中创建运行应用程序的边缘设备。
- ❑ 自定义事物：扩展提供自定义事物模板，用户可以使用这些模板创建自定义事物来代表自己的设备。

3．属性

属性（property）是表示事物行为的变量。

属性具有以下两项中的任何一项。

- ❑ 远程绑定。远程绑定支持出口。在连接到 ThingWorx 时，可以将它们写入边缘设备中。边缘设备必须知道任何带有远程绑定的属性。
- ❑ 非远程绑定。这些绑定在被写入时不会被发送到边缘设备中，并且在请求值时不会从边缘设备中进行读取。

4．服务

服务代表事物可以执行的功能。它可以定义为事物、事物模板或事物形状的一部分。

5．事件

事件（event）是一个触发器，用于触发事物的状态变化，也可以驱动某个业务逻辑或活动。事件由属性的状态或值的变化触发，它可以将数据发送到订阅它的对象中。

6．事物形状

事物形状（thing shape）是具体事物的抽象。一般来说，事物形状由事物模板使用，该模板本身用于事物定义。

7．数据形状

数据形状定义 ThingWorx 中表的结构，表示信息数据结构或 ThingWorx 服务的输出。它们由字段定义组成。

某些类型的数据形状如下。

- ❑ 数据表结构（data table structure）：这些存储表具有主键，可以支持索引。
- ❑ 流结构（stream structure）：这些可以连续访问数据。
- ❑ 值流结构（value stream structure）：在绑定到事物的属性中存储的数据。

❑　事件数据（event data）：存储与事件相关的数据。

8. 实体

实体（entity）是 ThingWorx 中用户可以创建的所有对象类型的总称。它们包括事物、事物模板、事物形状和数据形状。用户还可以将实体导入 ThingWorx 中。

3.7　小　　结

本章阐释了弹性分析的含义，并介绍了使用云基础架构进行物联网分析的优势。我们还讨论了分布式计算和可扩展设计。

本章简要介绍了两个主要的云提供商——AWS 和 Microsoft Azure，还介绍了专门为物联网设备、通信和分析而构建的软件平台 ThingWorx。

第4章　创建 AWS 云分析环境

本章将提供创建 AWS 云环境的详细步骤演示。该环境专门针对数据分析并使用 AWS 最佳实践。除了屏幕截图和设置说明，我们还将解释操作原理。

请注意，本章演练步骤将产生 AWS 使用费，如果读者不打算保持环境运行，则请确保在演练后删除所有资源，因为整个月的总成本可能超过 130 美元。根据需要启动和停止 EC2 实例可以在一定程度上降低成本。

本章包含以下主题。

❑　AWS CloudFormation。

❑　设置虚拟私有云的最佳实践。

➢　NAT 网关。

➢　Bastion 主机。

❑　终止和清理环境。

4.1　AWS CloudFormation 概述

简而言之，AWS CloudFormation 是一种基础设施即代码（infrastructure as code，IaC）。所谓"基础设施即代码"，就是以代码来定义环境，从而实现开发环境、测试环境、生产环境的标准化。它是一项 AWS 服务，用户无须安装任何其他软件。这允许开发人员和系统管理员直接从代码模板文件设计和实现整个网络和服务器配置。

CloudFormation 在实现模板时可以自动处理资源的排序和创建。启动模板以创建资源时，常称之为栈（stack）。

用户可以将栈想象成建筑图纸。架构师（你）将图纸交给承包商（AWS），以按照图纸的规格进行构建。承包商知道如何安排施工作业以及需要哪些材料。

用户可以创建自己的模板、使用公开可用的模板（例如在 GitHub 上的模板）或使用 AWS 快速入门模板。CloudFormation 还具有可视化设计器，可帮助你布置计划的基础架构。模板以 JSON 或 YAML 格式保存为文本文件。图 4.1 显示了 CloudFormation 设计器的示例。用户可以通过浏览器访问设计器。

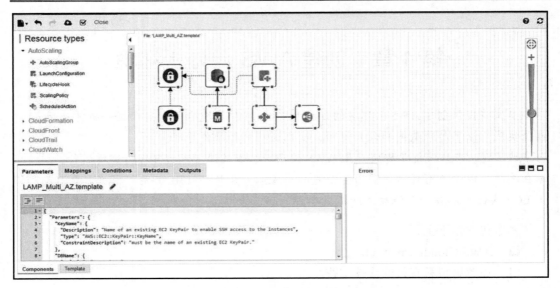

图 4.1　AWS CloudFormation 设计器

资料来源：AWS。

　　用户可以创建自己的大数据物联网分析实验基础设施并将其作为栈，然后将模板文件通过电子邮件发送给世界另一端的好友，他可以在几分钟内将其复制到自己的环境中。用户还可以（并且应该）将模板文件保存在 git 等源代码控制系统中，以备需要向后还原或从头开始创建基础架构。

　　我们将使用其中一个 AWS 快速入门模板来创建一个安全的环境，以便开始使用物联网分析。快速入门模板将 AWS 最佳实践整合到设计中。用户可以在几分钟内建立并运行自己的小型数据中心。

　　我们将使用的模板是专为高可用性而设计的，如果用户决定扩大使用范围，则还有很大的增长空间。

　　如果用户正在为公司设置用于标准操作的环境，则建议引入一家专门创建云环境的咨询公司，这是为了确保正确设置底层安全性和架构。从一开始就进行正确配置显然比以后尝试更正要容易得多。

　　但是，对于实验用途和一般性分析用途，本章创建的环境即可正常工作，它有若干个安全和连接的最佳实践。

4.2　AWS 虚拟私有云设置

在开始本章的演示之前，读者需要进行以下设置。

❑　AWS 账户。如果没有账户，请访问 AWS 控制台页面并按照说明设置账户，相应说明可访问以下网址。

https://aws.amazon.com/free/

❑　激活多因素授权（multi-factor authorization，MFA）的根账户。这对于安全目的至关重要。如果尚未开启 MFA，请立即开启。
　　具体操作方式是：在手机上下载一个应用程序，如 Google Authenticator，然后在账户中设置 MFA。相关说明可访问以下网址。

https://aws.amazon.com/iam/details/mfa/

❑　具有管理权限且 MFA 处于活动状态的 IAM 用户。为自己设置一个具有管理员权限的 IAM 用户，以用于日常操作。出于安全考虑，请避免使用 root 登录。别忘记为 IAM 用户设置 MFA。

❑　按照 IAM 欢迎屏幕上的所有其他推荐步骤来保护自己的账户。用户在页面上的安全状态应该都是绿色的复选标记，类似于图 4.2 所示。

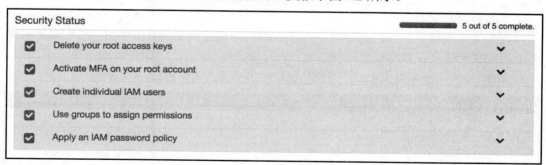

图 4.2　选中所有安全选项

演练的初始步骤如下。

（1）使用 IAM 用户 ID 登录 AWS 管理控制台，开始演练。

如果登录屏幕要求输入电子邮件地址，说明用户处于 root 登录状态，这时需要转到 IAM 用户登录界面。

如果无法访问该页面，可以按以下格式输入 URL。

https://[AccountName].signin.aws.amazon.com/console

其中，将[AccountName]替换为自己的账户名称，登录后，也可以在 IAM 开始页面找到此链接。

（2）确保将 AWS 区域设置为要创建环境的区域。对于大多数用例，最好将其设置为最接近操作者本人地理位置的区域。可以通过管理控制台右上角的命令来检查区域。如有必要，还可以通过单击名称右侧的小箭头来更改它，如图 4.3 所示。

图 4.3　查看或修改 AWS 区域

4.2.1　为 NAT 和 Bastion 实例创建密钥对

首先需要创建一个公钥/私钥对，以便在稍后的快速启动设置中使用。密钥对将被保存为一个文件且要保存在一个安全的地方，只有需要它的人才能访问。

（1）转到屏幕顶部 AWS 管理控制台中的 Services（服务），如图 4.4 所示。

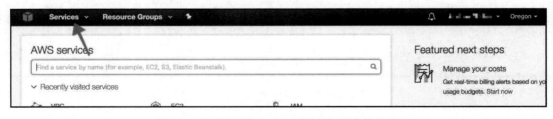

图 4.4　控制台上 Services（服务）所在的位置

（2）单击 Compute（计算）部分中的 EC2，如图 4.5 所示。

（3）在 EC2 Dashboard（EC2 仪表板）中，单击 Key Pairs（密钥对），如图 4.6 所示。

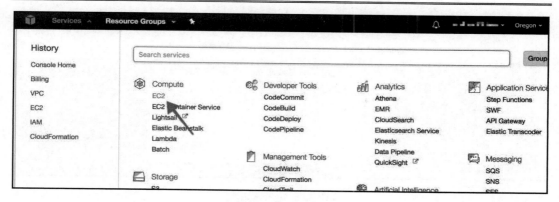

图 4.5　EC2 位置

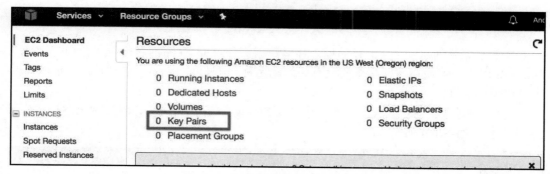

图 4.6　单击 Key Pairs（密钥对）

（4）单击 Create Key Pair（创建密钥对）按钮，如图 4.7 所示。

图 4.7　创建密钥对

（5）为密钥对命名，如 vpc_keypair，然后单击 Create（创建）按钮。请注意避免在名称中使用大写字母、空格或非标准字符。这将使其更易于移植到不同的操作系统和文件存储系统中，如图 4.8 所示。

（6）单击 Create（创建）按钮后，将下载扩展名为.pem 的密钥对文件（即vpc_keypair.pem）。请确保知道该文件的保存位置。现在也是将该文件移动到操作者想要对其进行保存的安全位置的好时机。此时控制台屏幕将对其进行更新，可以看到列出的新密钥对。

图 4.8　命名密钥对

4.2.2　创建 S3 存储桶来存储数据

接下来需要创建一个 S3 存储桶来存储数据文件。S3 存储桶名称需要全局唯一；任何 AWS 用户的其他存储桶都不能具有相同的名称。这时可能需要多尝试几次才能获得一个可接受的名称。

（1）通过单击 Services（服务）导航到 Storage（存储）部分，然后单击 S3 导航到 S3 仪表板，如图 4.9 所示。

图 4.9　导航到 S3 仪表板

（2）单击屏幕左上角的 Create Bucket（创建存储桶）按钮，如图 4.10 所示。

（3）将存储桶命名为不太可能已经存在的名称。避免使用大写字母或空格。可以使用连字符（-）来分隔单词，但不能使用下画线（_）。

Services
Resource Groups
Create Bucket
Actions

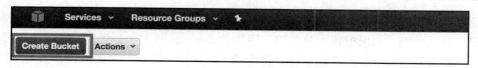

图 4.10　创建存储桶

选择目前为止我们在演练中所使用的区域。S3 存储桶可全局访问，但最佳做法是将数据保存在与分析工作相同的区域中，这样网络性能也会更好，如图 4.11 所示。

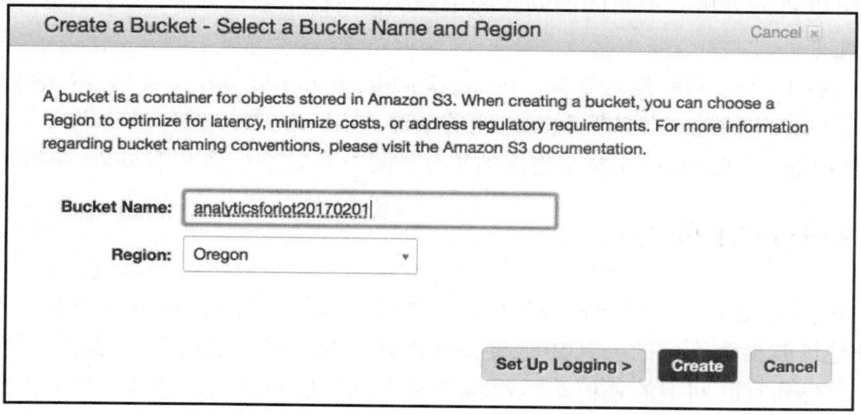

Create a Bucket - Select a Bucket Name and Region
Cancel
A bucket is a container for objects stored in Amazon S3. When creating a bucket, you can choose a Region to optimize for latency, minimize costs, or address regulatory requirements. For more information regarding bucket naming conventions, please visit the Amazon S3 documentation.
Bucket Name:
analyticsforiot20170201
Region:
Oregon
Set Up Logging >
Create
Cancel

图 4.11　命名存储桶并选择区域

（4）现在应该在 S3 仪表板的列表中看到新存储桶，如图 4.12 所示。

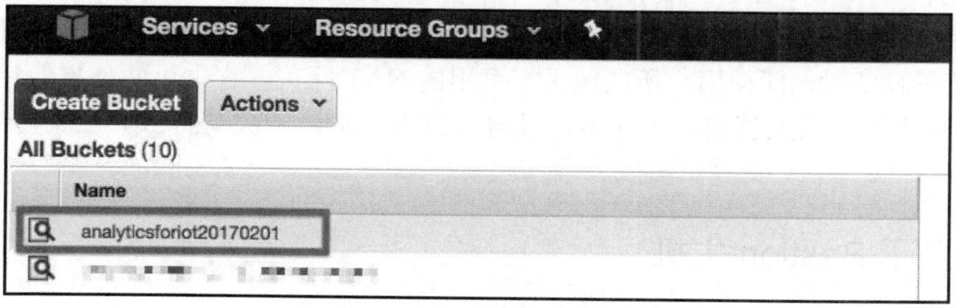

Services
Resource Groups
Create Bucket
Actions
All Buckets (10)
Name
analyticsforiot20170201

图 4.12　新创建的存储桶

4.3　为物联网分析创建 VPC

现在我们将创建一个成熟的、高度可用的云环境，这也是比较有趣的部分。大约 20 min 后，就可以拥有一个触手可及的安全运行数据中心。我们将利用 CloudFormation

和快速入门模板来创建具有一些关键元素的 VPC。

- ❑ 公共子网。如果配置了公共 IP、附加的 Internet 网关和适当的路由表，则可以通过公共 Internet 发现此子网中的资源。在这里，应该只需要放置诸如 Web 服务器或 NAT 实例之类的东西。

- ❑ 私有子网。这些子网中的资源对公众来说是隐藏的。VPC 之外的任何内容都无法找到隐藏在这里的资源，即使它具有公共 IP 地址。因此，出于安全原因，可以将为分析处理目的而创建的 Hadoop 集群、数据库和 EC2 实例等都存放在此处。

- ❑ NAT 网关。网络地址转换（network address translation，NAT）网关可充当私有子网中的资源与公共互联网之间的中介。

- ❑ Bastion 主机。这些主机是连接到私有子网中的 EC2 实例和 Hadoop 集群所必需的。

4.3.1　关于 NAT 网关

NAT 网关可隐藏有关用户资源的信息，同时仍允许与外部 Internet 通信。它们通过将私有 IP 地址转换为不同的公共 IP 地址并在内部资源请求外部通信时记住转换和连接状态来工作。公共互联网中的任何东西都将被阻止执行反向操作，并且永远不知道私有子网中资源的真实 IP 地址。

在 AWS 中，NAT 网关是一项托管服务，可自动扩展以满足 Internet 流量要求。某些 AWS 区域和可用区（AZ）不支持 NAT 网关，必须使用 NAT 实例。

NAT 实例是带有处理 NAT 活动的软件的 EC2 实例，需要管理和监控。但是，当 Internet 流量较低时，即使用户所在地区有可用的 NAT 网关，它也可能是更便宜的选择。我们将使用快速启动来创建一个环境，以自动检查 NAT 网关支持，并在不可用时创建 NAT 实例。

4.3.2　关于 Bastion 主机

Bastion 主机是位于虚拟私有云（virtual private cloud，VPC）上的公有子网中的 EC2 实例。它们是从用户的 VPC（即笔记本计算机）外部使用 SSH（假设你使用的是 Linux 操作系统）访问的。远程连接后，它就可以用作跳转服务器。这允许用户使用 SSH 从 Bastion 服务器连接到 EC2 实例或私有子网中的其他资源。

Bastion 主机可为用户提供连接私有子网资源的安全路由。VPC 就像是一个有围墙的花园，用户必须创建一条路径来访问内部事物。Bastion 主机提供了一种安全的方式来执行此操作。主机应该只允许 SSH 流量，并且只允许来自用户信任的源位置。可以通过使用安全组和网络 ACL 来保护它们。

4.3.3 关于 VPC 架构

图 4.13 显示了我们将通过 AWS 快速入门模板创建的 VPC 的网络结构。有两组公共子网、私有子网、NAT 和 Bastion 主机。每组位于不同的可用区（AZ）。这提供了高可用性。如果一个 AZ 出现故障，用户仍然可以使用另一个 AZ 完成工作。

快速入门将为用户创建和配置路由表和安全组。它将创建并附加一个允许流量到公共互联网的互联网网关。图 4.13 显示了 VPC 的架构。

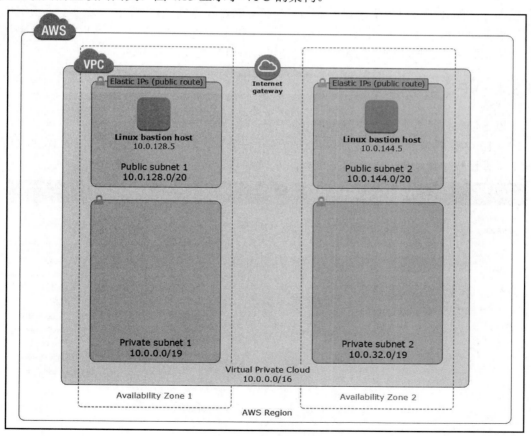

图 4.13 VPC 架构图

资料来源：AWS。

原　　文	译　　文
Elastic IPs (public route)	弹性 IP（公共路由）
Linux bastion host	Linux Bastion 主机
Public subnet	公共子网
Private subnet	私有子网
Internet gateway	互联网网关
Virtual Private Cloud	虚拟私有云
Availability Zone	可用区
AWS Region	AWS 区域

每个公共子网中还将有一个 NAT 网关（图 4.13 中未显示）。为 VPC 定义的 IP 地址范围为未来的分析项目提供了足够的增长空间。Hadoop 集群中的每个 EC2 实例、数据库或节点都将保留一个 IP 地址编号。因此，可用 IP 地址的范围限制用户可以在 VPC 中拥有的资源数量。我们将创建的 VPC 具有超过 65000 个可用的 IP 地址。

4.3.4　VPC 创建演练

以下演练向读者展示了如何创建 4.3.3 节中讨论的 VPC。

（1）单击控制台页面左上角的 Services（服务），然后单击 Management Tools（管理工具）区域中的 CloudFormation，如图 4.14 所示。

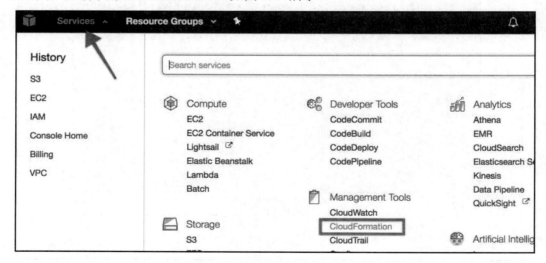

图 4.14　单击 CloudFormation

（2）单击 Create Stack（创建栈）按钮，如图 4.15 所示。

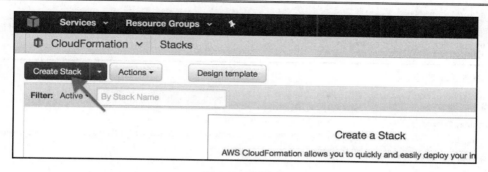

图 4.15　创建栈

（3）在 Choose a template（选择模板）区域选中 Specify an Amazon S3 template URL
（指定 Amazon S3 模板 URL）单选按钮，然后输入以下 URL。

https://s3.amazonaws.com/quickstart-reference/linux/bastion/latest/templates/linux-bastion-master.template

具体如图 4.16 所示。

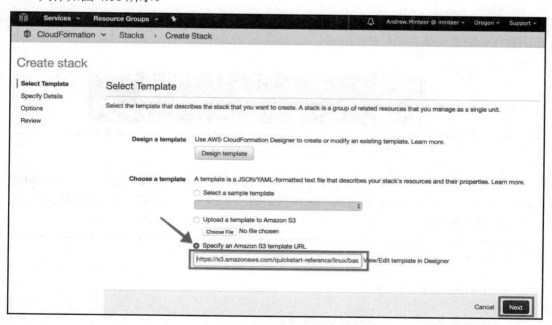

图 4.16　指定 Amazon S3 模板 URL

（4）单击 Next（下一步）按钮。

（5）此时将显示 Specify Details（指定详细信息）界面。为正在创建的栈命名，但不要使用空格或除连字符（-）之外的特殊字符，如图 4.17 所示。

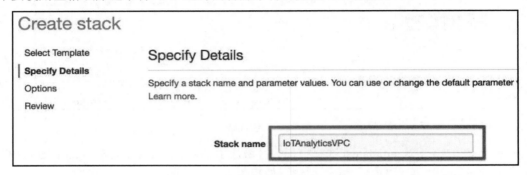

图 4.17　指定栈名称

（6）在同一页面的 Parameters（参数）区域单击 Availability Zones（可用区）文本框，在弹出的下拉列表框中列出了操作者所在地区的可用 AZ，如图 4.18 所示。

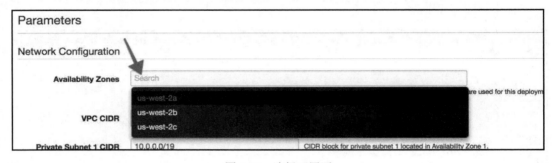

图 4.18　选择可用区

（7）单击选择列表中的一个可用区，然后再选择一个可用区。可以在 Availability Zones（可用区）文本框中看到这两个可用区，如图 4.19 所示（当然，读者选择的可用区位置可能会有所不同）。

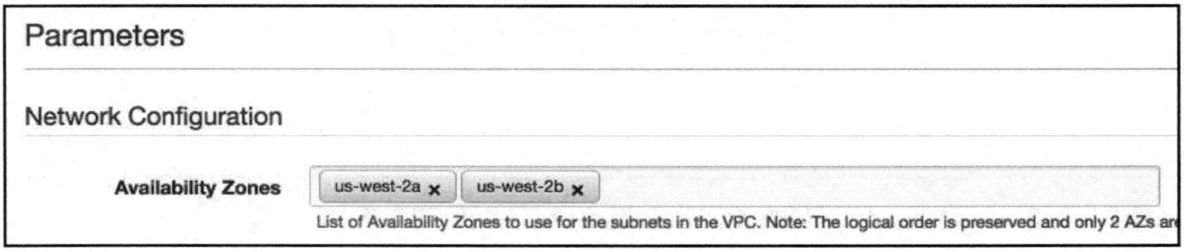

图 4.19　选择两个可用区

（8）向下滚动页面，使用公有子网和私有子网的 CIDR 块的默认设置；在这里无须更改任何内容。

（9）在 Allowed Bastion External Access CIDR（允许的 Bastion 外部访问 CIDR）文本框中，输入代表公司网络或地理区域 IP 范围的 CIDR 块，这定义了允许尝试与 Bastion 主机通信的源位置。

无类域间路由（classless inter-domain routing，CIDR）块是定义 IP 地址范围的符号。如果不确定要使用什么，可以咨询公司的网络专家。这只是用户可接受的登录范围，所以可让它尽可能小而真实。0.0.0.0/0 的 CIDR 块可以正常工作，但它会向所有人和任何地方开放流量，因此绝对不建议将其用于 Bastion。

图 4.20 显示的 CIDR 块是一个示例，操作时读者应该输入一个不同的块。

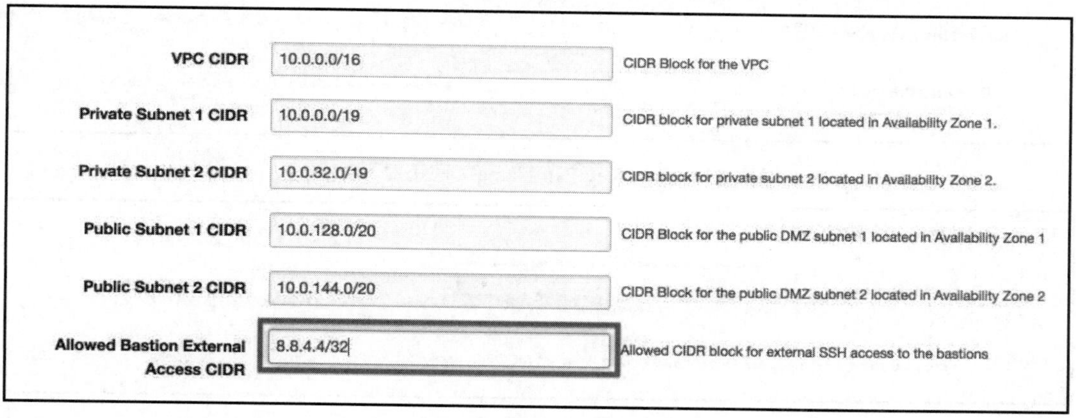

VPC CIDR	10.0.0.0/16	CIDR Block for the VPC
Private Subnet 1 CIDR	10.0.0.0/19	CIDR block for private subnet 1 located in Availability Zone 1.
Private Subnet 2 CIDR	10.0.32.0/19	CIDR block for private subnet 2 located in Availability Zone 2.
Public Subnet 1 CIDR	10.0.128.0/20	CIDR Block for the public DMZ subnet 1 located in Availability Zone 1
Public Subnet 2 CIDR	10.0.144.0/20	CIDR Block for the public DMZ subnet 2 located in Availability Zone 2
Allowed Bastion External Access CIDR	8.8.4.4/32	Allowed CIDR block for external SSH access to the bastions

图 4.20　输入代表公司网络或地理区域 IP 范围的 CIDR 块

（10）在 Amazon EC2 Configuration（Amazon EC2 配置）区域单击 Key Pair Name（密钥对名称）文本框，此时将出现一个下拉列表框，单击之前创建的密钥对。其他选项使用默认值即可，如图 4.21 所示。

（11）在同一页面的 Linux Bastion Configuration（Linux Bastion 配置）区域，将 Enable Banner（启用横幅）选项更改为 true，如图 4.22 所示。这可以为 Bastion 登录界面提供不同的外观，以便将它与其他 Linux SSH 会话区分开来。

（12）使用 AWS Quick Start Configuration（AWS 快速启动配置）区域中的默认值，如图 4.23 所示。然后单击 Next（下一步）按钮转到 Options（选项）界面。

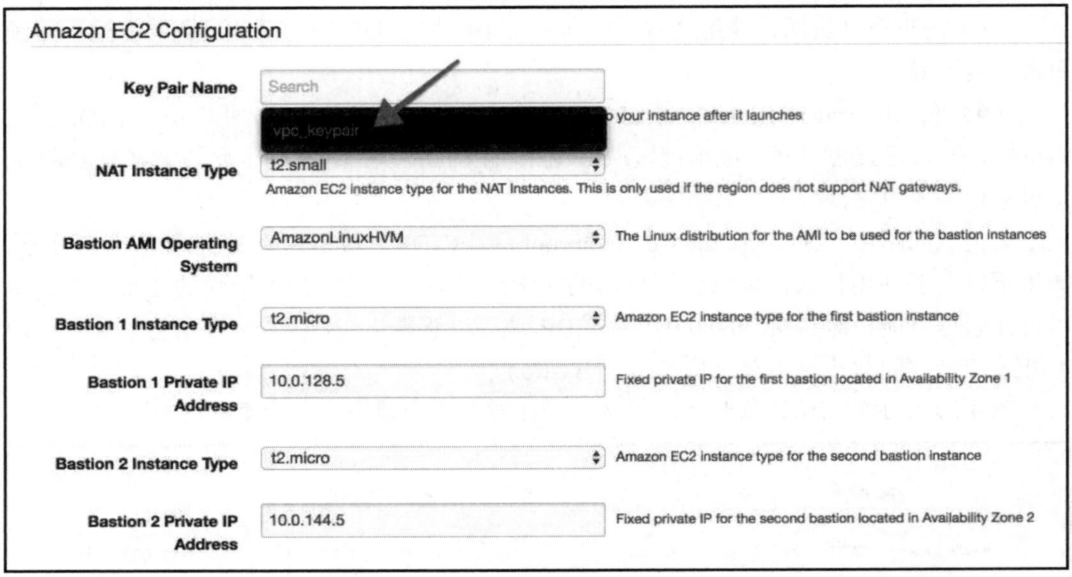

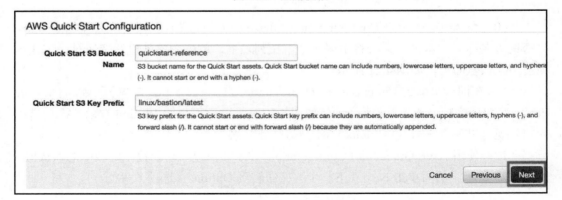

图 4.21　选择 Key Pair Name（密钥对名称）

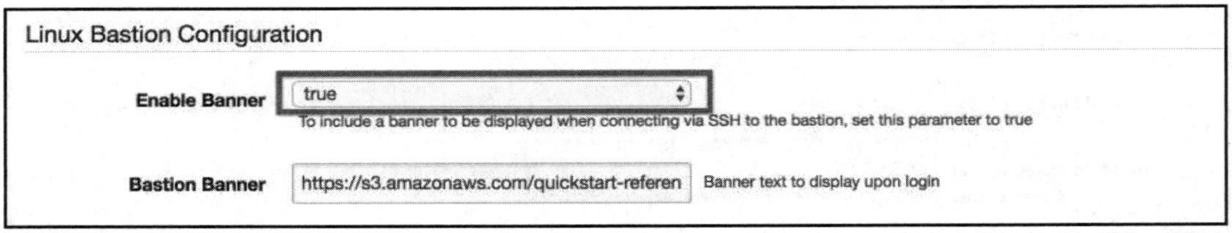

图 4.22　启用横幅

图 4.23　AWS 快速启动配置

（13）在 Options（选项）界面中，可以将标签添加到栈中。Tags（标签）是作为栈信息的一部分存储的键/值对。它们可以被设置成用户想要的任何东西，并且对于跟踪诸如谁创建了哪些资源以及为什么创建之类的事情很有用。

建议至少为 Name（名称）和 Creator（创建栈的个人）创建一个键/值标签。要创建标签，请单击 Key（键）下的文本框。Key（键）文本字符串应该在资源之间保持一致（即，无论创建 EC2 实例还是创建 Hadoop 集群，Name 值的拼写应完全相同）。

单击 Value（值）下的文本框以完成标记。单击+按钮以添加其他标签。完成后，单击 Next（下一步）按钮查看选择，如图 4.24 所示。

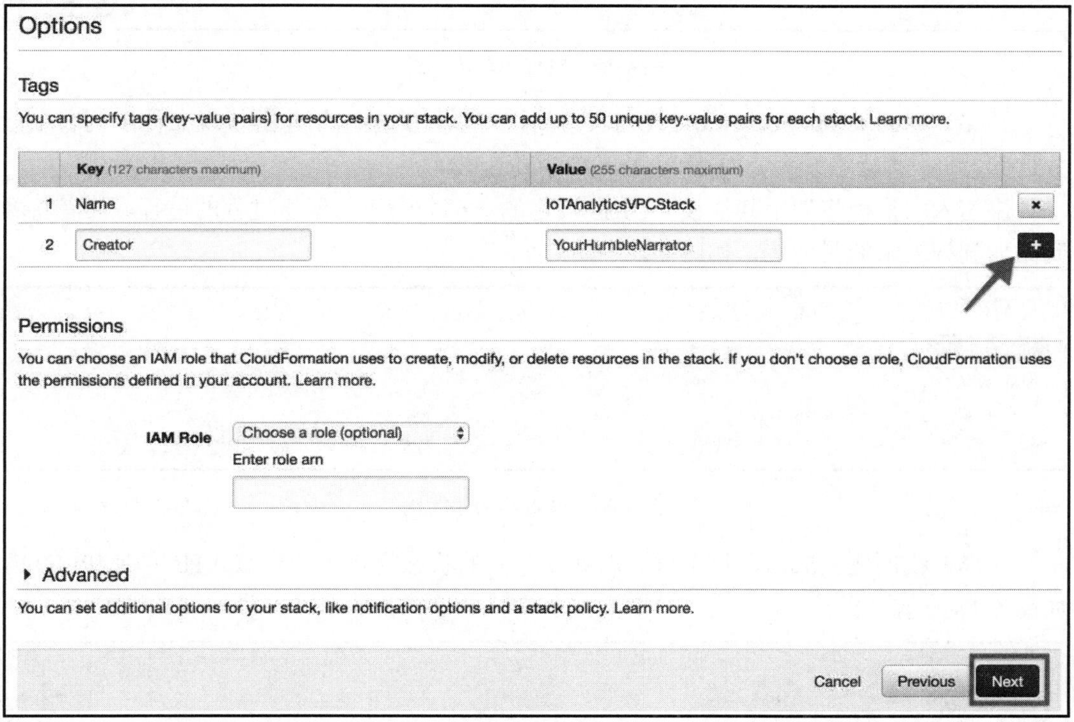

图 4.24　添加标签

（14）在 Review（检查）界面向下滚动鼠标以仔细检查栈的设置。在 Capabilities（功能）区域的底部选中 I acknowledge that AWS CloudFormation might create IAM resources with custom names（我确认 AWS CloudFormation 可以使用自定义名称创建 IAM 资源）复选框，然后单击 Create（创建）按钮开始创建栈，如图 4.25 所示。

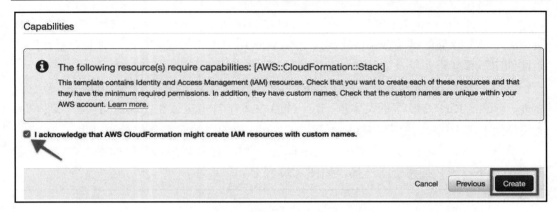

图 4.25 检查并确认设置

（15）返回 CloudFormation 栈列表界面，可以看到刚刚创建的栈现在位于列表中，并且其 Status（状态）为 CREATE_IN_PROGRESS。

快速入门模板将调用其他栈来创建 VPC 的一部分。随着创建过程的进行，读者将看到添加到列表中的其他栈，如图 4.26 所示。

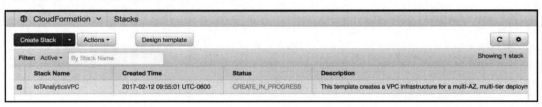

图 4.26 检查已创建的栈

（16）栈创建完成后，每个栈（总共 3 个）的状态将更改为 CREATE_COMPLETE，如图 4.27 所示。

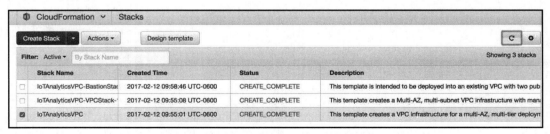

图 4.27 创建完成之后的栈

（17）可以前往 Services（服务）查看新环境中的网络资源。切换到 Services（服务）下的 EC2 Dashboard（EC2 仪表板）以检查 Linux Bastion 实例。在进行连接之前，需要完成状态检查。

（18）要检查 Bastion 主机，可以在 EC2 Dashboard（EC2 仪表板）上单击 Running Instances（运行中的实例）以查看 EC2 列表，如图 4.28 所示。

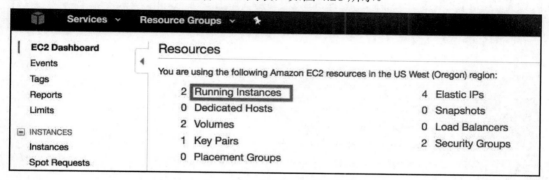

图 4.28　使用 EC2 Dashboard（EC2 仪表板）

（19）当两个 Linux Bastion 主机的 Instance State（实例状态）都是 running（运行中）并且 Status Checks（状态检查）通过时，就表明这些实例都已经准备好了。这只需要几分钟的时间，具体如图 4.29 所示。

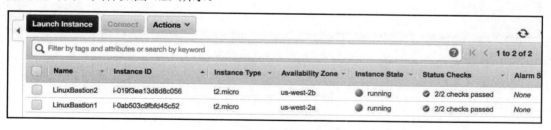

图 4.29　实例已经准备就绪

（20）连接到 Bastion 实例之一以验证该设置是否正常有效。可以通过单击实例名称左侧的复选框来选中它，然后单击列表顶部的 Connect（连接）按钮，按照出现的说明建立连接。如果使用的是 Windows 系统，则需要下载并安装 PuTTY 或类似的终端软件才能建立 SSH 连接。

如图 4.30 所示，To access your instance（访问你的实例）步骤 1 中有一个链接，提供了有关 connect using PuTTY（使用 PuTTY 连接）的详细说明。

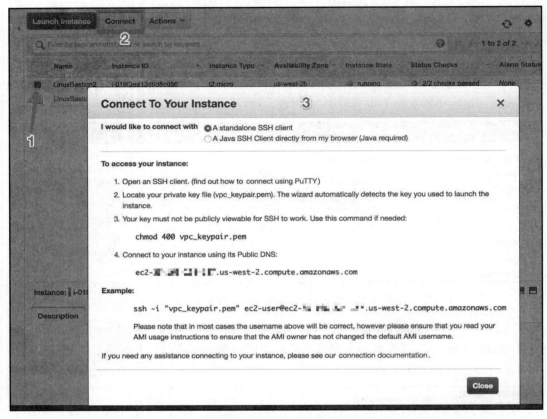

图 4.30　验证实例是否正常有效

4.4　如何终止和清理环境

如果不打算保留 VPC 环境，或者希望通过暂时将其消除，以后需要的时候再进行重建来降低成本，则可以按照以下步骤进行操作。

（1）切换到 Services（服务），然后切换到 CloudFormation 以返回 CloudFormation 栈列表。

（2）一次删除一个栈，从名称中包含 BastionStack 的栈开始。为此，可以单击名称左侧的复选框以选择栈，如图 4.31 所示。

（3）单击 Actions（操作）下拉按钮，在弹出的下拉列表中选择 Delete Stack（删除栈）选项，如图 4.32 所示。

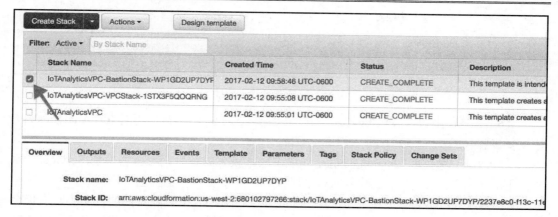

图 4.31　选中要删除的栈

图 4.32　删除栈

（4）在弹出的对话框中单击 Yes, Delete（是的，删除）按钮确认删除。这将删除 Bastion 实例和关联的安全组，如图 4.33 所示。

图 4.33　确认删除栈的操作

（5）如图 4.34 所示，此时的栈状态将更改为 DELETE_IN_PROGRESS。

操作完成后，栈将从列表中删除。如果没有看到更改，可以在几分钟后单击界面右上角的 Refresh（刷新）按钮（圆形箭头）进行查看。

Stack Name	Created Time	Status	Description
☑ IoTAnalyticsVPC-BastionStack-WP1GD2UP7DYF	2017-02-12 09:58:46 UTC-0600	DELETE_IN_PROGRESS	This template is intended to
☐ IoTAnalyticsVPC-VPCStack-1STX3F5QOQRNG	2017-02-12 09:55:08 UTC-0600	CREATE_COMPLETE	This template creates a Mu

图 4.34　删除过程中的栈

（6）对名称中包含 VPCStack 的栈重复步骤（2）～（5），最后再对 IOTAnalyticsVPC 栈重复步骤（2）～（5），将它们进行删除。

（7）NAT 网关和 Bastion 主机是环境中成本较大的项目。可以切换到 Services（服务）下的 VPC，验证是否已删除 NAT 网关。

仪表板上的 NAT 网关计数可能不为零，并且在从列表中删除之前的几个小时内仍会显示计数为 2。单击仪表板中的 Nat Gateways（NAT 网关）切换到网关列表，如图 4.35 所示。

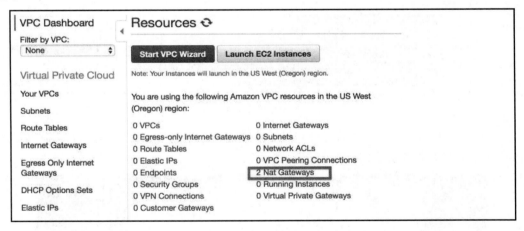

图 4.35　切换到 NAT 网关

（8）此时应该看到两者的 Status（状态）均为 Deleted（已删除），如图 4.36 所示。

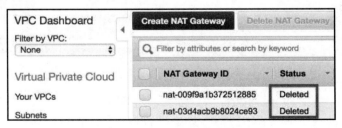

图 4.36　查看 NAT 网关状态

（9）切换到 Services（服务），然后切换到 EC2，确认 Bastion 主机已被删除。如图 4.37 所示，EC2 Dashboard（EC2 仪表板）的计数应为 0 Running Instances（0 个运行中的实例）。

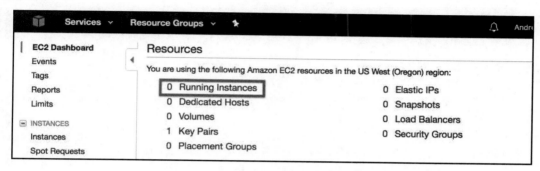

图 4.37　检查运行中的 EC2 实例计数

可以单击 Running Instances（运行中的实例）链接以切换到 EC2 列表。Linux Bastion 实例应该具有终止状态或根本不被列出。如果在删除栈后不久进行检查，则这些实例很可能仍会在列表中可见。但只要状态终止，就不会被收费。

（10）重新创建环境时，不需要重新创建密钥对或 S3 存储桶。由于密钥对和 S3 存储桶不是 CloudFormation 栈的一部分，因此在删除所有栈后，它将保留在操作者的环境中。除非在 S3 存储桶中存有数据，否则这些是免费的。即便有收费，费用也非常低。

4.5　小　　结

本章演示了如何在很短的时间内创建一个可以支持物联网分析的安全虚拟私有云。我们还介绍了如何删除和清理环境，讨论了 AWS CloudFormation、NAT 网关和 Linux Bastion 主机。现在，读者已经有了一个安全且灵活的地点来启动大规模分析，这为本书后面的学习打下了很好的基础。

第5章　收集所有数据的策略和技术

你盯着挂在办公隔间墙上的物联网设备图纸，幻想着如何操作数据以提取出足以改变游戏规则的见解。恍惚中，你好像获得了年度最佳项目的执行奖以及随之而来的巨额奖金，甚至还可以听到同事们的欢呼声。

"咳咳！"有人在你身后咳嗽，你差点从椅子上跳起来。

你的上司偷偷溜到你的隔间。他看起来非常开心，甚至有点满脸堆笑的味道。你对他这个堆起来的笑容有点警惕。

"你向高管们推荐使用云进行数据分析的方法非常好，他们完全同意并希望立即开始。"他笑着说。

你一下子振作起来，因为这真的是个好消息。

"你做得很好，"他继续堆笑道，"他们希望将下一代设备的数据捕获率提高一倍。他们认为，如果通过云基础设施进行路由，成本不会有太大变化。而且由于容量限制现在已经不是问题了，他们现在想要获得每周的数据报告，而不是每月报告。其他部门的几位高管也非常兴奋，并且希望他们自己的人同样能够使用这些数据。干得好！"

他自言自语地笑着走开了。你对这个结果也很满意，但对如何实现他们的期望感到困惑。如何以其他人可以与之交互的方式存储数据？而且你现在肯定需要回答更广泛的问题，尤其是当其他部门也有人员查看数据时。无论你做的是什么，都必须能够以极大的灵活性处理大规模的数据。

本章将介绍收集物联网数据以实现分析的策略。有许多选项可以存储物联网数据以进行分析。我们将讨论该领域的常用技术 Hadoop，以及如何将 Amazon S3 用作大数据存储。

本章还将介绍何时以及为何使用 Spark 进行数据处理。我们将讨论流处理和批处理之间的权衡，探讨在数据处理中建立灵活性以允许集成未来的分析。

本章包含以下主题。

❑　数据处理。

❑　将大数据技术应用于存储。

❑　数据处理和 Apache Spark。

❑　处理更改。

5.1　数　据　处　理

在物联网数据处理环境中可能会使用一些关键的云服务。AWS 和 Microsoft Azure 都有特定于物联网的服务，我们将对其展开更多的讨论。此外，还有一些支持数据处理和转换的服务也值得了解一下，以增加对它们的熟悉度。

5.1.1　Amazon Kinesis

Amazon Kinesis 是一组用于加载和分析流数据的服务。它可以为用户处理所有底层计算、存储和消息传递服务。

Kinesis 系列中的服务如下。

- ❑ Amazon Kinesis Firehose。可以将大量流数据加载到 AWS 中。
- ❑ Amazon Kinesis Streams。此服务允许你创建自定义应用程序来实时处理和分析流数据。每个流有两个端点。
  - ➢ 可以使用 Amazon Kinesis 生产者库（Kinesis producer library，KPL）构建将数据发送到流中的应用程序。
  - ➢ 还可以使用 Amazon Kinesis 客户端库（Kinesis client library，KCL）构建从流中读取数据的应用程序——通常是实时仪表板或规则引擎类型的应用程序。

  流数据也可以被定向到其他 AWS 服务，如 S3 或 SQS。
- ❑ Amazon Kinesis Analytics。这使用户可以使用标准 SQL 轻松分析流数据。查询可以连续运行，AWS 会处理自动运行它们所需的扩展。

5.1.2　AWS Lambda

Lambda 允许用户在不配置服务器的情况下运行代码。目前支持 Python、Node.js、C#和 Java 编程语言。规模是自动处理的。用户只需在代码执行时付费。一切都是并行运行的，用户的代码应是无状态的或是在外部数据库中管理的。代码本质上是由事件驱动的，因为用户可以配置它执行的时间和条件。

使用诸如 Lambda 之类的服务通常被称为无服务器计算（serverless compute），并开辟了一系列全新的可能性。用户可以使用没有服务器的 Lambda 创建一个功能齐全的 Web 应用程序，还可以创建可扩展到数百万个设备事件的分析代码，而无须担心管理服务器的问题。图 5.1 概述了 Lambda 在实践中的工作原理。

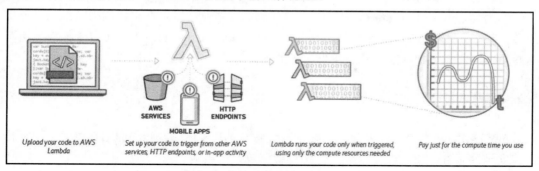

图 5.1　Lambda 工作原理

资料来源：AWS。

原　　文	译　　文
Upload your code to AWS Lambda	上传代码到 AWS Lambda 中
AWS SERVICES	AWS 服务
HTTP ENDPOINTS	HTTP 端点
MOBILE APPS	移动应用
Set up your code to trigger from other AWS services, HTTP endpoints, or in-app activity	设置代码以从其他 AWS 服务、HTTP 端点或应用内活动触发
Lambda runs your code only when triggered, using only the compute resources needed	Lambda 仅在触发时运行代码，仅使用所需的计算资源
Pay just for the compute time you use	只需为使用的计算时间付费

5.1.3　AWS Athena

Athena 是 2016 年年底推出的一项新服务，可对存储在 S3 中的数据进行操作。它允许用户使用 ANSI SQL 查询数据集，而无须将数据加载到 Athena 中；它可以直接查询其中的原始文件，这允许用户分析大量数据，而无须采用任何提取、转换和加载（extract, transform and load，ETL）操作将其加载到数据分析系统中。

💡 提示：

Athena 的名称来自希腊神话中的智慧女神——雅典娜。

使用 Athena 无须管理集群或数据仓库。用户只需要为扫描的数据量付费，这意味着用户可以对其进行压缩以降低成本。

将此服务与 Lambda 结合起来，就可以拥有一个相当不错的低成本大数据解决方案。

原始物联网文件可存储在 S3 中并安排 Lambda 作业，以定期将新数据转换为可分析的数据集——也在 S3 中，然后使用 Athena 中的 SQL 进行分析。用户可以轻松完成所有这些操作，而无须担心服务器、集群、扩展或管理复杂的 ETL 等问题。

5.1.4　AWS 物联网平台

AWS 物联网平台可以为连接的物联网设备和 AWS 环境之间的通信提供数据消息传递和安全性服务。它可以支持数十亿台设备和数万亿条消息。

该平台还支持 MQTT、HTTP 和 WebSockets 协议。它可以为通信提供身份验证和加密服务。所有 AWS 服务都可用于处理、分析物联网数据并做出决策。通信可以是双向的。

设备影子（device shadow）是 AWS 管理控制物联网设备的方式，可用于存储每个物联网设备的最新状态信息。这使设备看起来始终可用，因此可以给出命令并读取值，而无须等待设备连接。设备连接时，设备影子将与物联网设备同步。

AWS 物联网设备 SDK 安装在远程物联网设备上以处理通信。注册和身份验证服务在 AWS 物联网平台中处理。当满足某些条件（例如，设备温度<0℃）时，规则引擎可以将消息定向到其他 AWS 服务，如 Lambda。

图 5.2 显示了 AWS 物联网平台的基本概述。

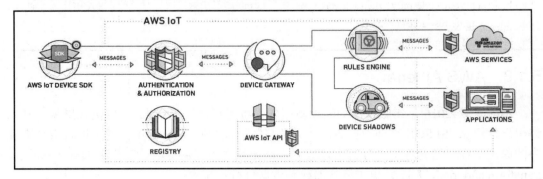

图 5.2　AWS 物联网平台

资料来源：Amazon Web Service。

原　　文	译　　文
AWS IoT	AWS 物联网平台
AWS IoT DEVICE SDK	AWS 物联网设备 SDK

续表

原　文	译　文
MESSAGES	消息
AUTHENTICATION & AUTHORIZATION	认证和授权
DEVICE GATEWAY	设备网关
RULES ENGINE	规则引擎
AWS SERVICES	AWS 服务
REGISTRY	注册
DEVICE SHADOWS	设备影子
APPLICATIONS	应用程序

AWS Greengrass 是物联网系列中的新产品，在撰写本书时处于预览阶段。它允许简化边缘分析，这使得物联网分析的可能性更大。它是以本地方式安装在设备或枢纽设备附近的软件。它可以在设备未连接时自动处理缓冲事件数据。它还支持与 AWS 云相同的 Lambda 函数，这也是令人兴奋的部分。

用户可以在自己的 AWS 环境中构建和测试某些功能，然后使用 Greengrass 轻松移动它们以在边缘运行。

5.1.5　Microsoft Azure IoT Hub

Azure IoT Hub 是一项托管服务，用于 Azure 后端和物联网设备之间的双向通信。在 IoT Hub 上可以运行数百万台设备，该服务可以根据需要进行扩展。通信可以是单向消息传递、文件传输和请求-回复方法。它与其他 Azure 服务进行集成。

图 5.3 显示了 Azure IoT Hub 解决方案架构。

Azure IoT Hub 具有一些关键功能，可以深入了解它的工作原理。

❑ 身份验证和连接安全性。每台设备都配备了自己的安全密钥，允许它连接到 IoT Hub。身份和密钥存储在 IoT Hub 身份注册表中。

❑ 设备孪生（twin）。设备孪生是存储状态信息（如配置和参数值）的 JSON 文档。它被存储在云中，并为连接到 IoT Hub 的每台设备保留。孪生允许用户存储、同步和查询设备数据，即使设备处于脱机状态也可以。

❑ 连接监控。在这里，可以接收有关设备身份管理和连接事件的详细日志。

❑ IoT 协议支持。使安装在物联网设备上的 Azure IoT 设备 SDK 支持 MQTT、HTTP 和 AMQP。如果无法在设备上使用 SDK，则它们还可以通过公开的公共协议得到支持。

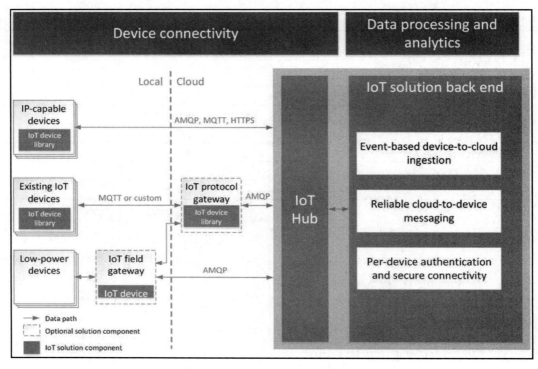

图 5.3　Azure IoT Hub 解决方案架构

资料来源：Microsoft Azure。

原　　文	译　　文
Device connectivity	设备连接
Data processing and analytics	数据处理和分析
Local	本地
Cloud	云
IP-capable devices	支持 IP 的设备
IoT device library	物联网设备库
Existing IoT devices	现有物联网设备
MQTT or custom	MQTT 或自定义
IoT protocol gateway	物联网协议网关
Low-power devices	低功耗设备
IoT field gateway	物联网现场网关
IoT device	物联网设备

续表

原　　文	译　　文
Data path	数据路径
Optional solution component	可选解决方案组件
IoT solution component	物联网解决方案组件
IoT Solution back end	物联网解决方案后端
Event-based device-to-cloud ingestion	基于事件的设备到云采集
Reliable cloud-to-device messaging	可靠的云到设备消息传递
Per-device authentication and secure connectivity	每个设备的身份验证和安全连接

❑ IoT 协议可扩展性。可以通过以下任一方式支持自定义协议。

➢ 创建现场网关。可以使用 Azure IoT 网关 SDK 将自定义协议转换为 IoT Hub 可以理解的 3 种协议之一。

➢ 自定义 Azure IoT 协议网关。它在 Azure 云中运行，是一个开源组件。

❑ 规模。可以同时连接数百万台设备，每秒有数百万个事件流过 IoT Hub。

5.2　将大数据技术应用于存储

物联网数据涌入云环境中，在对其进行处理和转换后，下一个要解决的问题就是如何存储这些数据。我们的解决方案应支持保存大型数据集并易于分析交互。

5.2.1　关于 Hadoop

Hadoop 是一种开源产品，属于 Apache 软件基金会。正如官方项目文档所定义的，Apache Hadoop 项目开发用于可靠的、可扩展的、分布式计算的开源软件。Hadoop 以其纯粹的开源形式免费提供。

除非团队中有一些 Hadoop 专家，否则用户应该选择一个已发行的 Hadoop 版本。它可以提供一定程度的故障排除支持和实现建议。Cloudera 和 Hortonworks 是托管分发和支持的两个主要提供商。Amazon AWS 和 Microsoft Azure 都有自己的 Hadoop 托管服务，分别是 EMR 和 HDInsights。

Hadoop 的作用三言两语难以解释清楚。在大多数媒体文章中，它通常被称为是一个新的数据仓库程序，用户只需要安装并投入大量数据即可使用。当然，这是一个过于简单化的观点，因为它更像是一个相关项目的生态系统，而不是单一事物。

有些组件依赖于其他组件，有些组件可以独立运行；有的组件可以起到数据存储的作用，有的组件起数据处理的作用，还有的组件起资源管理的作用；有些甚至存在争议。那么，它们是否属于 Hadoop 类别，或者是否应该拥有自己的类别？

　　要在一个章节中把 Hadoop 说清楚是不可能的，它只会让读者感到头昏脑涨，因此我们将专注于物联网分析的关键内容。图 5.4 给出了生态系统中项目数量的概念。它显示了 Hortonworks 托管发行版（2.5 版）中包含的所有 Hadoop 组件。我们将忽略大部分资源管理、安全性和以开发人员为中心的组件，如 Zookeeper、Knox 和 Pig 等。

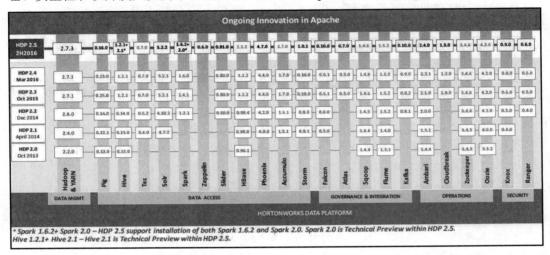

图 5.4　Hortonworks 数据平台（Hortonworks data platform，HDP）生态系统

资料来源：Hortonworks。

原　　　文	译　　　文
Ongoing Innovation in Apache	Apache 的持续创新
DATA MGMT	数据管理
DATA ACCESS	数据访问
GOVERNANCE & INTEGRATION	管理与集成
OPERATIONS	操作
SECURITY	安全性
HORTONWORKS DATA PLATFORM	Hortonworks 数据平台
* Spark 1.6.2+ Spark 2.0 - HDP 2.5 support installation of both Spark 1.6.2 and Spark 2.0. Spark 2.0 is Technical Preview within HDP 2.5.	* Spark 1.6.2+ Spark 2.0——HDP 2.5 支持安装 Spark 1.6.2 和 Spark 2.0。Spark 2.0 是 HDP 2.5 中的技术预览版
Hive 1.2.1+ Hive 2.1 - Hive 2.1 is Technical Preview within HDP 2.5.	Hive 1.2.1+ Hive 2.1——Hive 2.1 是 HDP 2.5 中的技术预览版

Hadoop 组件旨在跨多个服务器分布运行。一个集群可能有数千台单独的服务器。它提供了容错机制，在设计时就已经预期有些服务器会产生故障，并且可以在集群启动并正常运行时添加或删除服务器。

从分析的角度来看，将 Hadoop 生态系统视为 4 个相互连接但松散耦合的服务会很有帮助。这些服务相互通信，但在很大程度上可以完全独立地处理它们的角色。图 5.5 显示了一个高层次的视图。

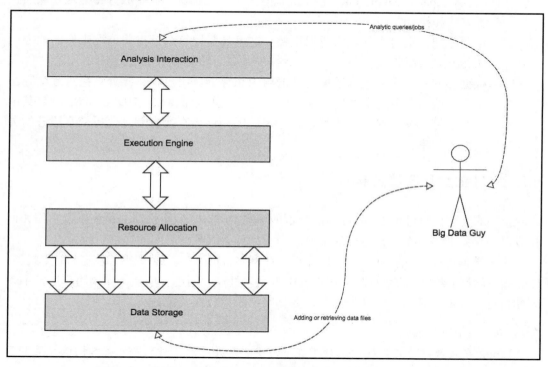

图 5.5　Hadoop 生态系统高层次视图

原　　文	译　　文
Analysis Interaction	分析交互
Execution Engine	执行引擎
Resource Allocation	资源分配
Data Storage	数据存储
Analytic queries/jobs	分析查询/作业
Big Data Guy	大数据分析人员
Adding or retrieving data files	添加或检索数据文件

在该概念视图中，有以下 4 项服务。

❑ 分析交互。用户可以编写和提交代码、SQL 或链接可视化工具。该区域中的组件可采用更高级别的指令并将它们分解为较低级别的处理步骤以供执行。它们可为用户抽象出很多杂乱的细节。Hive 和 SparkContexts 就是其中一些示例。

❑ 执行引擎。用户应该了解该领域的组件是如何工作的，但不太可能直接与它们交互。Apache MapReduce 和 Tez 就是其中一些示例。这些服务将处理步骤的执行方式和执行顺序。

❑ 资源分配。这对于优化来说很重要。这里是监控每个节点并分配工作的地方。YARN 是关键性的角色。

❑ 数据存储。该区域处理数据文件的组织和存储。用户将在此处直接进行交互。了解这些服务中发生了什么以及它们如何工作非常重要，HDFS 和 S3 就是其中一些示例。文件格式和类型也很重要，因为这会直接影响到分析交互服务的灵活性和效率。

5.2.2　Hadoop 集群架构

接下来，我们将讨论组成 Hadoop 集群的节点类型、它们所扮演的角色以及它们如何集成以确保集群是一个正常运行的单元。同一集群中服务器之间的通信更频繁。

大多数集群配置使物理单元彼此靠近（在网络方面），以最大限度地减少带宽瓶颈。Hadoop 托管的基于云的发行版会在设置中为用户处理此问题。但是，如果用户决定手动创建自己的集群，那么在设计架构时需要将网络考虑放在首位。

🛈 注意：了解 Linux

Linux 在大数据计算集群中无处不在。由于它是开源的，因此许可成本极低甚至不存在。它的系统开销低于 Windows 等操作系统，这使其成为集群计算的理想选择。Linux 支持的节点可以达到数千个，每个节点都有自己的操作系统（想象一下为数千台服务器支付 Windows 许可费……）。

简而言之，用户需要知道如何与 Linux 操作系统交互以进行物联网分析。习惯使用之后，就会发现该操作系统还是不错的。

用户不需要成为 Linux 专家，但需要知道如何找到自己的方法、运行程序并能编写一些基本的脚本。如果遇到困难，则可以求助于网络，通过搜索可以轻松获得大量与 Linux 相关的资料。

5.2.3 关于节点

节点（node）是集群中的一个单元，它可以控制自己的 CPU 和内存资源量。它也有自己的操作系统。在 Hadoop 的大多数实现中，节点就是一个单一的服务器。如果每个节点都可以控制其分配的计算和内存资源（通常通过虚拟化技术来实现），那么物理服务器上可能有多个节点。

5.2.4 节点类型

一个 Hadoop 集群有一个主节点（MasterNode）和一对多的从节点（SlaveNode）。

MasterNode 操作所谓的 NameNode。NameNode 的作用是跟踪哪些节点是健康的，另外它还将跟踪关于集群的其他一些关键信息，如文件位置。

还有的角色是 ResourceManager，每个集群有一个，它可以在同一台服务器上（即在主节点上），也可以在不同的机器上。

我们将在 HDFS 部分介绍有关 NameNode 的更多信息，在 YARN 部分介绍有关 ResourceManager 的更多信息。

集群中的其余机器同时充当 DataNode 和 NodeManager。它们是工作节点（worker），即数据分布的地方，也是分布式计算发生的地方。

有若干种类型的从节点可以为集群提供不同的角色。它们中的大多数将被称为数据节点。也可以有一些主要用于与外部网络接口的从节点，它们被称为边缘节点（edge node）。

集群上的其他服务，例如 Web App Proxy Server 和 MapReduce Job History 服务器，通常运行在专用节点或共享节点上——通常是边缘节点。将它们放置在何处这一决定取决于共享节点资源服务的负载要求。

5.2.5 Hadoop 分布式文件系统

Hadoop 分布式文件系统（Hadoop distributed file system，HDFS）是一种分布在多个服务器上的文件系统，旨在通过低成本商用硬件运行。HDFS 支持一次写入和多次读取的理念，专为大型到超大型文件的大规模批处理工作而设计。

文件被分成块（block）。典型的块大小为 128 MB。HDFS 上的文件被分割成 128 MB 大小的块并分布在不同的数据节点上。HDFS 中文件的存储范围为 GB 到 TB。

HDFS 旨在用于批处理，而不是来自用户的低延迟交互式查询。HDFS 不适用于随着数据更新而频繁更改的文件。新数据通常附加到文件或添加到新文件中。如果有许多小文件，则不利于 HDFS 操作。因此，出于性能原因，通常将文件组合成一个较大的文件。

图 5.6 显示了一般的 HDFS 架构。NameNode 控制文件命名空间，是跨节点的文件操作的看门人。它将跟踪文件块的位置并处理客户端读取和更新文件的请求。

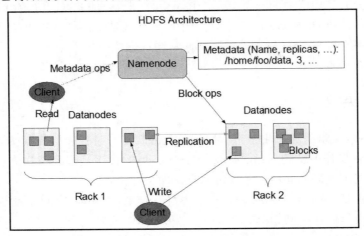

图 5.6　HDFS 架构

资料来源：Apache 软件基金会。

原　　文	译　　文	原　　文	译　　文
HDFS Architecture	HDFS 架构	Rack	框架
Metadata ops	元数据操作	Write	写入
Client	客户端	Replication	复制
Read	读取	Blocks	块
Datanodes	数据节点	Block ops	块操作

HDFS 假设硬件会发生故障，文件会丢失或损坏。它解决这个问题的方法之一是保持文件的多个副本分布在节点上。没有单个节点拥有文件的所有副本。副本数是可配置的，但默认设置为 3 个。HDFS 使用一些智能来确定文件块的位置和分布，以平衡容错和性能。

如果某个节点出现故障，文件块丢失，则 HDFS 会自动从其他节点上的剩余副本生成块的另一个副本来替换它们。这些块分布在其他正常运行的节点上。

NameNode 可以跟踪所有这些操作。出于性能优化的目的，文件块也会四处移动。文件块的实际复制由相互通信的数据节点处理。

为了理解其工作原理，我们将描述写入文件的高级过程。客户端（可能是主节点上的命令行提示符或连接到集群的其他软件）请求写入或读取文件。这个请求被发送到 NameNode，它返回可以检索或写入文件块的节点标识符列表。写入文件时，客户端请求将文件块向列表中的节点写入一次。然后，数据节点通过相互通信将其复制设定的次数。

　　HDFS 文件命令与 Linux 文件系统命令非常相似。

　　以下示例指示 HDFS 获取名为 lots_o_data.csv 的本地文件并将其跨 HDFS 集群分布，具体的复制地址在命名空间/user/ hadoop/datafolder 中。

```
hdfs dfs -putlots_o_data.csv /user/hadoop/datafolder/lots_o_data.csv
```

　　下面的示例会将同一文件在 HDFS 中的分布式形式复制到本地（非 HDFS 单服务器）文件目录中。

```
hdfs dgs -get /user/hadoop/datafolder/lots_o_data.csvlots_o_data.csv
```

　　NameNode 可以抽象出文件片段的真实分布位置。这允许客户使用熟悉的文件夹命名法来解决它，就好像它存储在单个驱动器上的一个文件中一样。命名空间会自动增长以合并新节点，从而增加更多存储空间。

　　文件可以是任何类型，不必是标准格式。用户可以拥有非结构化文件（如 Word 文档），也可以拥有非常结构化的文件（例如关系数据库表的提取结果）。HDFS 与驻留在文件中的数据的结构级别无关。

　　许多与 HDFS 交互以进行分析的工具确实依赖于结构。可以在读取文件之前根据需要应用该结构，也就是所谓的读时模式（schema-on-read）。它也可以在文件本身中写入时被定义，这就是所谓的写时模式（schema-on-write）。

　　schema-on-write 是关系数据库（如 Oracle 或 Microsoft SQL Server）的运行方式。这是 HDFS 与传统数据库系统不同的关键点：HDFS 可以将多个结构应用于同一数据集（读时模式）。缺点是读取数据集的应用程序必须知道并应用该结构才能将其用于分析。有一些开源项目旨在解决需要清晰结构的数据集这一问题，接下来我们将讨论其中两个主要的项目。

5.2.6　Apache Parquet

　　Apache Parquet 是一种数据的按列存储格式，其中数据的结构被合并到文件中。它适用于 Hadoop 生态系统中的任何项目，并且是分析的关键格式。它旨在满足互操作性、空间效率和查询效率的目标。

　　Parquet 文件可以存储在 HDFS 以及非 HDFS 文件系统中。图 5.7 显示了 Apache Parquet 的标志。

图 5.7　Apache Parquet 的标志

　　列式存储非常适合分析，因为数据是按表的列而不是行来存储和排列的。分析用例通常选择多个列并对值执行聚合函数（如求和、平均值或标准差）。当数据存储在列中时，读取操作会更快，而且需要更少的磁盘输入/输出（I/O）。

数据通常以有序的形式存储，以便轻松获取所需的部分，并且仅读取选定列的数据。相反，面向行的格式通常需要读取整行才能获得必要的列值。列非常适合分析，但也存在一些不足，对于事务用例来说它的效果就很差。

Parquet 旨在支持非常有效的压缩和编码方案。它允许对数据集中的每一列使用不同的压缩方案。它还被设计成可扩展的，允许在创造时添加更多编码。

Parquet 文件被组织成嵌套的组件。其中，行组（row group）包含来自数据集的一个部分的所有数据；列数据值被保证彼此相邻存储，以最小化磁盘 I/O 要求。

列值的每个数据集被称为列块（column chunk）。列块进一步划分为页面（page）。文件的尾部和页脚（footer）存储文件的整体元数据和列块。它位于最后，以便创建文件的写入操作可以在一次扫描中完成。这是必要的，因为在将所有数据写入文件中之前，并不知道完整的元数据。图 5.8 表示了 Parquet 文件中的划分。

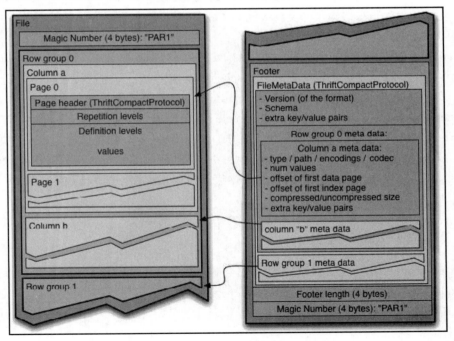

图 5.8　Parquet 文件表示（划分）

资料来源：Apache Parquet 文档。

文件元数据包含正确定位和解释数据所需的信息。有 3 种类型的元数据，它们与关键的嵌套组件相匹配。

- ❑ 文件元数据（FileMetaData）。
- ❑ 列（块）元数据（ColumnMetaData）。
- ❑ 页眉元数据（PageHeaderMetaData）。

图 5.9 显示了元数据的逻辑关系。

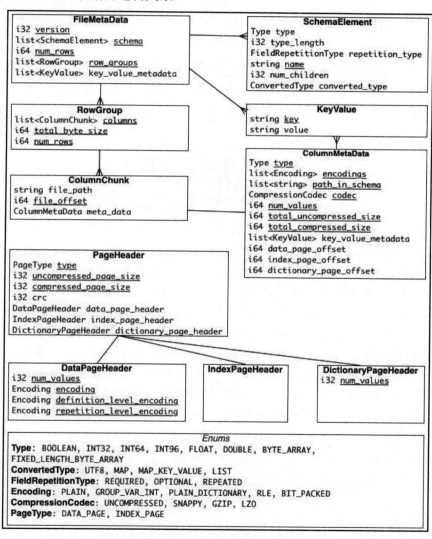

图 5.9　Parquet 文件元数据详细信息

资料来源：Apache Parquet 文档。

　　这里有意将数据类型设计得很简单，以便在使用它的框架中提供更多选项。有关支持的类型（type），请参见图 5.9 中的 Enums（枚举）框。字符串以二进制形式存储，ConvertedType（转换类型）则被设置为 UTF8。

　　建议的行组大小为 512 MB 到 1 GB，相同设置的相应 HDFS 文件块更大，这允许使用一个文件块检索来读取整个行组。Parquet 文件扩展名为.parq。

5.2.7　Avro

　　Avro 是一个 Apache 开源数据序列化系统项目，它的主要特点是支持二进制序列化方式，可以方便快捷地处理大量数据。系统将数据处理成具有一些有用属性的结果容器文件。它使用二进制数据格式以保持文件小巧、紧凑，这也可以提供更快的读取时间。图 5.10 显示了 Avro 的标志。

图 5.10　Avro 标志

　　Avro 数据的结构存储在文件容器中，它支持丰富的数据结构。Avro 文件结构或模式是使用 JSON 定义的。就文件创建而言，这是一个写时模式的过程，好处是客户端应用程序不必生成代码来定义数据结构。这使得将 Avro 文件用于分析变得更加简单，因为用户不需要在分析代码中发现和定义文件架构。

　　有很多 Python 和 Java 库可用于创建和读取 Avro 文件。最有可能的是，用户将使用 Hive（稍后将详细讨论）之类的工具将数据存储到 Avro 文件中。Avro 支持 null（空值）、boolean（布尔值）、int（整型）、long（长整型）、float（浮点值）、double（双精度）、bytes（字节）和 string（字符串）的原始数据类型。它还支持复杂的数据类型，如 array（数组）、record（记录）和 enums（枚举值）。

　　以下是 JSON 模式定义示例。

```
{
    "namespace": "iotexample.avro",
    "type": "record",
    "name": "Sensor",
    "fields": [
        {"name": "sensor_id", "type": "string"},
        {"name": "temperature", "type": ["double", "null"]},
        {"name": "recorded_time", "type": ["string", "null"]}
```

```
    ]
}
```

数据记录在序列化过程中被转换为二进制，也可以被压缩以进一步减小。Avro 文件的文件扩展名为.avsc。

5.2.8　Hive

现在我们将从文件存储格式转向数据处理和检索组件。Apache Hive 是 Hadoop 生态系统中的一个项目，适合分析交互领域。它允许用户使用类似 SQL 的语言编写查询，该语言被称为 Hive 查询语言（Hive query language，HiveQL），它会将查询语句解释为处理命令以在 HDFS 上执行。HiveQL 与 SQL 非常相似，任何 SQL 开发人员都可以立即上手使用。

Hive 架构由用户界面（user interface，UI）、元存储数据库（metaStore database）、驱动程序、编译器和执行引擎组成。这些组件协同工作，可将用户查询转换为操作的有向无环图（directed acyclic graph，DAG），这些操作使用 Hadoop MapReduce（通常如此）和 HDFS 来编排执行和返回结果。

图 5.11 显示了 Hive 架构。

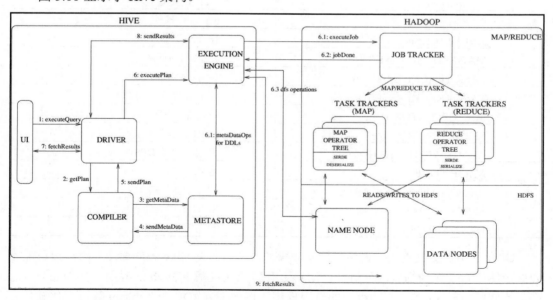

图 5.11　Hive 架构

资料来源：Apache Hive 项目文档。

原　　文	译　　文
1: executeQuery	1：执行查询
2: getPlan	2：获取查询计划
3: getMetaData	3：获取元数据
4: sendMetaData	4：发送元数据
5: sendPlan	5：发送查询计划
6: executePlan	6：执行查询计划
7: fetchResults	7：提取结果
8: sendResults	8：发送结果
9: fetchResults	9：提取结果
UI	用户界面
DRIVER	驱动程序
COMPILER	编译器
EXECUTION ENGINE	执行引擎
METASTORE	元存储数据库
6.1: metaDataOps for DDLs	6.1：用于 DDL 的元数据操作
6.1: executeJob	6.1：执行作业
6.2: jobDone	6.2：作业完成
6.3 dfs operation	6.3：dfs 操作
JOB TRACKER	作业跟踪器
MAP/REDUCE TASKS	映射/归约任务
TASK TRACKERS (MAP)	任务跟踪器（映射）
TASK TRACKERS (REDUCE)	任务跟踪器（归约）
MAP OPERATOR TREE	映射操作符树
SERDE DESERIALIZE	SERDE 反序列化
READS/WRITES TO HDFS	读取/写入 HDFS 中
NAME NODE	名称节点
REDUCE OPERATOR TREE	归约操作符树
SERDE SERIALIZE	SERDE 序列化
DATA NODES	数据节点

　　UI 允许用户提交查询。它还支持其他操作，例如创建 Hive 表的命令。用户很可能不会直接使用它。作为物联网分析师，用户更有可能通过基于 Web 的界面（如 Hue）或通过其他使用 Hive ODBC 驱动程序的应用程序（例如编程 IDE 或 Tableau 等可视化软件）与其交互。

元存储数据库保存有关 Hive 表的信息。Hive 表与提前定义结构的关系数据库表非常相似。Hive 表可以由 HDFS 中的 Hive 管理，也可以定义为指向不受 Hive 管理的数据文件（这被称为外部表）。HDFS 中不需要外部表。Amazon S3 就是一个常见的例子，只要为它创建了 Hive 表定义，就可以存储结构化文件并且仍然可以通过 Hive 进行查询。

元存储数据库可以位于集群内部或远程服务器。如果用户正在创建临时 Hadoop 集群以供临时使用（例如通过 Microsoft HDInsights），则远程数据库可能很有用，因为元数据可以在集群的生命周期之外持续存在，这允许它被未来的集群化身使用。当 Hadoop 用于批处理作业或临时用例（例如实验性分析作业）时，这种情况更为常见。Hive 元存储也可以被其他 Hadoop 生态系统项目使用，例如 Spark 和 Impala。

驱动程序充当协调员。它可以为查询创建一个唯一的会话 ID，将其发送给编译器以制订查询计划，然后将其发送给执行引擎进行处理。最后，它将协调结果记录的获取。

编译器与元存储通信以获取有关查询中表的信息。它将检查类型并制订执行计划。该计划采用 DAG 步骤的形式，可以是映射（map）或归约（reduce）作业、元数据操作或 HDFS 操作。执行计划被传回给驱动程序。

执行引擎根据执行计划将操作提交给适当的 Hadoop 组件。在执行期间，数据存储在临时 HDFS 中，以供计划中的后续步骤使用。当驱动程序发送已提取的请求时，执行引擎会检索最终结果。

以下是一个示例表创建语句。

```
CREATE TABLE iotsensor (
    sensorid BIGINT,
    temperature DOUBLE,
    timeutc STRING
)
STORED AS PARQUET;
```

Hive 表可以支持分区和其他性能增强选项。查询语句与 SQL 语句非常相似，对于大多数简单查询通常无法区分两者。以下是一个示例查询语句。

```
SELECT stdev_samp (temperature) FROM iotsensor WHERE TO_DATE(timeread) >
'2016-01-01'
```

ℹ️ 注意：

以下是使用 Hive 进行物联网分析的一些提示。

（1）避免过多的表连接：在单个查询中连接的表应少于 5 个。如果做不到这一点，则可以将查询分解为多个连续查询，然后这些查询将中间结果构建到临时表中。

（2）使用 Hadoop MapReduce 以外的执行引擎试验 Hive：Tez 上的 Hive 和 Spark 上的 Hive 是两个较新的实现项目，它们通过最小化磁盘 I/O 和利用更多的内存处理来保证更快、更高效的查询处理。

（3）将数据存储在 Parquet 文件中：列式存储可以更好地支持数据分析常用的查询类型。文件压缩也可以减少物联网数据的磁盘空间需求。

5.2.9　序列化/反序列化

在 Hadoop 相关文档中经常会看到 SERDE 这样的字眼（例如，在图 5.11 中就可以看到 SERDE 序列化和 SERDE 反序列化标注）。SERDE 实际上就是序列化/反序列化（serialization/deserialization）的缩写。序列化和反序列化是指如何将文件从保存状态转换为标准化的可读格式。序列化是写入时文件创建的一部分，读取文件时会发生反序列化。这允许文件被压缩并结构化。有关文件内容和数据结构的元数据也可以被保存为文件的一部分。

这是一种从客户端应用程序中抽象出解码文件格式的细节的方法。它还允许多种不同格式在同一环境中无缝工作。其中一些格式甚至可以在后期创建，并且仍然有效。

Hadoop 中的 SERDE 将指向处理文件编码和解码的应用程序。这通常是 Hive 表创建脚本中的设置，脚本将存储在元存储中，稍后在读取模式时由客户端引用。

5.2.10　Hadoop MapReduce

Hadoop MapReduce 是 Hadoop 框架的核心组件。它是一个软件框架，可实现跨集群中节点分布的并行处理。由于人们倾向于将 MapReduce 和 Hadoop 组件的概念互换使用，就好像它们是同一个一样，因此这个话题可能会让人感到困惑。

映射（map）和归约（reduce）的概念将在 5.3 节中介绍。它们不依赖于任何特定的框架或项目。读者可能会阅读到一些暗示 MapReduce 即将消失并被其他技术取代的文章，这种拼写上的差异并没有被清楚地标明（一般来说，人们都不会区分得那么仔细），实际上它们指的是 Hadoop MapReduce 组件而不是映射和归约的概念。

Map 和 Reduce 的概念不会消失，它们已经存在了一段时间，甚至是许多较新的分布式处理框架的关键部分。为了避免混淆，我们将本书中的组件称为 Hadoop MapReduce。

在 Hadoop 组件中，MapReduce 作业通常将输入数据集划分为独立的块。这些块由跨节点的映射任务并行处理，然后对映射任务的输出进行排序并输入归约任务中。

Hadoop MapReduce 可处理任务调度、监控，并在任务失败时重新执行任务。

除非是大数据领域的专业 Java 程序员，否则不太可能直接与 Hadoop MapReduce 进行交互。在大数据分析中，用户更有可能使用其他更高级别的工具，这些工具在后台使用 Hadoop MapReduce。出于这个原因，即使它是 Hadoop 生态系统的核心部分，我们也不会花太多时间来讨论这个组件。

5.2.11　YARN

虽然另一种资源协调者（yet another resource negotiator，YARN）这样的术语名称有点另类，但 YARN 是大多数 Hadoop 组件所依赖的资源分配组件。YARN 的思路是将资源管理与作业调度和监控分开。在 YARN 中，这些是独立的处理单元。

如图 5.12 所示，集群有一个资源管理器（ResourceManager），而有向无环图（DAG）表示的每个作业或一组作业都有一个应用程序管理器（ApplicationMaster），它在节点上运行。作业或作业的 DAG 被称为应用程序。集群中的每个节点还有一个节点管理器（NodeManager）。NodeManager 的工作是监控节点上容器的 CPU、磁盘、内存和网络使用情况（应用程序在节点上运行的容器中执行）。

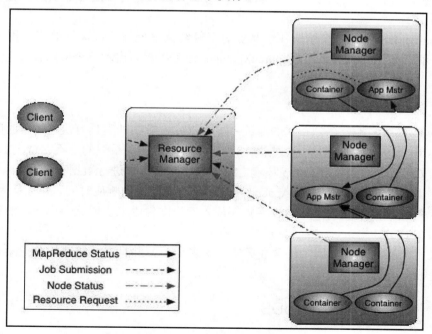

图 5.12　YARN 的架构

资料来源：Apache 软件基金会。

原　　文	译　　文
Client	客户端
Resource Manager	资源管理器
Node Manager	节点管理器
Container	容器
App Mstr	应用程序管理器
MapReduce Status	MapReduce 状态
Job Submission	作业提交
Node Status	节点状态
Resource Request	资源请求

容器是在底层操作系统之上运行的自包含环境，可以将它想象成一个系统中的系统。即使节点之间的底层操作系统配置和软件不同，它们也可以让在容器内运行的应用程序实现操作的一致性。NodeManager 还可以将使用情况的信息报告回 ResourceManager。

ApplicationMaster 负责与 ResourceManager 协商资源，并与 NodeManager 一起操作以执行和监视应用程序任务。此外，ApplicationMaster 还可以与不同节点上的容器交互以执行其应用程序。

ResourceManager 可以根据各个节点的资源约束来处理正在运行的应用程序的资源调度和分配。如果出现故障，ResourceManager 还可以重新启动单个应用程序管理器。

5.2.12　HBase

Apache HBase 是一个分布式的非关系型数据库，旨在处理具有快速响应时间的超大型表。它是一个 NoSQL 类型的数据库，这意味着它是非关系型的，不支持全 SQL 语言进行查询处理。它构建在 Hadoop 环境之上，并使用 HDFS 进行数据存储。

当然，与 HDFS 不同的是，Apache HBase 具有非常快的响应时间，并且是为随机的、实时的读/写访问而构建的。它通过将数据放入索引文件中来实现这一技巧，然后将这些文件存储在 HDFS 中。

如果用户有大型数据集（包含数亿条或更多记录）并且需要快速的单记录查找，则 HBase 是很有用的。

5.2.13　Amazon DynamoDB

Amazon DynamoDB 在操作和用例上与 HBase 非常相似。它可以为用户管理底层资源和存储，用户只需为使用的内容付费即可。DynamoDB 的应用条件与 HBase 相同，在很多情况下都很有用。

5.2.14　Amazon S3

Amazon S3 不仅仅是转储文件的地方。用户可以像使用数据仓库一样使用它，因为它具有高可用性和极强的容错性。S3 存储桶所保存的文件在一年内的可用性为 99.999999999%。

S3 也是一个与 Hadoop 兼容的文件系统，而且用户不必保留 3 个数据副本，因为它已经内置了数据复制功能。

S3 不适用于频繁更新的数据，但它适用于频繁追加的数据。物联网数据往往直接属于后者，因此 S3 运行良好。许多在数据分析方面保持领先的公司都将大型数据集保存在 S3 中，并创建临时 Hadoop 集群以进行处理和分析，然后存储结果，最后终止临时 Hadoop 集群以节省成本。

5.3　数据处理和 Apache Spark

Apache Spark 是一个比较新的项目（至少在大数据领域是如此，它正在以极快的速度发展），可以与 Hadoop 很好地集成，但并不是必须使用 Hadoop 组件才能运行。在 Spark 项目团队的官方页面，Spark 被描述为用于大规模数据处理的快速通用引擎。Spark 的英文本意是"电火花"，暗示它能像闪电一样快速执行集群计算。

图 5.13 显示了 Apache Spark 的标志。

图 5.13　Apache Spark 的标志

5.3.1　关于 Apache Spark

Apache Spark 是为分布式集群计算而构建，是一个围绕处理速度、易用性和复杂分析构建的大数据处理框架，因此一切都可以很好地扩展而无须更改任何代码。

Apache Spark 是一个通用引擎，这里的"通用"一词非常适合它，因为用户可以按多种方式使用 Apache Spark。

用户可以将它用于 ETL 数据处理、机器学习建模、图形处理、流数据处理以及 SQL 和结构数据处理，这是分布式计算世界中分析师的福音。

Apache Spark 拥有 Java、Scala、Python 和 R 等多种编程语言的 API。它主要在内存中运行，这也是 Hadoop MapReduce 速度提升的主要原因。

对于数据分析来说，Python 和 R 是流行的编程语言。与 Apache Spark 交互时，用户可能会使用 Python，因为它得到了更好的支持。Apache Spark 的 Python API 被称为 Pyspark。

本章中讨论的描述和架构适用于 Apache Spark 2.1.0，即撰写本书时的最新版本。

5.3.2　Apache Spark 和大数据分析

Apache Spark 以与 Hive 类似的方式跨集群中的节点运行。用户通过 Apache Spark 执行的作业或作业集被称为应用程序。应用程序在 Apache Spark 中作为跨集群的独立进程集运行。它们由被称为驱动程序的主要组件协调。在驱动程序中运行的关键对象被称为 SparkContent。

图 5.14 显示了一个非常简单的 Apache Spark 的架构图。Apache Spark 可以连接到不同类型的集群管理器，如 Apache Mesos、YARN 或它自己的简单独立集群管理器。YARN 是其中最常见的实现。

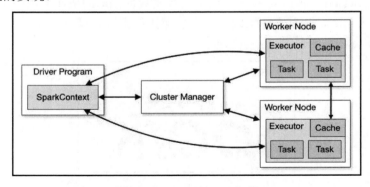

图 5.14　Apache Spark 架构

资料来源：Apache 软件基金会。

原　　　文	译　　　文
Worker Node	工作节点
Executor	执行程序
Cache	缓存

续表

原　　文	译　　文
Task	任务
Cluster Manager	集群管理器
Driver Program	驱动程序
SparkContext	Spark 上下文

通过集群管理器，驱动程序可获取每个工作节点上的资源，该工作节点运行计算并存储数据以支持执行的应用程序，这些是被称为执行程序（executor）的系统进程。执行程序将按照驱动程序的指示处理一个或多个任务。

Spark 上下文（SparkContext）是为每个用户会话创建的，它与其他 SparkContext 隔离。这意味着应用程序彼此隔离。这增加了整体的稳定可靠性，但也意味着不同的 SparkContext 共享数据并不容易。在实践中，这不是什么大问题。

单个 SparkContext 获取的 executor 也是相互隔离的。每个 executor 都在工作节点自己的 Java 虚拟机（Java virtual machine，JVM）上运行。

驱动程序（driver）以 Java JAR 文件或 Python 文件的形式向 executor 发送应用程序代码。然后，它将发送要执行的任务。

driver 必须能够侦听和接受来自其 executor 的传入通信。executor 必须能够相互交谈。集群中的所有组件都应该彼此"靠近"。因此，在直接连接到集群的笔记本式计算机上运行驱动程序（Spark 实例）并不是一个好主意。

将 Apache Spark 安装在与 HDFS 相同的集群节点上是常见且推荐的做法，这可以使处理接近数据并可提高性能。

了解应用程序的哪些部分在 driver 上运行以及哪些部分在工作节点上运行非常重要。driver 位于单个节点上，并且仅限于该节点上可用的 CPU 和内存。因此，操作的数据、内存和计算机要求必须符合这些限制，否则应用程序将执行失败。在跨集群运行良好的情况（集群拥有更多分布式资源）下，如果无意中将其拉回 driver 节点，那么应用程序将会崩溃。

5.3.3　单机和机器集群的比较

设计分布式计算分析需要思考哪些东西可以并行运行，哪些东西必须串行逐步运行。并行运行计算是集群计算系统（如 Apache Spark）中许多速度优势的来源，但这确实需要一些不同的解决思路。

我们可以考虑将数据分析作业拆分为可逐条记录运行或在一小部分记录上运行的操

作，而无须知道完整数据集中其他地方的情况。一个简单的例子是字数统计练习。

假设有数百万行调查结果，需要分析以下调查问题。

"你如何评论本书？"

调查结果存储为每个数据行中的自由格式文本字段。这里需要进行字数统计，以了解受访者使用最多的词是什么。我们希望诸如 fantastic（好极了）和 educational（很有教育意义）之类的词排在前面，而诸如 fraud（骗子）和 time wasting-junk-pile（浪费时间的垃圾堆）之类的词排在列表中靠后的位置。

第一步是将每一行的文本字符串分解成一个单词列表，这可以同时在许多不同的节点上完成。我们将编写执行此操作的 Python 代码，然后将其提供给 Apache Spark 以发送给每个 executor，以便后者可以使用它。这是第一个映射步骤。

下一步是提取每个单词并在其旁边放一个数字，以便稍后对其进行汇总。具体形式如(fantastic, 1)。在目前阶段，数字将始终为 1，因为同一个单词在数据集中出现的频率是一样的。这是第二个映射步骤，这里将使用与我们之前讨论的映射相同的过程。

接下来，结果应该按整个集群中的单词排序，以便更容易计算。这是一个打乱重洗的步骤。然后，每个 Executor 可以将附加到每个单词的数字相加，以获得调查结果上的单词的总数。这会将每个 Executor 的行减少为单个单词的小计。因此，这被称为归约步骤。

最后，在最终的归约步骤中，每个单独的单词将所有小计加在一起以获得集群的总计。

总而言之，这个概念被称为映射/归约（map/reduce）。这是一个非常简单的示例，实际上，Apache Spark 等系统会为用户处理大部分细节。但是，整个概念甚至适用于不直接调用映射和归约的高级应用程序。分析人员应该考虑如何拆分工作以便进行分发，然后将其聚合成一个更小的结果集以便做进一步分析。

5.3.4　使用 Apache Spark 进行物联网数据处理

如前文所述，Apache Spark 非常适合数据分析交互和执行引擎领域。用户可以直接在核心 Spark 对象上编写代码，也可以使用它自带的编程模块。

图 5.15 是可视化的 Apache Spark 模块栈。

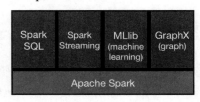

图 5.15　Apache Spark 模块栈

资料来源：Apache Spark。

原　　文	译　　文
MLlib (machine learning)	MLlib（机器学习）
GraphX (graph)	GraphX（图）

Spark SQL 在创建时包含在 SparkSession 中，它允许用户编写标准 SQL，将其解释为 Apache Spark 操作并执行（当然，使用的是 DAG）。用户可以将它与其他 Apache Spark 代码混合使用，这使你可以在适当的时候利用 SQL 的力量和知识，并在适当的地方使用代码，而无须切换语言。

顾名思义，Spark Streaming 是一组允许处理流数据的库。流数据是从一个源到多个源的高吞吐量、一致性的数据发送。Spark Streaming 提供了更高级别的抽象，以便更轻松地分析此类数据。流输入被分解成更小的数据批次，以便使用 Apache Spark 引擎进行分析操作，然后可以存储结果以进行更多的长期分析。

MLlib 是一组经过优化以并行运行的机器学习库和命令。这允许用户使用非常大的数据集进行训练，并且比其他基于 Hadoop 的项目运行速度更快。机器学习算法是高度迭代的，对基于 Hadoop MapReduce 的组件来说，这需要大量磁盘 I/O，而 Spark 主要在内存中运行，因此与磁盘 I/O 相比，它可以大大加快迭代速度。

GraphX 是一组专为图的处理而设计的库。在此语境中使用的术语图（graph）与图表无关，而是专门从事网络分析的数据分析分支，也被称为知识图谱（knowledge graph），比较典型的应用示例就是识别社交网络中有影响力的个体。图由节点（node）和边（edge）组成，边表示节点之间的连接（关系）。

所有这些模块都可以一起使用，也可以在单个应用程序中使用。这允许在同一个工具和编程结构中实现多种应用和灵活性。一切都可以随着集群的大小而扩展。

由于其可扩展性、速度和灵活性，Apache Spark 可以作为很好的提取、转换和加载（ETL）工具，而物联网数据恰恰需要这 3 项操作，所以它们搭配使用效果很好。可以使用 Apache Spark 清洗、处理和增强传入的物联网数据。

Apache Spark 还可以创建一个机器学习管道来训练算法作为上述相同过程的一部分。一个常见的用例是让 Apache Spark 作业（最有可能用 Pyspark 编写）处理用于长期存储的初始 ETL。然后，每天定期运行一组单独的作业，以增强和进一步分析数据（当然，也可以按其他常规日程，不一定需要每天运行）。最后，使用可视化分析工具（如 Tableau 和 Python 中的统计分析库）与生成的数据相关联，以进行更高级的分析。

Spark SQL 模块还与 HiveQL 完全兼容，可以使用 Hive metastore、Hive 用户定义函数（user defined function，UDF）和 SerDe。当 Apache Spark 与 Hive 一起安装在集群上时，有一个 HiveContext 对象可以按原生方式支持集成。

Apache Spark 还可以按原生方式读取和写入 Parquet 格式中。Parquet 文件可以位于 HDFS、S3 或 Apache Spark 可以访问的其他文件系统中。由于 Parquet 在文件中包含模式信息，因此加载和设置分布式数据集进行分析非常简单。

图 5.16 显示了 Spark Hive 兼容性架构。

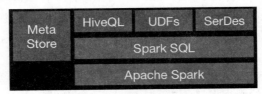

图 5.16　Spark Hive 兼容性架构

资料来源：Apache Spark。

5.4　数　据　流

数据流（steam）是随着每条新数据消息的到达而不断更新的数据集，几乎没有延迟。与批处理相比，流分析以更短的时间间隔在这个不断更新的数据集上运行。实时分析在应用于流分析时有点用词不当，因为时间间隔通常以分钟为单位，而不是持续进行。频率会影响处理和技术要求，因此应尽可能将时间间隔设置为更长的时间段，以节省成本。

5.4.1　流数据分析

流数据集通常将数据保留一段时间，然后将其丢弃。除本章重点讨论的长期大数据存储技术的要求之外，还有专门的技术和处理选项来处理流数据。**Amazon Kinesis** 就是专门的数据流技术服务的一个示例。

支持流数据分析所需的技术和编程代码库通常与长期历史分析所需的技术不同。这意味着大多数用例需要两个系统和代码库。研究人员正在努力试图将其整合为同一个系统，Apache Spark 2.1 是 Spark Streaming 模块的一个明显示例，但该领域的研究尚不成熟。

对于物联网分析，在决定实时流分析是实际需要之前，考虑用例和需要支持的数据集非常重要。当用户寻找业务见解和新的商机时，几乎总是会使用长期的历史数据集。最近一小时或一分钟的数据对这些用例几乎没有任何额外价值。

尽管实时分析很诱人，但用户必须考虑流技术的额外成本和维护是否值得。在物联网分析的大多数用例中，通过增加批处理频率可以更好地解决问题。在合并其他数据集时，用户可以使用的流数据分析与批处理分析进行的操作也存在限制。除非这些数据集也是实时的，否则它们只能用于不太频繁的批处理。

　　总之，当用户需要通过探索性分析以寻找业务见解时，可以使用历史数据集进行批处理分析，但是，如果要将这些分析过程纳入生产流程，则情况可能并非如此。在某些情况下，可能需要近乎实时的分析处理，例如，在将预测模型应用于流传输的传感器数据以预测设备故障时，即需要实时流分析来执行报告，以反馈给由客户支持团队监控的仪表板，使他们能快速做出反应。

　　当然，这只是比较个别的案例，多数情况下，我们仍建议避免添加流分析的开销，除非有强大的商业需求支持这样做。实时分析听起来不错，但需要确保它所增加的收益值得时间和资源方面的额外投入。

5.4.2　Lambda 架构

　　Lambda 架构由一系列数据和处理技术组成，旨在为常规批处理活动和近乎实时的流数据活动提供服务，它允许将两者的结果组合到一个视图中。

　　图 5.17 显示了 Lambda 架构的组成。

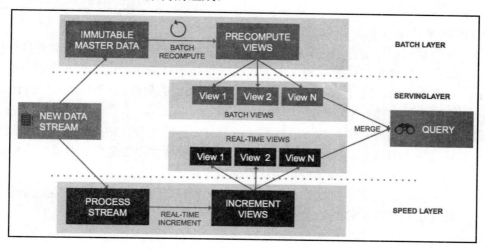

图 5.17　Lambda 架构

资料来源：MapR technologies。

原　　文	译　　文
NEW DATA STREAM	新数据流
IMMUTABLE MASTER DATA	不可变的主数据
BATCH RECOMPUTE	批量重新计算

原　　文	译　　文
PRECOMPUTE VIEWS	预计算视图
BATCH LAYER	批处理层
View 1	视图 1
View 2	视图 2
View N	视图 N
BATCH VIEWS	批处理视图
SERVING LAYER	服务层
MERGE	合并
QUERY	查询
REAL-TIME VIEWS	实时视图
SPEED LAYER	速度层
INCREMENT VIEWS	增加视图
REAL-TIME INCREMENT	实时增量
PROCESS STREAM	处理流

Lambda 架构由以下 3 层构成。

❑ 批处理层：该层保留主数据集和数据的定期批处理，以创建视图并支持链接到服务层的分析、仪表板和报告。主数据集是不可变的，这意味着数据一旦合并就不会更改，并且随着时间的推移会不断附加新的数据。一个长期运行的 Hadoop 集群就是这样一个示例。

❑ 速度层：该层只关注最近的数据（流数据）。它处理在数据新近度方面具有低延迟要求的请求。算法需要足够快并且支持增量才能在速度层中运行。Amazon Kinesis 就是这种能在速度层中运行的技术。

❑ 服务层：该层将索引批处理视图，因此可以按低延迟提供它们。这包括来自批处理层和速度层的批处理视图。

5.5　处 理 更 改

架构、技术和数据模型都将随着时间的推移而不断发展，我们需要决定如何处理这些更改和变化，以保持数据存储和处理架构的灵活性。我们将希望使用彼此分离的工具，以便将未来的分析轻松集成到数据处理流中。

　　幸运的是，Hadoop 生态系统中的组件被有意设计为彼此分离（解耦）。它们允许组件的混合和匹配，并且可以针对尚未创建的新框架进行扩展。云基础设施允许用户轻松测试和整合新技术及软件。

　　用户需要设计一个流程，将自己的分析和数据处理代码从实验、开发和生产环境中分隔。这也适用于整体基础架构。一种常见的做法是保留 3 个独立的环境：一个用于开发，一个用于测试，一个用于生产。

　　为了节省成本，用户可能决定将其减少到两个：一个是混合开发和测试环境，另一个是生产环境。无论采用哪种方式，都需要一个结构化的流程来将自己的想法从最初的思路转变为成熟的标准操作。

5.6　小　　结

　　本章讨论了几种特定于物联网的云基础设施技术，以及处理来自现场设备的流数据的技术。我们还探讨了一些收集和存储物联网数据以便进行分析的策略，介绍了 Hadoop 生态系统和架构，并详细阐释了物联网分析的关键组件。

　　我们还讨论了何时以及为何要使用 Spark 进行数据处理，解释了流处理和批处理之间的权衡，并介绍了相关的 Lambda 架构。

　　最后，我们还简要讨论了如何处理架构、技术和数据模型等的变化从而建立灵活性，以允许未来的分析与数据处理更好地集成。

第6章 了解数据——探索物联网数据

"是的，我知道最近 3 个月的平均值是 45.2，但这究竟意味着什么？我们现在有超过 2 TB 的数据，但它又能告诉我们什么呢？"

你的上司又在倾泻他的负面情绪。他向你提出问题，你不知道如何回答。你的第一反应是从每周报告中喷吐出一连串的数字来砸晕他，但这显然不管用。

"那些数据还是好的吗？"他继续挖苦道，"我们是在数据上构建价值，还是在地下室里堆满垃圾？"

你忍不住想要耸耸肩表示无能为力，但你还是明智地阻止住了自己。虽然你认为数据非常有价值，但实际上你对数据集的了解并不多，除了你被要求提交的报告中包含的数字之外，你甚至不确定各个数据记录的总体外观。你知道平均值指标可以蕴藏很多东西，但从来没有人要求你更深入地进行研究。

你挺直了肩膀，自信地说道："数据当然是有价值的，我们只是还没有关注到它的所有方面。给我一点时间，我会告诉你有关它更多的东西。"

话虽这么说，但是你其实完全没有信心。到目前为止，你并不知道该如何发掘数据中埋藏的商业价值。当然，还是要"装"一下的。

你的上司长长地"哼"了一声，显然他并不是真的买你的账。他转过身，自言自语地沿着走廊离开了。

数据是 21 世纪的剑，持剑者必是善用它的武士。

——摘自 Eric Schmidt 和 Jonathan Rosenberg 合著的 *How Google Works*（《谷歌是如何运营的》）

本章将重点介绍物联网数据的探索性数据分析。读者将学习如何提出和回答有关数据的问题。首先，需要了解数据质量，然后进一步理解数据及其代表的意义。我们将使用 Tableau 和 R 作为示例。读者将学习快速评估数据并开始寻找价值的策略。

本章包含以下主题。

❑ 探索和可视化数据。

➢ Tableau 概述。

➢ 了解数据质量的技术。

➢ 基本时间序列分析。

➢ 了解数据中的类别。

　　　　➤　地理信息分析。
　　❑　寻找具有预测价值的特性。
　　❑　使用 R 增强可视化工具。
　　❑　特定行业示例。
　　　　➤　制造业。
　　　　➤　医疗保健。
　　　　➤　零售业。

6.1　探索和可视化数据

　　任何数据分析工作的第一步，尤其是物联网分析工作，都是要先了解数据。就像结婚之前需要相亲，你需要了解自己所能知道的一切，知道对方的缺点和优点。对于数据来说，你需要了解它的哪些特性可能令人讨厌，并确保你能够忍受这些特性；了解其未来的挖掘潜力，并在为时已晚之前找出所有这些问题，确保它们在可接受的范围内。

　　本节将介绍如何使用一些工具来快速了解样本数据集。我们的示例将遵循深入研究数据以发现其优劣的方法。对于探索和可视化，我们将使用 Tableau。对于更多的统计评估，则使用统计编程语言 R。

6.1.1　Tableau 概述

　　Tableau 是一种商业智能（business intelligence，BI）和数据分析软件工具，可让用户连接到数十种不同的数据库和文件类型，拖放以构建可视化，并轻松与他人共享。

　　Tableau 有两个主要版本：桌面版和服务器版。桌面版是可以安装在笔记本式计算机上的高性能工具，用于连接和操作数据集。服务器版是一个基于 Web 的组件，用户可以在其中发布桌面可视化结果，以供其他人轻松查看和交互。

　　本章将只关注 Tableau 桌面版，因为我们的任务是探索数据而不是交流分析的结果。Tableau 桌面版支持免费试用，用户可以从该公司网站下载，其网址如下。

　　https://www.tableau.com/products/desktop/download

　　使用 Tableau 处理数据的第一步是链接数据集。Tableau 有许多不同的连接器，能够链接各种数据库和文件格式。用户可以将 Tableau 视为查看数据的一个窗口、一种链接和探索数据的方式。但是，它与数据是分开的，用户应该牢记这种区分。

连接到数据后，Tableau 的工作区有 4 个主要部分，如图 6.1 所示。

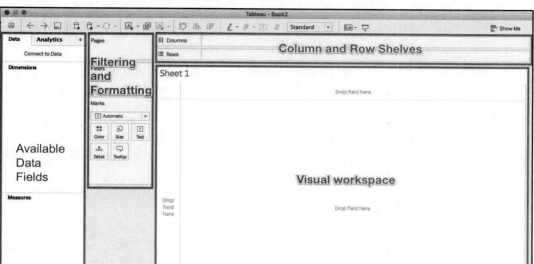

图 6.1　Tableau 桌面版的主视图

原　　文	译　　文
Available Data Fields	可用数据字段
Filtering and Formatting	过滤和格式化区
Column and Row Shelves	列和行选择区
Visual workspace	可视工作区

现在我们来仔细了解一下这 4 个部分。

❑　可用数据字段。在 Tableau 术语中称其为数据窗格（data pane）。此部分将显示链接数据集中的字段。用户还可以创建从其他数据字段计算的附加字段。可以在此处创建自己的类别分组和层次结构。数据字段分为以下两种类型。

➤　Dimensions（维度）。维度是包含类别或标签的字段。确定字段是否应为维度的方式之一是考虑对其值求和或求平均值是否有意义。如果答案是否定的，则最好将其用作维度。例如，客户姓名、细分市场、ID 字段、电话号码、州名和日期等都可以用作维度，对它们求和或求平均值都是无意义的。

> ➢ Measures（度量）。度量指标是一个数字，它不代表一个类别，并且来自一个连续的值范围。这些是用户可以求和或平均值的数字。例如，销售单位数、温度和时间长度等都可以用作度量指标，对它们求和或求平均值是有意义的。

- ❑ 过滤和格式化区。包括 Filter（过滤器）、Pages（页面）和 Marks（标记）等卡片。可以在此处过滤数据记录并确定可视工作区中图表和表格的格式。
- ❑ 列和行选择区。包括 Columns（列）和 Rows（行）区域，在这里用户可以拖动字段以在可视工作区中构建视图。此处列出的字段将位于交互式视图中。
- ❑ 可视工作区。可以显示用户在其他部分的操作结果。用户可以直接挖掘该区域中显示的点或数字后面的数据记录。

6.1.2　了解数据质量

本章用作示例的数据集来自美国国家海洋和大气管理局（National Oceanic and Atmospheric Administration，NOAA）。它是 U.S. 15 Minute Precipitation Data（美国 15 min 降水数据）的子集，我们使用的是美国科罗拉多州从 2013 年 1 月 1 日到 2014 年 1 月 1 日的数据集。用户可以从 NOAA 或 Packt 出版社本书配套网站下载该数据集。从 NOAA 下载数据集时，请务必检查所有可用字段。你也可以下载有关该数据集的文档，其中包含各字段的描述，其网址如下。

https://www1.ncdc.noaa.gov/pub/data/cdo/documentation/PRECIP_15_documentation.pdf

用户可以在学习完本章之后再来阅读该文档，看看它是否与我们在练习中观察到的结果一致。当然，也可以先浏览该文档并做一些笔记，就像老师先帮学生划定考试范围以便让学生在期末考试中考一个好成绩一样。

6.1.3　查看数据

对于不熟悉的数据，应该做的第一件事是以原始形式查看它的一个良好样本。这是一个非常重要且经常被忽视的步骤，即使是经验丰富的分析师也是如此。用户的第一直觉是运行平均值和标准差来寻找趋势，但是，应该抵制这种冲动。

想要先查看文件而不进行任何格式化操作或解释，则需要使用不应用任何格式的软件工具。如果用户有一台 Windows 笔记本计算机，那么只要文件不太大，记事本就是一个不错的选择。请注意，Excel 不适用于此，因为它会将自己的格式和解释应用于文本文件（如.csv）。

在 Mac 或 Linux 机器上，可以使用命令行文本查看工具。在 Mac 上，用户可以打开终端并导航到包含该文件的目录，然后输入命令。

```
cat filename.csv | less
```

按空格键翻到下一屏，然后输入 q 退出。

在 Linux 命令行中可以执行相同的操作。图 6.2 显示了原始数据在 Mac 或 Linux 机器上的外观。Windows 将显示非常相似的格式。

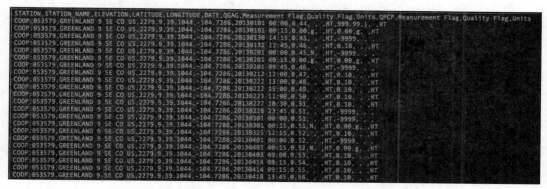

图 6.2 来自 NOAA 美国 15 min 降水数据的示例原始数据

从数据的原始外观中，用户可以了解到一些需要研究的数据和区域的构成。下面列出了一些示例。

❑ 第一行包含字段的名称。这很好，因为我们不必自己提取字段并输入名称。但是，需要确保当文件加载到 HDFS 等数据存储时，第一行不被视为数据行。

❑ 有两个字段（QGAG 和 QPCP）的后面都包含 Measurement Flag（测量标志）、Quality Flag（质量标志）和 Units（单位）。这可能是重复数据，也可能表示字段的顺序相对于另一个字段有意义。当开始分析数据集时，需要知道每个字段的含义并能正确区分它们（相同名称的字段很容易被搞混），因为经过分析工具的处理之后，其顺序可能与文本文件中的顺序不同。

为此，需要在每个字段中找到一些具有不同值的行，然后记下唯一标识它的字段，如 STATION（气象站）和 DATE（日期）。可以在分析工具中使用这些字段来进行区分。

❑ QPCP 字段中的值要么是非常小的正数，要么是-9999：在这里，-9999 不是测量值（还好，用户不会使用它运行平均值）。

❑ Measurement Flag（测量标志）和 Quality Flag（质量标志）字段中有很多缺失值。

需要查看文档以了解这意味着什么。

❑ DATE（日期）时间值不是通用标准格式。这里可能需要进行一些解析以使自己分析工具将该值识别为日期。注意结构（yyyymmdd hh:mm）。

❑ 可能并没有每隔 15 min 的记录。这些行似乎按日期和时间顺序排列，但似乎并不是每隔 15 min 的记录。对整个文件进行排序时，也许能看得更清楚，应该将其记下来，以便在后续步骤中进行研究。

简单浏览一下几个屏幕的数据，看看能不能找到一些模式。如果数据集似乎已排序，则可以转换到另一个源设备，看看值的变化方式。总之，在目前这个阶段，我们并不是要非常科学地了解数据，而是想看看是否有任何明显的模式和数据质量问题。

6.1.4　数据的完整性

由于低功耗传感器的性质和不可靠的连接性，物联网数据通常具有缺失和不完整的值。我们需要了解这种情况发生的频率以及是否存在任何模式。

为了进行初步了解，我们将使用 Tableau 连接示例数据集。建议读者先通过 Tableau 官方网站的入门课程来熟悉一下该软件。

第一步是连接保存天气数据的.csv 文件。在 Tableau 开始界面中，单击 Text file（文本文件）作为数据源类型，然后浏览并选择要链接的文件，如图 6.3 所示。

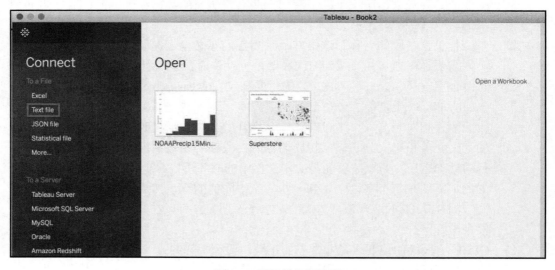

图 6.3　选择数据源类型

现在可以查看一下文件中的列的字段类型。请注意，Date（日期）字段被假定为字符串格式而不是日期时间格式。如果尝试更改此设置，由于该数据中的格式不常见，它将无法被识别。我们需要解析日期（在原始文件查看期间我们就提出了该问题），如图 6.4 所示。

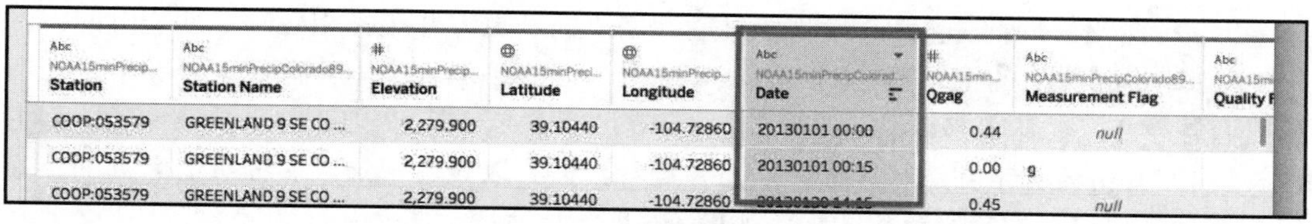

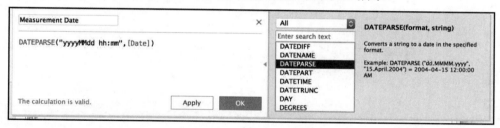

图 6.4　Date（日期）字段需要被正确解析

单击 Sheet1 选项卡以开始在数据中构建视图。我们需要对数据字段进行一些修改，以便能够更轻松探索它们。右击 Date（日期）维度，在弹出的列表中创建并选择 Calculated（计算）字段。调用 Measurement Date 并输入以下计算。

```
DATEPARSE("yyyyMMdd hh:mm",[Date])
```

这将采用上述格式的字符串并将其解释为日期，如图 6.5 所示。

图 6.5　创建计算的日期字段

接下来，我们需要区分重复的字段名称。可以通过右击字段并选择 Rename（重命名）来为字段指定别名。

❑　对于名称末尾不带 1 的字段，在其名称后面加上 Qgag。

　　➢　Measurement Flag 重命名为 Measurement Flag Qgag。

　　➢　Quality Flag 重命名为 Quality Flag Qgag。

　　➢　Units 重命名为 Units Qgag。

❑　对于名称末尾带 1 的字段，在其名称后面加上 Qpcp。

　　➢　Measurement Flag 1 重命名为 Measurement Flag Qpcp。

　　➢　Quality Flag 1 重命名为 Quality Flag Qpcp。

　　➢　Units 1 重命名为 Units Qpcp。

使用之前记下的唯一标识符来验证字段名称是否引用了正确的度量。

（1）将 Station（气象站）字段拖到 Filter（过滤器）卡片上，然后选择记下的气象站之一。

（2）将 Measurement Date（测量日期）字段拖到上方并选择相应的日期和时间。

（3）将测量值的记录数拖到 Marks（标记）卡的 Text（文本）框中。视图中现在应该只有数字 1，它表明该记录是唯一的。

（4）右击该数字并选择 View Data（查看数据）以查看记录。验证重命名列的字段值是否与之前记下的字段值相匹配，如图 6.6 所示。

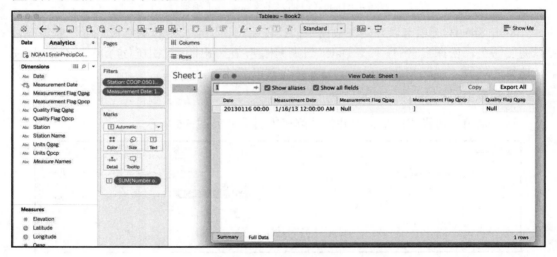

图 6.6　验证字段名称是否引用了正确的记录

（5）将 Number of Records（记录数）值从 Marks（标记）卡移动到 Rows（行）区域。

（6）从 Filter（过滤器）区域中删除所有内容。

通过上述示例，我们假设读者已经初步掌握了 Tableau 的应用。事实上，上述查看方式也可以使用其他可视化软件来完成。

数据的完整性不仅与缺失值有关，还与数据记录的连续性有关。即使所有的值都是完整的，整个记录仍然可能缺失。我们可以通过按日期和时间排列记录计数来检查这一点。如图 6.7 所示，可以按气象站划分以查找没有记录数据的时段。如果每隔 15 min 捕获一次数据记录，那么每天应该找到 96 行（因为(60 min/15 min)×24 = 96）。

如图 6.7 所示，每个气象站每天并没有 96 条记录。记录数每天都在变化，有些日期根本没有记录。一些气象站每月只在第一天报告一次。如果仔细研究这些记录，可以看出它似乎只是测试记录而没有可用的降水值。

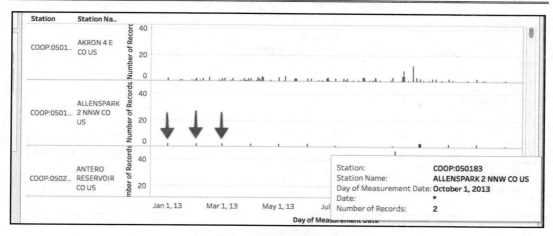

图 6.7　按气象站和日期查看记录计数

这时需要致电工程和现场服务团队，以了解气象站是否按预期进行了报告。如果已经报告了，那么需要知道如何识别仅报告测试数据的气象站，以便可以对它们进行不同的处理以便分析；如果没有报告，那么我们可能偶然发现了一项可以提供的服务。分析团队可以创建一种算法来识别此模式并自动通知客户该气象站未报告数据。

我们可以选择频繁发送记录的气象站之一（如 Akron 4 E CO US），研究个体记录并查看 Qgag 和 Qpcp 测量字段中的值。

❑　Qgag 是在采集记录时测量的容器中降水量的度量。

❑　Qpcp 是在 15 min 内发生的降水量的度量。

我们可以仔细对照一下时间，看看它们是否真的间隔 15 min。数据记录可能仅在有需要报告的情况下发送（换句话说，正在下雨时）。

可以与开发数据采集设备和软件的人员讨论以验证该结论。如果确实如此，那么可能需要为不下雨的时间间隔创建人工记录。这取决于分析的目的。例如，如果要预测降雨的概率，则同时需要不下雨时间和下雨时间的数据。

这就是理解数据集完整性的重要性所在。如果设备运行正常且没有网络问题，那么可以安全地假设没有记录意味着没有下雨。但是，如果设备由于某种原因处于离线状态，则进行这样的假设是不安全的。这样做会使准确预测变得非常困难。

接下来研究一下其他几个气象站并要注意异常情况。例如，我们可能会注意到某些气象站的记录计数在特定日期后会显著改变频率等级。当设备未正确报告但不久之后问题已修复时，可能会发生这种情况。我们需要对此进行调整，可能需要忽略设备修复日期之前的记录以进行分析。

图 6.8 显示了一个记录数显著增加的气象站示例。

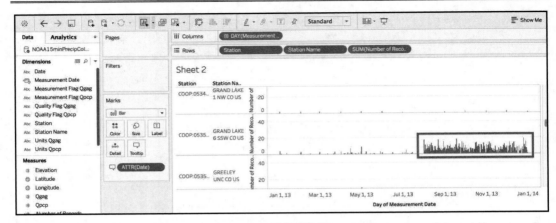

图 6.8　记录数增加的气象站示例

　　注意记录计数中的任何异常峰值。如果这种情况同时发生在多个气象站，可能表明存在数据问题，例如记录重复。它也可能是真实的，因此需要以另一种方式对其进行验证。即使看起来很奇怪，也不要先入为主认为这是一个数据问题。例如，在我们的示例数据集中，可以看到 2013 年 9 月 Boulder 2 CO US 气象站发生的记录数的大幅增长，如图 6.9 所示。

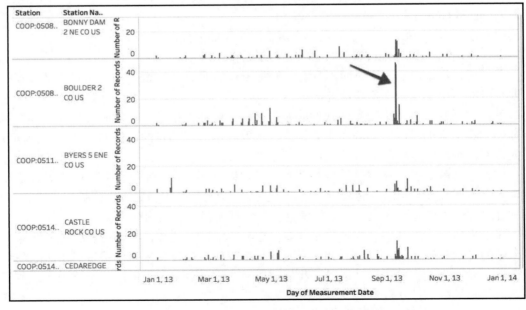

图 6.9　2013 年 9 月 Boulder 2 CO US 气象站的记录数量大幅增长

可以看到，其记录数远远超出该气象站任何其他时期的范围。此外，其他气象站在同一时间也显示出明显的增加值，因此，我们需要考虑这一点以执行进一步探索而不是简单地认为数据出错了。稍后将对此展开更多讨论。

6.1.5　数据的有效性

在完成数据的完整性检查后，检查已有记录中数据的有效性也非常重要。对于Measures（度量）中的每个字段，数据有效性的检查就是寻找远远超出任何其他数据点的异常值，此外还需要检查以高频率出现的特定值。前者可能是错误值，也可以作为测量以外的事件的指标；后者可能是旨在被实际测量值覆盖的默认值。总之，异常值可以有多种解释，我们的目标是确定值和发生的大致频率。

现在来研究一下 Qgag 值的尺度，很明显它存在异常值，在负数端为-9999，在正数端为999.990（在视图中可能被四舍五入到1000）。在每个异常值区域中，可选择数据点以查看单个记录，查看实际值是否始终相同或有一些变化。保持一致的值可能是一些有意设定的指标，而变化则可能是由于计算错误或转换错误导致小数点位于错误的位置。

图 6.10 显示了 Qgag 值的尺度。

图 6.10　Qgag 值的尺度

现在我们可以逐个气象站检查相同的视图。如图 6.11 所示，所有气象站都至少有一个-9999 值，但并非所有气象站都有 999.99。

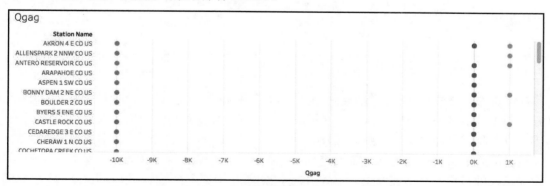

图 6.11　各气象站的 Qgag 值

　　由于这些极值看起来并不是实际读数，因此可以通过将值控制在 0～900 来过滤掉极高值和极低值，然后查看结果以了解各气象站的典型值范围。如图 6.12 所示，它们的值范围为 0～2.4。

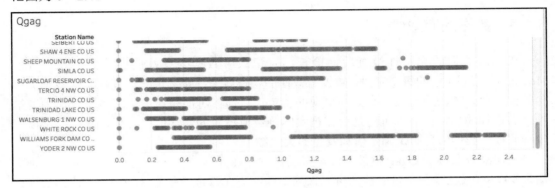

图 6.12　按气象站过滤的 Qgag 值

　　对数据集中的另一个度量 Qpcp 重复相同的过程。可以看到它也具有相同的极值（–9999 和 999.990），只是某些气象站没有–9999 记录。另一个区别是，当 Qgag 值保持连续尺度时，Qpcp 似乎是以 0.1 的增量进行报告，如图 6.13 所示。

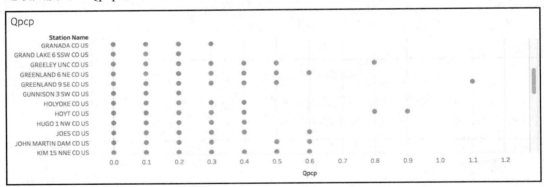

图 6.13　按气象站过滤的 Qpcp 值

　　可以选择一些点并查看各个数据记录，以了解 Qpcp 值是否精确到十分位，或者是否存在图表上不可见的一些变化。在本示例中，所有值都精确到十分位。

　　目前我们已经展示了一些研究数据有效性的方法，但不要局限于已证明的内容。通过尽可能多的头脑风暴方式对数据进行切片和切块，可继续探索数据。必要时，可以与设计工程师讨论预期的测量值范围，并将观察结果与该范围进行比较。也可以参考 2.5 节“分析数据以推断协议和设备特征”中介绍的有关物联网设备图的内容，使用项目的设备图来查找数据中的不一致或失真情况。

6.1.6　评估信息滞后情况

来自物联网设备的数据并不总是以相同的时间间隔到达用户的数据集。一些记录可能会因为设备的位置更近或位于人口较多且连接性更好的区域而被迅速包含在内；而另外一些设备则可能因为处于远程位置，导致在采集观察结果和数据记录成为数据集的一部分之间存在更多延迟。在数据传输路径或将其处理成可用于分析的数据集的 ETL 作业中，物联网设备组之间也可能存在差异。

在对数据应用更高级的分析之前，评估滞后时间的变化非常重要。我们将此称为信息滞后（information lag）。在包含该时间段的所有记录后，较快到达的数据记录可能存在显著偏差。图 6.14 显示了同时发生的事件由于信息滞后而产生的时间上的差异。如果现在分析该数据集，则可能仅包括最底下一行的数据。

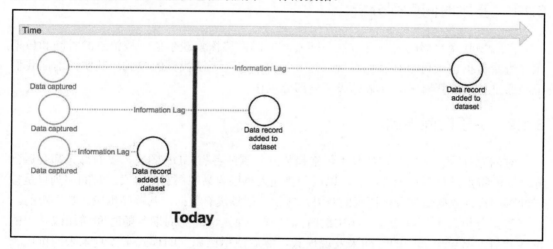

图 6.14　信息滞后导致的时间差异

原　　文	译　　文	原　　文	译　　文
Time	时间	Data record added to dataset	已添加到数据集的记录
Data captured	已采集的数据	Today	今天
Information Lag	信息滞后		

要了解信息滞后的变化，对于用于分析的每条记录，可以从采集观察结果的时间中减去记录添加到数据集的时间。然后创建结果的直方图（分箱条形图）以查看滞后时间的分布情况。

　　将来自低滞后时间分箱的数据与完整数据集进行比较，即可查找到值中的差异。特别要注意的是地理位置。平均值和标准偏差的差异则表明更快到达的数据记录不能很好地代表整个数据集。在分析最近的数据记录时，我们需要构建一个等待时间过滤器，以确保大部分记录都已到达数据集，这样才能得出更有效的结论。

6.1.7　代表性

　　观察到的数据值是否代表真实世界？物联网设备记录的值不仅应在传感器范围内，而且还应该与它们正在现实世界中测量的值保持一致。例如，测量脉搏率的医疗保健物联网设备报告的分布应该与在同一患者的医生办公室观察到的总体分布相似。

　　120 的脉搏率是有效的，但平均值为 120 的分布并不代表正常的患者群体。除非设备仅在剧烈活动期间与人相连，否则该数据可能存在问题。

6.1.8　基本时间序列分析

　　了解物联网数据的另一种方法是随着时间的推移探索观察值。按记录的时间和日期顺序查看数据记录可以让我们发现通过其他方式可能无法找到的模式。其实，前面我们已经通过按日期查看记录计数完成了一部分工作。

6.1.9　关于时间序列

　　时间序列分析很常见，从股市价格趋势到各国或各省 GDP 图表，我们每天都会遇到它。它的特点是直观且无处不在，以至于普通人也很容易明白它的含义。时间序列只是按时间顺序排列数据值并分析模式的结果。即使该间隔没有数据，其顺序也应该是等距的。

　　数据分析人员可以通过一年中的时间（季节性）、商业周期、随时间增加或减少的值（趋势）甚至一天中的时间来发现模式，然后使用已识别的模式来预测未来的价值。本书后面将详细介绍时间序列预测技术。

6.1.10　应用时间序列分析

　　时间序列分析的第一步是决定在探索数据时使用哪个时间间隔。可以选择若干个间隔，在了解物联网数据时这样做是一个很好的选择。可以从每月趋势开始，然后是每周，接着是每天，甚至到每分钟。

　　在本书的分析示例中，将继续使用每日间隔。从 Qpcp 测量开始并按气象站查看它以绘制 Qpcp 的每日总和值。过滤掉几乎可以肯定不是实际测量值的极值（可以在过滤器中使用 0～900）。如图 6.15 所示，我们已经确定了 2013 年 9 月发生在 Boulder 2 CO US 气象站的异常高的记录计数。

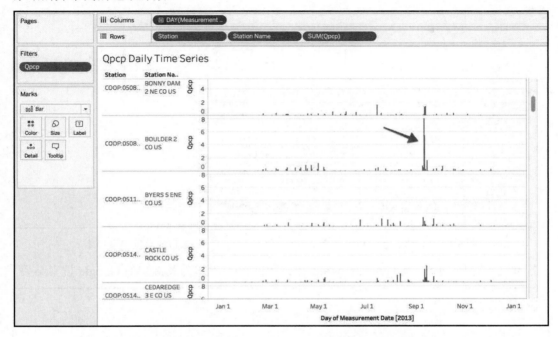

图 6.15　2013 年 9 月在 Boulder 2 CO US 气象站的 Qpcp 值的总和

　　还可以了解到，没有每隔 15 min 时间段的数据记录，并推测数据主要在需要报告降水量时发送。如果假设正确，则一天的 Qpcp 值的总和应表示当天的降水量。

　　图 6.15 显示，2013 年 9 月的几天内，每天的总降水量达到了前所未有的高位。为了检查数据是否有误，我们可以选择时段并查看条形后面的数据记录。检查值和记录的日期时间，似乎并没有记录重复，如图 6.16 所示。

　　目前为止，没有迹象表明该数据有缺陷，尽管记录的数量和总降水值与以往不同。幸运的是，多个新闻媒体和环境机构都在监测天气。如果物联网数据中的值是真实的，那么使用外部来源应该很容易确认。

　　因此，我们可以求助物联网分析专家最强大的工具之一——Google 搜索，看看能找到什么有用的。网络搜索技能对于物联网分析很重要，无论是研究机器学习模型还是理解传感器功能。

　　物联网数据中异常模式的外部确认也是一项必不可少的数据验证实践。这里将其作为一个有趣的示例，但这是我们应该定期做的事情。

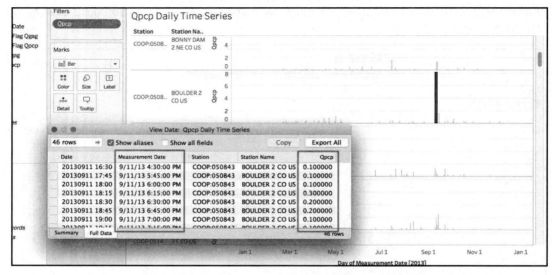

图 6.16　Boulder 2 CO US 气象站 2013 年 9 月 11 日至 12 日的数据记录样本

图 6.17 显示了将 "heavy rain boulder, co 9/11/2013" 作为关键字的 Google 搜索结果。

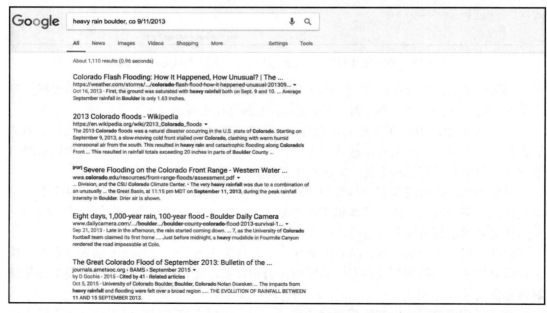

图 6.17　以 "heavy rain boulder, co 9/11/2013" 为关键字的 Google 搜索结果

从上述搜索结果中可以看到，当时 Boulder, Colorado（美国科罗拉多州博尔德地区）确实发生了极端天气事件，降雨量非常大，以至于被称为"千年一遇"。这增加了我们对报告结果准确性的信心。

现在可以将 Qgag 值作为时间序列来探索。如前文所述，Qgag 是测量装置中累积降水量的度量。图 6.18 显示了 Qgag 随时间变化的图表（过滤掉了极值）。

在图 6.18 中可以看到一些有趣的模式。首先是在 2013 年 7 月前后的一段时间内，所有气象站都缺少 Qgag 值。这需要我们拨打一些电话来找出原因。在此期间有数据记录，但是所有的 Qgag 值都为-9999，因此在此视图中被过滤掉了。

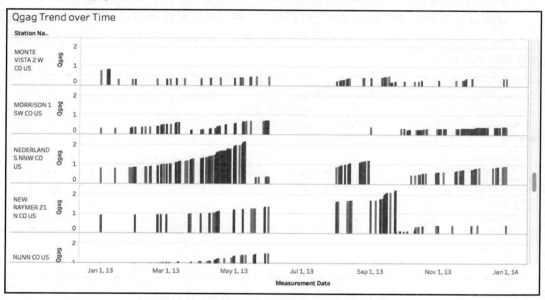

图 6.18　随时间变化的 Qgag 值

第二个有趣的现象是，有一个气象站的 Qgag 值随着时间的推移而增加，并且以不规则的时间间隔突然下降到一个明显较低的值。已知这些值表示累积的降水，那么下降可能表明设备上容纳降水的容器已被清空。

识别这样的模式可以为公司带来一些创造价值的机会。可以开发一个分析过程以识别容器何时需要清空并验证任务已完成。这对于必须派遣技术人员到偏远地区执行工作的客户来说可能很有价值。他们可能非常愿意为公司支付这项服务费，这意味着分析结果可以为公司增加收入而几乎没有任何额外的成本。

6.1.11　了解数据中的分类

现在可以通过识别分类和缺失值来探索数据。如前文所述，数据字段分为 Dimensions（维度）和 Measures（度量）两种类型，其中 Dimensions（维度）就是包含分类或标签的字段，而 Measures（度量）则是包含数字的字段。因此，我们可以将各种 Dimensions（维度）字段拖到 Rows（行）和 Column（列）选择区以查看数据的分类、记录数和缺失值（Null）等，对一些维度进行比较以了解它们如何相互作用。例如，它们是两者同时为 Null，还是看起来毫不相关？

Tableau 允许用户以这种方式快速进行交互，因此可以充分利用它。图 6.19 显示了一个示例，比较了 Qgag 和 Qpcp 的 Measurement Flag（测量标志）字段。可以看到，它们经常同时为 Null 值。

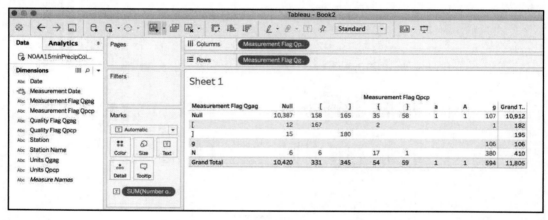

图 6.19　Qgag 和 Qpcp 测量标志的记录计数

6.1.12　引入地理信息分析

当设备位于不同的地点时，地理信息对理解物联网数据非常有帮助。例如，以科罗拉多州丹佛市为中心的 1000 台设备提供的数据值可能与均匀分布在全州的 1000 台设备提供的数据值有所不同。换言之，在数据的统计分析中不明显的模式在地图上显示时可能会变得非常明显。

现在让我们在地图上研究一下气象站降水数据的地理位置。在某些地区是否有比较密集的气象站？如果地理位置分布不均匀，那么基于设备读数计算的该州平均降雨量是否能够代表该州的实际平均降雨量？

图 6.20 显示了 Colorado（科罗拉多州）样本数据的地理分布情况。其中，圆圈的大小代表记录数。

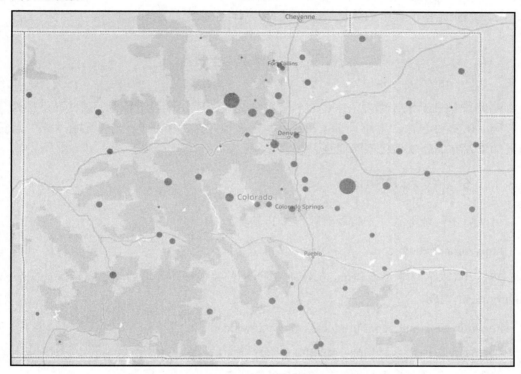

图 6.20　科罗拉多州样本数据的地理分布情况

如果物联网设备的经纬度不可用，则可以考虑使用州/省、电话号码区号、邮政编码或国家/地区等信息，查看地理区域的不同分辨率级别的数据。

还可以在地图上查看值和记录计数如何随时间变化。在 Tableau 中，这可以通过将日期值 Measurement date（测量日期）拖到 Pages（页面）区域来完成。将聚合级别更改为 Month with Year（月份与年份）并移动月份即可观察数据的变化情况。

引入地理信息还可以查找无效的位置数据。如果你已将数据过滤到仅使用墨西哥的国家代码但却看到加拿大的数据点，则可能需要执行一些数据清理工作。

6.2　寻找可能具有预测价值的特性

特性（attribute）是数据字段的另一个名称。它通常在讨论预测分析和机器学习时使用，和它含义相同但是更常用的术语是特征（feature）。首次探索数据集时，如果需要应用机器学习技术，则最好找到可能具有预测价值的特征。

这些特征是似乎会影响测量值的字段或类别，留意它们并记录下来。

6.3　使用 R 语言

R 是一种开源统计编程语言。它具有多种强大的库，这些库易于下载并易于插入分析代码。R 软件包由大量统计学家和数据科学家社区开发和维护。它非常强大，并且可通过频繁发布的新软件包不断增强。

6.3.1　安装 R 和 RStudio

可从以下网址下载并安装最新版本的 R 软件。

https://cran.rstudio.com/

然后，从以下网址安装 RStudio，这是一个 R 的集成开发环境（Integrated Development Environment，IDE）。

https://www.rstudio.com/products/rstudio/download/

上述两款软件都是开源的，可以免费下载和使用。RStudio 由位于波士顿的 RStudio 公司管理，该公司还提供付费支持和软件的企业版。

6.3.2　使用 R 进行统计分析

本示例将使用 datasets 包，它有各种各样的样本数据集。在 RStudio 中，可使用 Packages（软件包）选项卡来验证 datasets 包是否在列表中，并且其旁边是否有一个复选标记。Packages（软件包）选项卡位于界面右下角。

如图 6.21 所示，单击 Import Dataset（导入数据集）按钮，选择 From CSV（从 CSV），导入我们之前一直在使用的 NOAA 15 min 科罗拉多州降水数据集。单击 Browse（浏览）按钮，选择 NOAA15minPrecipColorado.csv 文件，查看 Data Preview（数据预览）和 Code Preview（代码预览），然后单击 Import（导入）按钮。

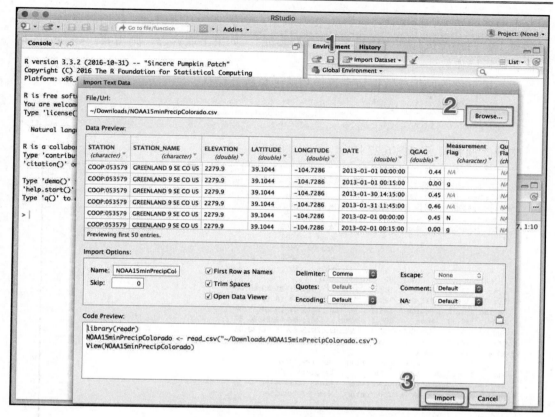

图 6.21　导入数据集

请注意生成的代码，它会加载数据。我们还可以将其用作模板来加载数据文件，而无须通过 GUI 菜单。

```
# 引入用于读取文本文件的代码库
library(readr)

# 加载 15 min 降水数据集
NOAA15minPrecipColorado <-
read_csv("~/Downloads/NOAA15minPrecipColorado.csv")

# 在 RStudio 窗口中显示数据集
View(NOAA15minPrecipColorado)
```

代码将加载数据文件，然后执行 View()函数以将其显示在表格窗口中。我们将在左上方窗格中看到数据。在左下方窗格（控制台）中，可以查看到在加载和解析数据集期间发生的任何错误。这也将提供有关 R 如何解释数据列的有用信息。我们需要确定数据错误对于我们正在执行的分析是否是可以容忍的。如果不能容忍，则需要一些额外的格式化和解析操作。

运行以下代码以生成数据集中每一列的汇总统计信息。

```
# 对加载的数据运行摘要统计
summary(NOAA15minPrecipColorado)
```

生成的摘要信息如图 6.22 所示。

```
Console ~/
> summary(NOAA15minPrecipColorado)
   STATION            STATION_NAME          ELEVATION
 Length:11805        Length:11805        Min.   :1062
 Class :character    Class :character    1st Qu.:1579
 Mode  :character    Mode  :character    Median :1885
                                         Mean   :1993
                                         3rd Qu.:2469
                                         Max.   :3051
                                         NA's   :15

    LATITUDE           LONGITUDE            DATE
 Min.   :37.07      Min.   :-109.0      Min.   :2013-01-01 00:00:00
 1st Qu.:38.90      1st Qu.:-105.9      1st Qu.:2013-04-18 13:00:00
 Median :39.25      Median :-105.1      Median :2013-07-29 20:15:00
 Mean   :39.30      Mean   :-105.1      Mean   :2013-07-09 21:05:57
 3rd Qu.:40.04      3rd Qu.:-104.1      3rd Qu.:2013-09-15 16:30:00
 Max.   :40.93      Max.   :-102.1      Max.   :2014-01-01 00:00:00
 NA's   :15         NA's   :15
      QGAG            Measurement Flag     Quality Flag
 Min.   :-9999.00   Length:11805        Length:11805
 1st Qu.:    0.33   Class :character    Class :character
 Median :    0.72   Mode  :character    Mode  :character
 Mean   :-1609.72
 3rd Qu.:    1.09
 Max.   :  999.99

    Units               QPCP            Measurement Flag_1
 Length:11805        Min.   :-9999.0   Length:11805
 Class :character    1st Qu.:-9999.0   Class :character
 Mode  :character    Median :    0.1   Mode  :character
                     Mean   :-3211.8
                     3rd Qu.:    0.1
                     Max.   : 1000.0

 Quality Flag_1       Units_1
 Length:11805        Length:11805
 Class :character    Class :character
 Mode  :character    Mode  :character
```

图 6.22　生成的摘要信息

注意 Min（最小值）和 Max（最大值）这两个极值。我们已经在 Qgag 和 Qpcp 中发现了这一点。我们认为它们可能是一个指示标志，而不是实际测量值。因此，可以通过一些数据操作来删除这些值。如果还没有 R 包 dplyr，可以通过运行以下代码或使用

RStudio GUI 来安装它。dplyr 包对于数据操作非常有用，并且经常用于 R 分析。

```
# 在笔记本式计算机上安装 dplyr 包
install.packages("dplyr")
```

在安装 dplyr 后，即可运行以下代码以过滤掉具有 Qgag 或 Qpcp 极值的数据行。该代码还将重新运行摘要统计信息。

```
# 引入 dplyr 代码库
library(dplyr)

# 过滤数据集中包含极值的记录
NOAAfiltered <- filter(NOAA15minPrecipColorado, QPCP > 0, QPCP <900,
QGAG >0, QGAG<900)

# 对过滤后的数据集副本运行摘要统计
summary(NOAAfiltered)
```

现在的摘要信息如图 6.23 所示。

```
> summary(NOAAfiltered)
   STATION           STATION_NAME        ELEVATION        LATITUDE        LONGITUDE
Length:5076        Length:5076        Min.   :1062    Min.   :37.07    Min.   :-109.0
Class :character   Class :character   1st Qu.:1532    1st Qu.:38.85    1st Qu.:-106.4
Mode  :character   Mode  :character   Median :1885    Median :39.41    Median :-105.1
                                      Mean   :1935    Mean   :39.27    Mean   :-105.2
                                      3rd Qu.:2352    3rd Qu.:40.04    3rd Qu.:-104.1
                                      Max.   :3051    Max.   :40.93    Max.   :-102.1
      DATE                              QGAG          Measurement Flag  Quality Flag
Min.   :2013-01-11 05:30:00    Min.   :0.0100    Length:5076       Length:5076
1st Qu.:2013-04-18 10:56:15    1st Qu.:0.4600    Class :character  Class :character
Median :2013-08-12 01:15:00    Median :0.7400    Mode  :character  Mode  :character
Mean   :2013-07-13 06:10:00    Mean   :0.8376
3rd Qu.:2013-09-18 20:15:00    3rd Qu.:1.1500
Max.   :2013-12-30 03:30:00    Max.   :2.4000
   Units              QPCP         Measurement Flag_1 Quality Flag_1      Units_1
Length:5076        Min.   :0.1000  Length:5076       Length:5076       Length:5076
Class :character   1st Qu.:0.1000  Class :character  Class :character  Class :character
Mode  :character   Median :0.1000  Mode  :character  Mode  :character  Mode  :character
                   Mean   :0.1095
                   3rd Qu.:0.1000
                   Max.   :1.2000
```

图 6.23　重新生成的摘要信息

可以看到，现在的 Mean（平均值）、Median（中位数）和 Quartile（四分位数）更能代表真实世界的降水值。

在实践中，当存在缺失或无效的值时，需要仔细检查数据集并决定删除整个数据记录或者用其他值替换该值。当过滤掉该行时，将丢失其他可能包含有效值的字段。我们的决定应取决于我们正在进行的分析类型，应三思而行。

6.4　数据探索初步结果

目前为止，通过对数据进行一些快速切片，我们了解到该数据集并没有每个气象站的完整历史记录。我们发现，当有需要报告的内容时，才会发送记录，并且没有每隔 15 min 的完整记录。我们发现有些气象站仅在每月第一天报告一次。

我们检测到了一种潜在的有用模式，即随着时间累积的降水水平；在数据中发现了一个极端事件，并通过谷歌搜索验证了该事件。我们还使用 R 语言了解了数据中每个字段的值的统计分布。

我们探索了气象站的地理分布情况，了解到气象站在科罗拉多州的分布并不均匀（尽管对于所覆盖的区域范围来说还不错）。我们还确定了一些似乎仅充当指标而不是测量结果的数据值（-9999、999.990）。总而言之，我们对未知数据集了解了很多。

现在我们将阅读数据集文档，以确定对极值的判断是否正确。通常来说，这是首先要做的事情，但将其保留到最后会使本章的练习更有趣。

通过阅读数据集的说明文档可知，有一个值表示降水积累的开始和结束。根据文档的说明，该值为 99999，并且与 a 或 A 的测量标志保持一致。

但是，我们通过查看数据知道，数据集中的任何地方都没有 99999 这个值。尽管列出的其他类别似乎存在，但也没有 a 或 A 的测量标志。当然，我们确实观察到有些值（-9999、999.990）似乎代表了这种意图，因为说明文档中的任何地方都没有提到其他特殊值。

这是物联网数据的重要一课，那就是：说明文档可能是错误的。因此，对于数据告诉你的东西，要始终进行检查，信任也是需要验证的。

当然，设备之间的逻辑实现也可能不一致，从而导致各种值的混合，这可能就是本示例所发生的情况。

6.5　解决特定行业的分析问题

接下来，我们将讨论一些特定行业的物联网数据探索和分析问题。

6.5.1　制造业

对于制造业产生的物联网数据，记录值的准确性尤为重要。因此，分析人员需要探索异常值的数据并仔细分析其分布，必要时还可以与制造业过程专家一起验证你看到的所有数据范围和分布。

确保测量值尽可能准确有两重好处。首先，为检测问题而创建的任何机器学习模型都将因此而更加准确；其次，由于无效数据而导致的误报可能会带来很高的惩罚。

例如，在调查误报问题期间，生产线和产品交付可能会暂停，而这在制造业中的成本是很大的，停机往往会造成巨大的损失。

更有害的是，误报的长期影响往往是公司管理层完全拒绝分析，因为他们不再信任这些数字。从长远来看，这可能会给公司带来更大的成本。

对于产品交付并运行后产生的物联网数据，产品的使用年限是关键。许多问题都与产品的使用时间有关，无论是生命早期（如婴儿死亡率）还是生命晚期（如机器磨损）的问题均如此。因此，在探索性分析中，需要仔细跟踪和调查时间特征。

其他需要注意的事情还包括：许多缺乏经验的分析人员会按生产周期对总体进行分组并通过将故障数量除以建造的单元数量来计算故障率。故障通常由物联网设备传达故障代码或测量值异常确定。但是，这种方式有一个问题，而且是一个大问题。

为什么这样说呢？

由于较早建造的单元有更长的运行时间，因此它们有更多的机会经历故障，而新建单元的机会则较少。设备将持续老化，一个生产周期的平均运行时间只会随着时间的推移而增长。由于数据集不完整，因此故障率在产品使用寿命中实际上是不平衡的。

对于具有相同实际故障率的总体来说，将旧组与新组进行比较时，其故障率似乎会下降。如果查看到显示这些趋势的图表，那么结论往往是问题已经得到纠正，故障率下降了。这是一个麻烦，它将阻止你解决问题，因为管理层认为不需要这样做。这最终可能是一个非常昂贵的错误。

为避免此问题，在比较不同生产周期时，需要按运行时间量来标准化故障率。如果按运行时间来衡量，则应按等效运行时间来比较故障率。仅在计算中包含截至该时间的故障，并确保所包含的单元至少已使用那么长时间。

还有其他一些将运行时间考虑在内的技术，例如韦伯分析（Weibull analysis）方法和服务时间矩阵（time-in-service matrix）方法（超出了本书的讨论范围）。这里的关键信息是在计算故障率时要密切注意运行时间。

6.5.2　医疗保健

医疗保健物联网分析与制造业物联网分析有很多共通之处。其报告值的准确性极为重要，而设备的使用年限是与多种健康问题相关的关键因素。当然，与努力制造一致和可重复流程的制造业不同，医疗保健更重视单位（人）的变化。

这使得环境因素、位置和人口统计更加重要。在制造业中，流程的变化可能会立即影响一切，但在人类生活中，引起变化的因素则要复杂得多，而趋势则需要更长的时间才能影响整个人群。这使得问题的检测更加困难，因此，复杂的统计技术对医疗保健分析更有价值。

物联网设备记录的值越准确，数据采样周期越一致，高级分析的性能就越好。与被测人群的预期值相比，要特别注意数据值分布。

6.5.3　零售业

零售业中的分析问题集中在位置、人口统计和时间等因素上。在 Tableau 等软件中使用地理（位置的纬度和经度）探索数据增加了发现可用于实现商业价值的模式的可能性。

当通过地理信息进行探索时，还可以将数据与该地区的经济指标结合。可以结合物联网数据探索该地区人口的数据集，零售数据的日期和时间值需要特别准确。白天的人流量会影响销售。物联网时间值需要额外分析以确保准确性。

在已知位置的情况下，结合准确的时间值可以计算出正确的当地时间，甚至还可以查询到当时的天气状况。结合当地交通模式和日光量，可以为最终预测模型提供关键特征。这样的模型也许能帮助提高销售额。

季节性影响也是零售分析的一个关键因素。借助准确的时间和位置，可以分析相应的物联网数据，以发现与天气相关的有助于提高销售的模式。

6.6　小　　结

本章详细阐释了探索物联网数据，以便更好地理解它的步骤。我们讨论了审查原始数据的重要性，介绍了 Tableau 软件及其探索和可视化数据的操作。

本章还介绍了 R 和 RStudio，它们是对数据集进行统计分析的强大工具。

最后，本章还讨论了一些特定行业的物联网分析的注意事项。

第 7 章　增强数据价值——添加内部和外部数据集

"如果有钱的女人喜欢自己的房子更凉爽该怎么办？"

你的上司刚刚问了你这么一个奇怪的问题，这通常意味着一件事：他被某高管的无聊想法缠住了，现在他反手就把这个问题甩给了你。那么你又该如何回答这样的问题呢？要不要先做一个市场调查？

"有意思的问题，你怎么想到的？"你问。

"约翰，高级销售副总裁，说他的妻子夏天时喜欢保持房子的凉爽，"他回答说，"所以我们不得不考虑，也许有钱的女人喜欢更凉爽的环境。如果是这样的话，那么我们也许应该向女性而不是男性推销新款顶级恒温器。"

你点点头表示赞同，但是内心却不以为然，在没有看到切实的市场调查数据之前，你并不认为这是一个好主意。

"我们甚至在讨论将顶级恒温器的面板外壳改成粉色以使其更讨女人的欢心，安娜正在给它定价，"他继续说道，"以你在数据分析方面所做的出色工作，我想回答这个问题对你来说只是小菜一碟。所以我告诉约翰，这事交给我们就可以了！"

你将如何回答这个问题？你只有物联网设备上的数据，而没有有钱女人的收入水平，要怎样才能了解她们的需求？

本章将介绍如何通过向已存储的物联网数据添加额外的数据集来增强其价值。这种有价值的数据补充既可以来自组织内部，例如制造业数据或客户关系管理（customer relationship management，CRM）数据；也可以来自组织外部，例如由官方权威机构发布的经济或人口数据集。读者将学习如何寻找有价值的数据集并将它们结合起来，以增强未来的分析能力，并找到未被发现的商业价值。

本章包含以下主题。

❑　从组合数据集中提取价值的常见策略。

❑　内部数据集。

➢　客户资料。

➢　生产数据。

➢　现场服务数据。

➢　财务数据。

❑　外部数据集——地理信息。

> ▷　高程。
> ▷　天气。
> ▷　地理特征。
> ▷　地图 API。
> ▷　交通。
- ❑　外部数据集——人口统计。
> ▷　人口普查统计。
> ▷　世界概况。
- ❑　外部数据集——经济。
> ▷　全球经济数据。
> ▷　美联储美国时间序列。
> ▷　使用代码和 API 添加数据。

7.1　添加内部数据集

物联网数据本身只是分析领域的元素之一，我们还可以使用大量其他有用的数据，这些数据可能具备隐藏价值。作为快速增强物联网数据的一种方式，内部数据集往往被忽略。它们其实是一个很好的起点。作为一名分析人员，不应孤立地看待物联网数据，而应将其视为已存储的有关公司产品、客户和流程的数据的延伸。

可以将数据组合到业务的全方位视图中，以最大限度地利用它们，在其中发现新的价值。对于企业数据分析人员来说，最快和最容易开始的地方通常是他们唾手可得的内部数据集（当然，也并不总是如此）。

之所以说并不总是如此，是因为也有可能遇到来自内部数据安全和陈旧系统的阻碍，这有时会使提取内部数据与物联网数据相结合变得非常困难。在这种情况下，内部数据集反而不容易使用。相反，外部数据集一般不会出现这种绊脚石，它们往往更容易获得并且安全问题更少，因为它们是公开可用的。

无论采用哪种数据，它们的潜在价值都值得我们克服这些障碍。

在决定将哪些内部数据集与物联网数据集成时，不妨考虑哪些数据有助于解释传感器值的异常变化或与数据中的模式相关联。这些数据集更有可能帮助我们发现商业价值。公司内部有许多数据集都可以帮助我们挖掘价值；接下来将讨论以下 4 个方面的数据。

- ❑　客户资料。
- ❑　生产数据。

❏ 现场服务数据。

❏ 财务数据。

1．客户资料

整合有关客户的信息对于从物联网数据中发现价值非常重要。可以对客户地址等信息进行地理编码以获取纬度和经度坐标，这可用于设立设备位置时的参考，并且允许构建另一层的分析。

了解诸如性别、年龄或收入水平等信息也可以帮助识别其他方式看不到的模式。对于工业客户而言，了解物联网设备安装在哪些装备上、具体有哪些应用，可能是揭示数据中隐藏模式的关键。由于上述原因，客户信息应位于内部数据集列表的顶部，作为与物联网数据相结合的重点。

2．生产数据

作为物联网数据来源的设备生产信息也很有价值，因为故障通常与组装设备的制造日期、工厂和生产线有关。此外，子组件和第三方部件也常与设备标识符相关联。

如果不能直接获得生产时间，生产数据也可用于估计现场时间。这可以通过使用制造日期作为起点并估计销售时间和现场操作时间来完成。不同的装备配置信息也可用于对其他数据（你可能没有的）进行假设。

例如，如果有一家公司是制造车辆的，而红色闪光灯仅用于消防车制造，那么，即使你没有直接在客户数据中获得此信息，也可以将这些车辆的客户归类为消防部门。

3．现场服务数据

技术人员维修访问、维护记录和呼叫中心日志数据集是另一个从数据中挖掘价值的好地方。维修工作或投诉电话等关键事件可能与物联网数据中的异常模式相关联。

维护记录有助于开发预测性维护模型。它还可能与设备故障预测模型相关联。呼叫中心日志则可以用于挖掘物联网数据事件的属性，而不仅仅是报告数字或分类值。自然语言处理（natural language processing，NLP）可以用于从文本数据中提取特性。

例如，对于一家提供天然气的公用事业公司，通话记录文本中的短语 rotten egg（臭蛋）对应于物联网数据中低气压的模式，可能暗示正在发生气体泄漏。在进行分析时，可以通过此类特性识别未来物联网数据记录中的模式。

4．财务数据

收入和成本之间的差额就是利润。对利润的预期是物联网系统大多数投资的驱动力。将客户付款（收入）和公司费用（成本）与物联网数据集联系起来可以揭示潜在的价值机会。

我们可能会发现，在物联网数据中可识别的某些事件之后，客户会在你的产品上花钱。这可能是延长保修或维修零件。我们可能还会发现，客户并没有按照我们的预期花钱。其中一个例子是物联网数据表明零件故障，但客户没有购买相应的零件。这意味着维修零件是从其他商家那里购买的（或者维修人员虚报维修单），通过物联网数据和财务数据的结合，可以轻松发现这种情况。

7.2　添加外部数据集

有许多有用的外部数据集可供下载并集成到物联网分析中，并且它们通常是免费的。这些内容非常多，无法进行详尽的介绍，因此我们将重点介绍一些有用的示例。这些数据集是提高物联网数据价值的一种很好的低成本资源。

7.2.1　外部数据集——地理

物联网设备分布在许多位置，因此位置现在就是一个特征，可以让我们在数据中找到模式，然后从中获利。自然环境、某个地区的人口统计数据、当地经济状况和天气等都可以与设备的地理位置相关联。因此，使用地理数据集有助于提高物联网数据的潜在价值。

我们将介绍与地理信息相关的以下特征。
- ❑　高程。
- ❑　天气。
- ❑　地理特征。
- ❑　地图 API。
- ❑　交通数据。

1．高程

在许多情况下，高程高度可能是一个重要的特征，因为它与设备的操作条件和周围环境有关。即使设备没有移动，知道它的高度仍然很有价值。例如，智能烤箱的制造商肯定想知道高程，因为它会影响烘焙时间和特性。

我们将介绍以下高程数据集。
- ❑　SRTM 高程数据。
- ❑　美国国家高程数据集。

1）SRTM 高程数据

2000 年 2 月，美国奋进号航天飞机发射升空，专门配备了两个雷达天线，其任务是绘制全球大部分地区的地形图。如图 7.1 所示，其中一个雷达天线位于航天飞机舱内，另一个位于约 60 m 长度桅杆的末端。一旦航天飞机进入轨道，桅杆就会伸出。当航天飞机在地球上空运行时，组合雷达即可扫描地球。

图 7.1　运行中的 SRTM 假想图

资料来源：NASA/JPL-Caltech。

该任务被称为航天飞机雷达地形任务（shuttle radar topography mission，SRTM），在其 10 天的运行中，收集了迄今为止最完整的近乎全球的高分辨率高程测绘数据集。这是由美国国家地理空间情报局（National Geospatial-Intelligence Agency，NGA）和美国国家航空航天局（National Aeronautics and Space Administration，NASA）领导的一项国际任务。

该任务使用两套雷达设备捕获数据：一套被称为 C 波段，另一套被称为 X 波段。C波段数据由加利福尼亚的喷气推进实验室处理了两年多，分辨率稍高的 X 波段数据由德国航空航天中心（Deutsches Zentrumfür Luft- und Raumfahrt，DLR）处理。2015 年，该任务获得的全球数据全面发布。

该数据的分辨率在全球范围内为 90 m，在美国为 30 m。该数据集可从美国地质服务局（U.S. Geological Services，USGS）网站下载，其网址如下。

https://lta.cr.usgs.gov/SRTM

还有 R 和 Python 包用于处理 SRTM 数据集的下载和操作（GitHub 上的 SRTM.py 就

是一个例子）。建议读者使用其中一个而不是完整数据集，除非有一组非常大的位置集合要一次性添加高程数据。

2）美国国家高程数据集

美国国家高程数据集（National Elevation Dataset，NED）是一个覆盖美国的高分辨率高程数据集，包括阿拉斯加、夏威夷和美国托管领土岛屿。它由美国地质服务局（USGS）管理，大约每 2 个月更新一次，以包含新的和改进的数据。数据是从不同的来源组合而成的，并转换为通用坐标系和高程比例（m）。

在某些区域，分辨率为 90 m～3 m（1/9"）。使用了处理和插值技术生成无缝数据集以实现全覆盖。整个数据文件集相当大；USGS 有一个地图查看器，可帮助识别下载数据子集的区域。

NED 包括以下系列产品。

❑　NED 3：此数据具有最高分辨率（1/9"，约为 3 m），但覆盖范围有限。

❑　NED 10：该数据具有高分辨率（1/3"，约为 10 m），由多个数字高程模型（digital elevation model，DEM）创建。来源可以包括激光雷达和航空摄影。

❑　NED 30：该数据集覆盖范围广，分辨率适中（1"，约为 30 m）。它由重采样到 1"的多个 DEM 组装而成。

❑　NED 60：这是最低分辨率的数据（2"，约为 60 m）。它增加了对阿拉斯加某些地区的覆盖范围。

NED 对于更高精度的高程数据需求很有用，缺点是它的覆盖范围仅限于美国。只要用例可以接受分辨率，笔者建议尽可能使用 SRTM。数据集之间的高程值会有所不同，但总地来说，笔者发现它们具有相当的可比性。

NED 数据可以使用以下地图查看器工具下载。

https://viewer.nationalmap.gov/basic/

图 7.2 显示了 NED 10 数据的覆盖范围。其数据文件是 GIS 格式，我们将在后面的章节中进一步讨论该格式。读者也可从 FTP 站点直接下载文件，其网址如下。

ftp://rockyftp.cr.usgs.gov/vdelivery/Datasets/Staged/Elevation/

图 7.2 显示了地图和下载界面，NED 10 覆盖率以橙色显示。

2. 天气

与天气相关的数据有很多来源，既有付费的，也有免费的。美国国家海洋和大气管理局（National Oceanic and Atmospheric Administration，NOAA）有多个免费数据集可供下载。从气候数据到每日平均值，有很多有用的信息可供选择。

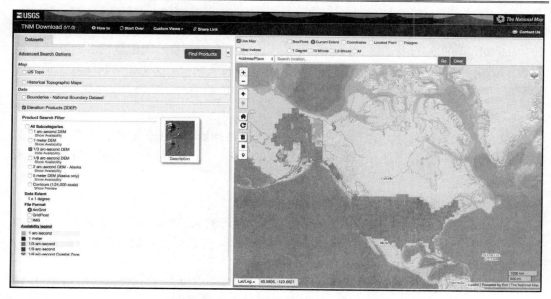

图 7.2 美国地图查看器数据下载工具

integrated surface global hourly（全球地表每小时综合）数据集可用于许多物联网分析项目。该数据集包括来自全球 20000 多个站点的空气质量、大气压力、温度、露点、风速和风向、云和降水等天气属性。数字观测结果从各个操作中心转发或直接在美国北卡罗来纳州阿什维尔的联邦气候综合体进行解码。

所有数据都以符合联邦信息处理标准（Federal Information Processing Standard，FIPS）的单一 ASCII 格式存储。数据文件按气象站、年、月、日、小时和分钟排序。图 7.3 显示了该数据集的部分。

```
AWS  WBAN  YR--MODAHRMN DIR SPD GUS CLG SKC L M H  VSB WW  WW  WW  W  TEMP DEWP   SLP    ALT     STP MAX MIN PCP01 PCP06 PCP24 PCPXX SD
722280 13876 200301010053 140  11 ***  49 OVC * * * 10.1 00 ** ** *   59    54 1003.8 29.65 ***** *** *** ***** ***** ***** ***** **
722280 13876 200301010153 140  13 ***  25 OVC * * *  2.5 63 10 ** *   57    54 1003.7 29.65 ***** *** *** 0.03 ***** ***** ***** **
722280 13876 200301010253 170  14  21  14 OVC * * *  3.0 63 10 ** *   57    54 1003.7 29.65 ***** *** *** 0.19 ***** ***** 0.22 **
722280 13876 200301010316 160   9  16  79 BKN * * * 10.1 00 ** ** *   57    54 ***** 29.65 ***** *** ***    T ***** ***** ***** **
722280 13876 200301010353 150   9 *** 108 BKN * * * 10.1 00 ** ** *   57    54 1003.7 29.65 ***** *** ***    T ***** ***** ***** **
722280 13876 200301010453 170   9 ***  59 BKN * * *  4.0 10 ** ** *   57    54 1003.4 29.64 ***** *** ***    T ***** ***** ***** **
722280 13876 200301010553 170   6 ***  * OVC * * * 10.0 00 ** ** *   56    53 1002.6 29.62 ***** 60 56 ***** 0.22 ***** ***** **
722280 13876 200301010609 170   8 ***  19 OVC * * *  7.0 61 ** ** *   55    54 ***** 29.62 ***** *** ***    T ***** ***** ***** **
722280 13876 200301010617 170   8 ***  20 OVC * * *  7.0 00 ** ** *   55    54 1002.5 29.61 ***** *** ***    T ***** ***** ***** **
722280 13876 200301010653 160   5 ***  36 OVC * * *  7.0 61 ** ** *   55    52 1002.3 29.61 ***** *** ***    T ***** ***** ***** **
722280 13876 200301010700 160   5 ***  37 OVC * * *  7.0 61 ** ** *   55    52 1002.2 29.61 ***** *** *** 0.00 ***** ***** ***** **
722280 13876 200301010753 170   6 ***  17 OVC * * *  6.0 51 45 10 *   54    52 1002.0 29.60 ***** *** *** 0.00 ***** ***** ***** **
722280 13876 200301010823 150   5 ***  13 OVC * * *  4.0 61 10 ** *   54    52 ***** 29.60 ***** *** *** 0.01 ***** ***** ***** **
722280 13876 200301010853 190   6 ***  13 OVC * * *  3.0 61 10 ** *   54    52 1002.2 29.60 ***** *** *** 0.00 ***** ***** 0.03 **
```

图 7.3 NOAA 全球地表每小时综合数据

资料来源：美国国家海洋和大气管理局（NOAA）。

可以通过多种方式下载数据集，包括使用地图查看器，还可从以下地址获取数据定义和其他有用的文档。

https://data.noaa.gov/dataset/integrated-surface-global-hourly-data

如果知道物联网设备的经纬度，则可以从该网页下载气象站的位置信息。此信息被编译在 KMZ 格式的文件中。使用它可以链接到最近的气象站，以便在物联网数据记录的地点和时间添加天气属性。

3．地理特征

当知道设备的位置时，高程和天气状况是可以添加的有价值的数据集，结合与我们设备相关的地理特征可以通过分析来解锁隐藏的价值。当设备移动时（例如连接到运输容器时），这一点变得尤为重要。

4．Planet.osm

OpenStreetMap 是由志愿者创建和维护的免费且可编辑的世界地图。它具有一些重要的特征，例如道路、名胜古迹、国家/地区边界和港口。它是通过开放内容许可证发布的，因此可以免费使用。

OpenStreetMap 的地理数据是许多不同来源的数据的汇编，包括公开提交的 GPS 轨迹。图 7.4 显示了清晰的视图以及一些志愿者提交的 GPS 轨迹。

图 7.4　GPS 轨迹图层的伦敦 OpenStreetMap 特写视图

Planet.osm 在一个文件中包含了所有 OpenStreetMap 特征。该文件在未压缩时大小约为 750 GB，其内部是一个大杂烩。读者也可以下载各个国家/地区或大洲的文件（此过程被称为提取）。

Planet.osm 文件和下载地址的信息如下。

http://wiki.openstreetmap.org/wiki/Planet.osm

有两种文件格式选项，PBF 或压缩 OSM XML。PBF 是二进制格式，它的文件更小，因此下载和处理速度更快。OpenStreetMap 建议尽可能使用它 PBF。

我们需要使用 GIS 工具来打开和处理数据（在后面的章节中将详细讨论 GIS）。拥有包含道路详细信息（例如道路名称和类型）和兴趣点（例如餐厅或加油站）的完整数据集对于与交通相关的物联网数据特别有用。例如，将全尺寸的数据集整合到 Hadoop 环境中后，我们可以按各种比例操作地理空间以进行分析。

5. Google Maps API

来自物联网设备的位置数据也可以根据需要进行修饰，而不是将完整的数据集集成到环境中。第三方 API 就是一种很好的集成方式，我们还可以利用其他专门从事地理空间分析的公司的专业知识。目前有很多不错的 API，包括来自 Google、Bing（Microsoft）、Esri 和 OpenStreetMaps 的 API。

虽然主要面向 Web 和移动应用程序开发人员，但 Google 地图的 Web 服务 API 可用于快速添加位置标识符，能够将地址转换为经纬度坐标或计算位置之间的行驶时间。

API 可以为数据集添加许多有用的特征。当数据记录流是每天数万而不是数千万时，使用它们很有意义。

图 7.5 显示了当前可用的各种 Google Maps API。每个 API 都有自己的一组功能和选项，用户可以轻松使用。

图 7.5　Google 地图网络服务 API

资料来源：Google。

利用 Web 服务 API 向物联网数据添加特征可以使用 R 或 Python 轻松完成。Google 提供了一个 Python 客户端库来简化编程语言的使用。CRAN 上有一些可用的包，例如 googleway，可以简化 R 对 Google Maps API 的调用。

要使用 Google Maps API，需要获取开发人员密钥，以验证代码并设置计费。Maps API 网站上有一些链接可帮助用户进行设置。

以下是使用 googleway 包的 R 代码。首先，需要使用 RStudio 图形用户界面（GUI）或代码 install.packages("googleway")进行安装，然后插入 Google Maps API 密钥并运行以下代码以获取纬度和经度坐标的时区偏移。

```
# 载入 googleway 包（假定它已经安装）
library(googleway)

# 获取一对经纬度坐标的时区偏移信息
tz <- google_timezone(location = c(41.882702,-87.619392),timestamp =
as.POSIXct("2017-03-05"),key = "< Replace everything between these
quotes with your API Key >")

# 查看结果
View (tz)
```

这只是一个非常简单的示例，但显示了我们可以轻松开发和运行代码以完成一些非常复杂的任务。

6. USGS 美国国家交通数据集

USGS 美国国家交通数据集是一个数据集的集合，其中包括铁路、机场、公路、水路和其他与交通相关的地理特征。这些数据是通过美国人口普查局的来源提供的，并辅以来自专业地图公司 HERE 的道路数据。

数据不仅包括公路和铁路的形状，还包括有关它们的信息表。数据覆盖范围仅限于美国，但具有标准化的分类代码和描述符。该数据集的编制是为了支持与交通安全、拥堵、灾害规划和应急响应相关的地理空间分析。

该数据集可以按 Esri 文件地理数据库或 Shapefile 格式免费下载。图 7.6 显示了该数据集中可用数据表的子集。

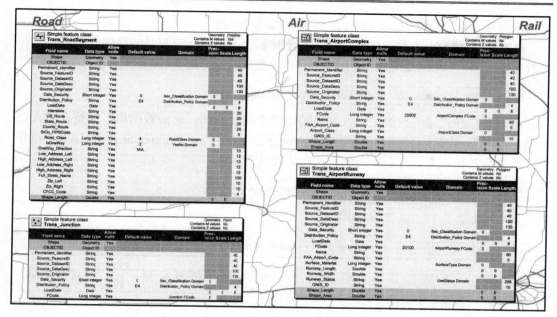

图 7.6 USGS 最佳实践数据表定义的部分视图

资料来源：美国地质调查局。

7.2.2 外部数据集——人口统计

提高物联网数据价值的另一种方法是添加基于时间和位置的人口统计信息。与物联网数据相结合时，医疗保健覆盖率、该地区的平均收入和人口年龄等特征都可能具有预测价值。

我们将介绍以下两个机构提供的数据集。

❑ 美国人口普查局。

❑ 美国中央情报局。

1. 美国人口普查局

美国人口普查局（Census Bureau）将人口数据集维护到州和县一级，有多个可用的数据集，但一个很好的起点是 QuickFacts 数据集。

QuickFacts 维护美国所有州和县以及人口超过 5000 的城镇的统计数据。它包括关于人口规模和密度、年龄和性别、种族、住房、教育、经济、收入、商业和健康等的统计数据。该数据集使用联邦信息处理标准（Federal Information Processing Standard，FIPS）

代码作为标识符。FIPS 代码通常用于链接到物联网数据。

FIPS 代码是一个 5 位数的标识符，用于标识美国的县（或与县同级的建制）。前两位数字表示州，后三位表示县。FIPS 代码列表可从以下网址下载。

https://www.census.gov/geo/reference/codes/cou.html

美国人口普查局还维护了一些有用的地理空间数据集，这些数据集已经整合了人口信息。有关 Topologically Integrated Geographic Encoding and Referencing，TIGER（拓扑统一地理编码和参考）数据集的信息，请访问以下网址。

https://www.census.gov/geo/maps-data/data/tiger.html

表 7.1 显示了 TIGER 产品说明。

表 7.1　TIGER 产品说明

产　品	适 用 范 围	文件格式	数据类型	细节级别	描述性特征	提供的年份
TIGER/Line Shapefiles	适用于大多数地图项目——这是最综合的数据集。设计为和 GIS 一起使用	Shapefiles（.shp）和数据库文件（.dbf）	边界、道路、地址信息、水路特征等	全细节（未普及）	大量	2006—2016，CD 113
TIGER Geodatabases	适用于需要美国全国数据集或主要州边界的用户，设计为在 ArcGIS 中使用。文件非常大	Geodatabase（.gdb）	边界、道路、地址信息、水路特征等	全细节（未普及）	有限	2013—2016
TIGER/Line with Selected Demographic and Economic Data	从 2010 Census、2006—2010 through 2010—2014 ACS 5 年估计和县级商业模式（county business patterns，CBP）提取的选定特征的数据，设计为和 GIS 一起使用	Shapefiles（.shp）和 Geodatabase（.gdb）	边界、人口统计、房屋单位统计、2010 Census Demographic Profile 1 特征、2006—2010 至 2010—2014 ACS 5 年估计数据分析、CBP 数据	全细节（未普及）	有限	2012 CBP，2010，2006—2010 至 2011—2015 ACS 5 年估计数据分析

产　　品	适 用 范 围	文 件 格 式	数 据 类 型	细 节 级 别	描述性特征	提供的年份
Cartographic Boundary Shapefiles	适用于小规模（细节有限）地图项目，包含海岸线，为使用 GIS 的专题地图设计	Shapefiles （.shp）	选定的边界	较低细节（已普及）	有限	2013—2015, 2010, 2000, 1990
KML-Cartographic Boundary Files	适用于使用 Google Earth、Google Maps 的项目，或使用 KML 的其他平台创建地图或查看数据的项目	KML（.kml）	选定的边界	较低细节（已普及）	有限	2013—2015
TIGERweb	在线查看空间数据或流传输到地图应用程序	互动查看器，HTML 数据文件，REST 和 WMS 地图服务	边界、道路、地址信息、水路特征等	详细	大量	当前，2015 ACS，2014 ACS，2010 Census

资料来源：美国人口普查局。

2．美国中央情报局

美国中央情报局（Central Intelligence Agency，CIA）维护着一个免费、有用、无附加条件的世界各国的信息数据库。CIA 以间谍活动著称，同时也承担着收集世界各地有用信息的任务。

该机构向可以使用网络浏览器的任何人提供信息，可作为公共资源使用，这意味着使用者无须担心版权问题。

World Factbook 数据集包含了 260 多个世界实体的信息，主要涉及每个国家/地区的历史、人民、政府、经济、地理、通信、交通和军事等方面。

但是，网站上没有机器可读形式的 World Factbook，用户可以在 GitHub 上找到 JSON 版本。如果用户的物联网设备遍布全球，那么 World Factbook 是了解世界各个国家/地区的有用参考。

World Factbook 数据集的网址如下。

https://www.cia.gov/library/publications/the-world-factbook/

7.2.3　外部数据集——经济

与物联网数据结合时，经济数据和趋势变化也可以成为预测价值的来源。这些信息可以帮助解释零售用例的购买模式、公用事业监控的能源消耗以及制造中的机械利用率等。

我们将介绍以下两个与经济相关的数据库。

- ❏　经合组织（OECD）数据库。
- ❏　美联储经济数据（FRED）。

1．经合组织

经济合作与发展组织（Organization for Economic Cooperation and Development，OECD）简称经合组织，它是由 36 个市场经济国家组成的政府间国际经济组织，旨在共同应对全球化带来的经济、社会和政府治理等方面的挑战，努力促进经济增长、繁荣和可持续发展。作为这项使命的一部分，该组织编制了一个经济和相关统计数据库，供所有人使用。

该组织提供了一个环境，各国政府可以比较政策经验、寻找常见问题的答案、确定良好做法并协调国内和国际政策。

该数据库可在 OECD.Stat 上获得，其网址如下。

http://stats.oecd.org/

它拥有从农业和渔业到工业和服务业的数据集。包括经合组织成员国和一些选定的非成员国经济体的数据。由于所有国家/地区的信息都遵循经合组织的统计指南，因此它们比通过可能采用不同统计方法的不同来源收集的信息更具可比性。

该数据库的每个主题都有子类别，每个子类别中又有多个度量。有一些方法可以将数据集导出为机器可读的格式（如.csv），还有一个可用于通过代码获取数据的 API。

该站点具有创建模板 API 查询的功能，这简化了它的使用。图 7.7 显示了 Monthly Economic Indicators（每月经济指标）主题中可用的统计数据。

2．美联储经济数据

在美国，Federal Reserve Bank of St. Louis（圣路易斯联邦储备银行）维护着大量与经济相关的时间序列数据，大部分覆盖美国，但也有一些是国际性的。此集合被称为美联储经济数据（Federal Reserve Economic Data，FRED）。

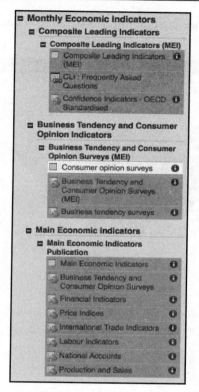

图 7.7 经合组织月度经济指标可用数据集

资料来源：OECD.Stat。

FRED 是你的朋友，它知道很多东西。例如，FRED 知道按月计算的所有城市消费者的消费者价格指数（consumer price index，CPI），它还了解居民失业率（civilian unemployment rate）和家庭实际收入中位数（real median household income）。此外，它还知道美国各年龄段贫困人口的估计（estimate of people of all ages in poverty for United States）以及全球互联网用户的数量。

FRED 中有来自 80 多个不同来源的 470000 个以上的美国国内和国际时间序列。FRED 提供了一些有用的工具，例如 Microsoft Excel 插件和一些适用于智能手机的移动应用程序。FRED 甚至还提供了一款可以玩的预测游戏，叫作 FREDcast。FRED 网址如下。

https://fred.stlouisfed.org/

FRED 有一个名为 GeoFRED 的地理空间组件。用户可以使用它来创建时间序列数据的地图版本或下载 Shapefile。图 7.8 显示了 2014 年各县家庭收入中位数估计值的 90%

置信区间下限（90% confidence interval lower bound of estimate of median household income by county）。

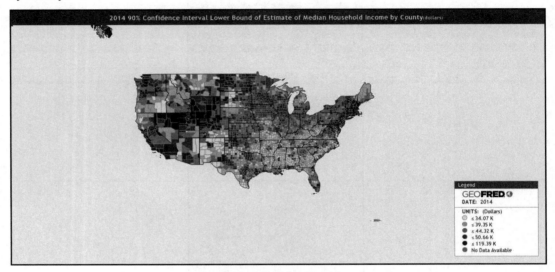

图 7.8　2014 年各县家庭收入中位数估计值的 90%置信区间下限

资料来源：GeoFRED。

FRED 拥有 3 个开发人员 API。

❑　FRED API：可用于以编程方式从 FRED 数据集中检索时间序列数据。

❑　FRASER API：可用于从美联储经济研究档案系统（Federal Reserve Archival System for Economic Research，FRASER）检索元数据。FRASER 拥有历史文件和档案。

❑　GeoFRED API：允许以编程方式访问 GeoFRED 数据和 Shapefile。

你需要从 FRED 网站获取 API 密钥才能使用它们。获取 FRED 数据的另一种方法是使用 R 包（如 Quandl）。可以从 RStudio 图形用户界面或 install.packages 函数安装包，然后使用它从包括 FRED 在内的多个金融数据源获取数据。以下是一些获取美国 GDP 时间序列数据的示例 R 代码。

```
# 载入 Quandl 库
library(Quandl)

# 从 FRED 中获取美国 GDP 时间序列数据
gdp_ts = Quandl("FRED/GDP")
```

```
# 显示数据
View(gdp_ts)
```

在 R 中使用代码库可以自动化流程，定期将数据合并到分析环境中。

7.3　小　　结

本章讨论了如何使用内部和外部数据集来增强物联网数据，从而提高发现价值的机会。通过添加这些附加数据，可以使用特征来开发和测试有关数据的理论。

所有的理论都应该用数据来检验。物联网数据允许用户拥有一个巨大的实验室，可以在其中通过分割和比较已有的数据来运行虚拟实验。也可以通过添加外部数据集，强化物联网分析发现价值模式的能力。

第8章 与他人交流——可视化和仪表板

自从你的分析结果阻止了将顶级恒温器的面板外壳改成粉色以来，已经过去几个月了。你的上司已被提升为物联网分析总监，因为他在使用物联网现场数据回答业务问题方面发挥了领导作用。当然，你的职位不变，只是工作更多了。

整个公司都在使用你的分析。你对此大感兴奋，但现在需要花费大量时间汇总标准报告，并且每周都要发送给各个部门。

"财务部的 Klineman 想看看你做的活跃设备趋势图，他想把它放在一个表格里。我不知道为什么要这样，但你能为他做一个这样的版本吗？"你的上司用很轻松惬意的语气问道。人们想要的图表越多，他就越开心，因为这样就越凸显他的价值，而你只会越来越忙。

"当然没问题！"你说，"但是他们需要以某种方式获得自己的图表。我无法处理所有这些版本和后续问题。我的工作不是把所有时间都浪费在做基本报告和回答基本问题上。他们需要自己找答案。"

你的反应让你的上司有点吃惊，他还以为你会和他一样满口答应。"好的，好的。我们会解决这个问题的。你只需要创建一些仪表板，这样他们就可以回答自己的问题。看看，多简单！我会支持你并让他们自己做，不用担心。"

你不确定如何做到这一点，但你确定的是自己还需要腾出时间进行更高级的分析工作，所以绝不能让这种琐事缠身。

在与财务部门的 Jim Klineman 交谈后，你发现他只是想要一张表格，因为他想对整个财政年度的设备计数求平均值，以用于财务规划目的；类似地，销售技术人员也希望查看图表，他们想看看每天的销售涨跌情况。

因此，你需要仔细考虑如何做到这一点。"授人以鱼不如授人以渔"，你不想事必躬亲为每个人创建不同的仪表板，而是希望他们每个人都能从你创建的任何内容中获得有效的使用方式，从而不会就后续问题来打扰你。

本章主要讨论为物联网数据设计有效的可视化和仪表板。一旦我们在数据中找到有价值的模式，就可与他人进行交流。

可视化是快速传达复杂数据的有效方式。

随着分析逐渐深入，其他人将监控数据以识别模式并随着时间的推移跟踪趋势。设计有用的仪表板将使他们能够快速识别模式以进行调查，并回答他们自己的后续问题。这可以被视为另一种交流方式。

我们将使用 Tableau 来构建视觉效果和仪表板。读者将学习如何利用自己对数据的了解，并以易于理解的方式进行表达。

本章的讨论涵盖内部仪表板和面向客户的仪表板。主要包含以下主题。

❑　　可视化设计中的常见错误。
　　　　避免错误的技巧。
❑　　问题分层方法。
　　　➢　拟定最终用户的思维过程。
　　　➢　开发问题树。
　　　➢　将可视化与用户问题的分层结构对齐。
❑　　物联网数据分析的可视化设计。
　　　➢　使用位置来传达重要性。
　　　➢　有效使用颜色。
　　　➢　创建有效图表的技巧。
❑　　使用 Tableau 创建仪表板。
　　　　使用气象站数据的演练示例。
❑　　快速创建和可视化警报。
　　　➢　警报原则。
　　　➢　使用 Tableau 仪表板组织警报。

8.1　可视化设计中的常见错误

图表和仪表板往往是在分析之后才完成的。对分析师而言，有趣的工作此时已经完成。人们急于整理出一些可视化结果，以便可以继续下一个挑战。

急于抛出可视化结果本身就是一个错误，因为观众、参加会议的人员或仪表板用户对分析质量的第一印象取决于他们首先看到的内容——可视化结果。本章将使用"受众"一词来指代仪表板的最终用户和数据分析演示文稿的查看者。

这使得正确处理可视化结果比我们想象的要重要得多。为了分析而分析是没有意义的。需要有人实际使用，它才会有价值。对于愿意使用你的可视化结果的人来说，他们必须先自己理解，然后才能正确使用。

8.1.1　避免可视化错误的技巧

数据分析的可视化设计很容易出现糟糕的视觉效果。我们经常看到这样的例子，尤其是在马拉松式的幻灯片会议中。因此，在设计时要注意以下常见错误。

- ❑ 假设其他人非常了解数据。你非常了解数据，这是没错的，但是，不要由此就假定其他人也很了解数据。事实上，你的受众很可能对数据一无所知或者只是了解一个大概。

  以下是解决此问题的一些方法。

  - ➢ 始终标记图表轴，以便受众知道正在测量的是什么。一些图表软件的默认设置不显示轴标签（如 Microsoft Excel），因此一定要记得添加轴标签。
  - ➢ 避免使用缩写词和首字母缩略词。用词要尽量明确，以减少误解。例如，首字母缩略词 ETD 既可以表示预计起飞时间（estimated time of departure），也可能表示爆炸痕迹检测（explosive trace detection），在分析机场数据时，两者的含义是截然不同的。

- ❑ 专注于分析而不是结论。你做了很棒的工作并且想炫耀一把，这没有错。但受众更想知道如何处理它，而不是想知道你用来实现目标的所有方法和技术。他们想知道根据分析结果需要采取什么行动。

  以下是一些能够帮助他们的方法。

  - ➢ 使结论显而易见。突出显示，圈出并用大箭头指向重要信息。不要让受众自己想办法。在仪表板中，重要信息应最吸引眼球。
  - ➢ 隐藏复杂性。如果信息对得出结论没有什么作用，则可以考虑将其隐藏。
  - ➢ 从末尾开始。首先摆出结论，然后解释是什么原因导致得出该结论。仪表板也是如此，最突出的始终应该是能够促使用户采取行动的那一部分，然后再加上支持你的结论的信息。

- ❑ 不考虑如何使用分析结果。你的分析和可视化结果是供执行团队使用的，还是供是技术支持人员使用的？是每月更新一次，还是每天都更新？即使是相同的信息，对于不同的用途也需要创建完全不同的可视化效果。

  以下是一些需要考虑的事项。

  - ➢ 简化管理报告。执行团队的高管们每天都会收到各种来源的大量信息。因此，清晰的趋势线以及指示状态的红色、黄色和绿色符号可以使你的信息简单易懂。
  - ➢ 为日常运营用户添加更多详细信息。对于负责日常运营的用户来说，他们需要尽可能多的相关信息，你可以在单个视图中显示，这样就不会因为太忙于切换视图而无法做出解释。你需要找到一个恰当的平衡点，但最好能够显示更多有用的数据。

❑ 难以回答后续问题。对于可视化结果来说，后续问题应该很容易得到答案。例如，是什么导致数据激增？对于仪表板的用户来说，这应该很容易回答。

以下是一些避免此错误的建议。

➢ 预测后续问题。让答案已然可见，或单击几下鼠标即可给出答案。

➢ 分层视图。能够深入了解可视化元素背后的数据。将更简单的汇总可视化效果链接到更详细的可视化效果，例如将前 10 名的帕累托图（Pareto Chart）与每月趋势联系起来。

8.1.2　可视化错误示例

为了说明如何将糟糕的可视化效果转化为良好的视觉效果，我们将从一个反面例子（见图 8.1）开始，它会让 Edward Tufte 深感无力（Edward Tufte 是图表设计先驱）。

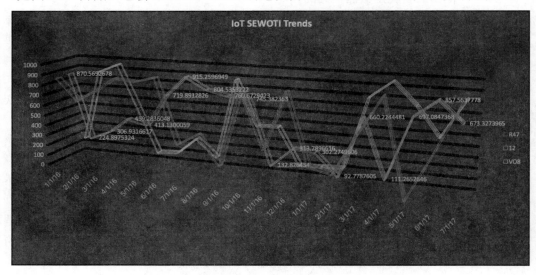

图 8.1　糟糕的图表设计示例（不要犯这样的错误)

这种可视化设计存在以下多项问题。

（1）除非演示文稿或仪表板的整个主题都是深色的，否则深色背景会分散注意力。

（2）两个轴都没有标记。

（3）目前尚不清楚哪条线更重要，因此图表给受众的印象是所有线都同等重要。

（4）图例中使用了字符代码而不是更具描述性的名称。如果有人对代码不是很熟悉，那么他们将不得不先了解一下这些代码的意思。

（5）3D 的使用方式未提供任何信息，反而会分散受众对关键数据的注意力。

（6）标签应用没有任何四舍五入的值。这会使图表变得杂乱无章，并暗示精度可能不准确。如果这是每月查看一次的图表，那么重要的是历史趋势，而确切的值并不重要——当月的值除外。

总之，这样的图表既难以解释，在视觉上又让人找不到重点。现在，让我们看一下同一图表的改进版本（见图 8.2）。

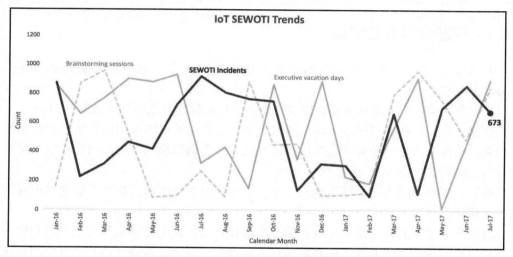

图 8.2　图表的改进版本（视觉效果好很多，关键趋势明显，当月数值清晰）

这种可视化设计更清楚地表明哪条趋势线是重要的。线条也被清楚地标记，因此受众不必参考图例。当前月份值，即每个月报告的数字清晰可见，没有隐含的极端精确度。两个轴都标有标签，这样受众就不必猜测正在测量的内容。月份的轴标签是垂直的，在视觉上与月份的值对齐。以这种方式格式化视觉效果需要更多工作量，但受众会更快、更清楚地理解信息。显然，这样的努力是值得的。

8.2　问题分层方法

在设计可视化图表和仪表板时，不要仅复制探索数据时为自己创建的相同图表和表格，而应该花一点时间从受众的角度来思考问题。要知道，他们的视角和需求与你明显不同。

作为一名分析师，你已经非常了解数据和这些数据背后的环境；你不需要图表上的标签和描述。你想要的是将尽可能多的信息放在一个地方，这样就可以轻松找到模式。但是，将要与仪表板交互或查看你的演示文稿的人则有不同的需求。

他们希望能够以最简单的方式弄清楚图表要表明的意思。很明显，他们首先希望获得关键结论，多数人都不想花费大量时间进行研究，或者为了理解所展示的内容而不得不提出很多问题。他们想要的是简单明了的内容，但又要有足够的细节使他们相信数据能够支持他们的解释。

在为分析结果设计可视化交互时，遵循某个框架是很有用的，这将有助于组织你的思路，并计划需要哪些可视化和仪表板来支持你的分析。

8.2.1　问题分层方法概述

本节将介绍一个规划可视化的过程，我们将其称为问题分层方法（hierarchy of questions method）。

在该方法中，你不是从需求和模型开始，而是从拟定受众的思维过程开始。

在此之后，你将回答问题（这些问题是在拟定思维过程中确定的）所需的数据汇总在一起。数据应该是一种可以按多种不同方式有效查询的形式。在后面的章节中将详细讨论如何做到这一点。

最后，创建与拟定的思维过程相一致的可视化效果。相同的数据可能会以不同的方式多次使用。

遵循这个过程的好处是它把受众的需求放在首位，而不是锚定到起点的可视化——这可能是最容易创建的东西。在设定起点的情况下，对开发人员（你）来说做的往往是最容易创建和维护的事情，而不是最适合受众的事情。将自己从设定的可视化起点中解放出来，可以让你对分析的可视化交互设计的创新方式持开放态度。

请记住，你只是一个人，而受众是很多的；而且，在你提供仪表板的情况下，每个人都必须多次使用它。因此，如果你能恰当处理，那么总体上的好处会很多，对于可能拥有数千名用户的面向客户的仪表板来说则更是如此。

图 8.3 显示了问题分层方法的一般过程。

图 8.3　问题分层方法的一般过程

原　　文	译　　文
Map Out Thought Processes	拟定受众的思维过程
Pull Together the Data Needed	将所需的数据汇总在一起
Create Visuals Aligned to Thought Processes	创建与拟定的思维过程相一致的可视化效果

8.2.2　开发问题树

该过程的第一步是集思广益，列出演示文稿或仪表板中的可视化应回答的问题列表。如果可能，这个步骤请与一小部分最终用户一起进行。如果不可能，或者你正在准备一个小型演示文稿，则不妨先设身处地地为他们着想一下。试着忘记你对数据的了解。想想如果你站在他们的位置上，你想要回答什么问题。把它们列出来。

下一步是将问题列表概括为每个问题所反映的基本概念。例如，像"夏天时该温度传感器的读数是否低于 21℃？"这样的问题真正想要知道的是该传感器的读数是否正常，因此，可以将其转换为"该温度传感器的读数是否与往年的平均值有显著差异？"。有些问题也可以合在一起。总之，进行这种转换的思路是要获得一个可以应用于许多情况而不是特定情况的概念。

然后，查看列表并确定作为起点的问题。起点是促使人们使用仪表板或查看你的演示文稿的原因，他们正是有了问题才向你寻求答案。

接下来，确定哪些问题是起点问题的真正后续问题。例如，在上面的示例中，像"该温度传感器的读数是否与往年的平均值有显著差异？"这样的问题基本上不会是一个起点问题。更有可能的起点问题是："某个地区的平均温度读数趋势是什么？"然后是："是否有异常读数？"接下来才是："该温度传感器的读数是否与往年的平均值有显著差异？"。

之后，在分层结构中排列问题，左侧的起点链接到右侧的后续问题。如果同一个后续问题涉及多个起点问题，则可以为每个问题复制它。这样获得的结果图被称为问题树（question tree）。在构建数据集和可视化时，可将其用作参考。

为了说明这个过程是如何工作的，我们将使用电影时间信息来演示这个过程。大多数人都可以很轻松地将它与问题树联系起来。

第一步是列出可能导致你想知道电影时间信息的问题。

❑ 电影 *Transformers* 12（《变形金刚 12》）什么时候放映？

❑ 哪些电影院正在放映 *Rocky Horror Picture Show*（《洛基恐怖秀》）？

❑ 今晚 8 点 10 分，*Avengers vs. Justice League*（《复仇者联盟与正义联盟》）的电影票是否售罄？

❑　还剩多少个座位？

❑　那个电影院的票多少钱？

❑　到 Cineblast 128 电影院有多远？

❑　到 Cinema Cheapo 电影院需要多长时间？

❑　Luxury Cinema 电影院今晚有什么电影？

❑　明晚九点左右有什么电影上映？

下一步是概括问题并进行合并。

❑　什么时候可以看我想看的电影？

❑　哪些影院正在放映我想看的电影？

❑　我能在特定的电影院和时间获得好座位吗？

❑　我能在特定的电影院和时间获得好座位吗？（合并）

❑　特定电影院和时间的门票价格是多少？

❑　在特定时间到达特定电影院所需的时间是多少？

❑　在特定时间到达特定电影院所需的时间是多少？（合并）

❑　我想去电影院看什么电影？

❑　我可以在特定时间看哪些电影？

然后，确定主要的起点问题。此时可以说明选择某个问题作为起点问题的理由。在此示例中，存在 3 个变量：电影、地点和时间。通常我们会决定其中一个变量，同时需要信息来帮助决定另外两个变量。

❑　什么时候可以看我想看的电影？

我知道我想要看的电影。我很想看《变形金刚 12》，我只需要知道我可以看到它的时间。然后，我想知道它在哪里放映，以及我是否还能为我和我的朋友找到好座位。我还想知道票价以及到达电影院需要多长时间。

❑　我要去的电影院有什么电影？

我知道我想要去的地方。我喜欢去 Luxury Cinema 电影院；这是一次很棒的经历。我只想知道那里有没有我想看的电影。然后，我想知道时间，我是否能得到好座位；我不想买高价电影票，并且必须坐在我女朋友旁边。

❑　我可以在特定时间看哪些电影？

我知道我想要看电影的时间。我们晚上 7 点预定出去吃晚饭，我想看看该区域有没有我可以看的电影。我想知道价格，我是否能找到好座位，以及从餐厅到那里需要多长时间。

最后一步是将问题组织成问题树。图 8.4 显示了电影时间示例的问题树。

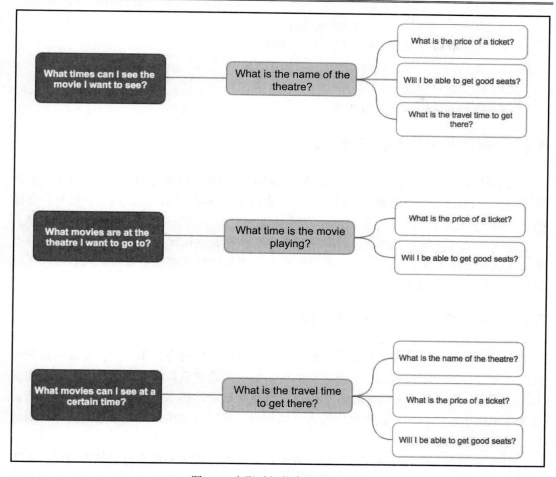

图 8.4　电影时间信息问题树示例

原　　　文	译　　　文
What times can I see the movie I want to see?	什么时候可以看我想看的电影？
What is the name of the theater?	电影院的名字叫什么？
What is the price of a ticket?	票价是多少？
Will I be able to get good seats?	有好位置吗？
What is the travel time to get there?	到电影院需要多长时间？
What movies are at the theatre I want to go to?	我要去的电影院有什么电影？
What time is the movie playing?	正在放什么电影？
What movies can I see at a certain time?	我可以在特定时间看哪些电影？

以下是创建问题树分层结构的步骤总结。

（1）列出受众想对分析提出的问题。

（2）概括问题并进行合并。

（3）确定起点问题。

（4）将问题组织成问题树状图。

8.2.3　将所需的数据汇总在一起

物联网数据通常使用大数据技术存储，例如 Hadoop（特别是 HDFS）。对于仪表板来说，使用 SQL 语句将数据表连接在一起通常会降低性能，在这些系统中有时甚至会很明显。

因此，最好将数据合并到尽可能少的表中，这样表连接仅在批处理期间完成，而不是在每次有人使用仪表板时完成。在考虑要在数据集中包含哪些信息时，应参考问题树并包含回答问题所需的内容。

8.2.4　使视图与问题流保持一致

在设计可视化效果时，可以将它们与问题树分层结构对齐。第一个也是最明显的可视化结果应该回答起点问题。如果可能的话，后续问题也应以相同的可视化方式给出答案，但不必如起点问题那样凸显。如果这会导致太繁杂，那么后续问题也应该是只需要几次简单的单击操作即可让用户回答自己的问题。这同样适用于第一个后续问题之后的其他后续问题，以此类推。

如果在同一个仪表板中回答问题太麻烦，那么可能需要为每个分层结构树做一个不同的仪表板。这里对你的考验是思考什么方式对用户来说最简单和最自然。总的目标是让仪表板或演示顺序遵循受众的思维过程。

本章后面将使用物联网数据集来介绍一个完整的示例。

8.3　物联网数据分析的可视化设计

在为物联网数据分析设计可视化效果时，我们将讨论一些重要的考虑因素，尤其是需要关注物联网数据。

8.3.1　使用位置来传达重要性

布局位置意味着什么是重要和首要的。你应该利用这一点来帮助与受众进行更有效的交流。在西方文化中，视线是从视图的左上角开始的。这是由于许多年来我们养成了从左到右和从上到下阅读的习惯。因此，左上角是一个人的眼睛习惯于首先到达的地方，所以要把关键信息（你的起点问题的答案）放在这里。

在视图中向右和向下移动时，将视觉对象（包括表格和文本）按其在问题树中的位置顺序排列，这将伴随着眼球运动和受众的思维过程，如图 8.5 所示。

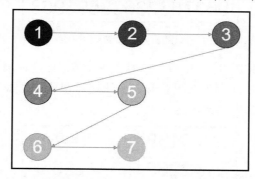

图 8.5　在同一视图中显示多个视觉对象时推荐的布局顺序

在其他文化中，你可以应用相同的概念，但应注意遵循与阅读顺序一致的位置重要性顺序。例如，在巴基斯坦，乌尔都语是从右到左书写的，所以最重要的信息应该在右上角。

8.3.2　使用颜色突出显示重要数据

颜色也是向受众传达重要内容的有效方式。但是，颜色的应用需谨慎，因为同一视图中的颜色过多会造成混淆并降低其作用。

8.3.3　单一颜色对传达重要信息的影响

为了凸显颜色（或灰度，如果只有灰度可用）的强大作用，让我们来看一个示例。在图 8.6 所示的一组随机数字中，数一数你看到了多少个 6，并记录你花了多长时间。

现在，让我们采用相同的图像，但使用颜色将重要信息（6）凸显出来，而将不太重要的信息（其他数字）通过设置为灰色放在背景中。

```
83291381337794749
91422691539122696
17946686489967647
35594183184243557
62144473513428797
96375323638591958
```

图 8.6　一组随机数字。数数看有多少个 6

在变化后的图像（见图 8.7）中数一数有多少个 6？这次你用了多长时间？你会发现使用颜色显示的关键数据找起来会更容易、更快捷。很明显，如果你对受众做同样的事情，那么他们会更容易理解关键信息。

```
83291381337794749
91422691539122696
17946686489967647
35594183184243557
62144473513428797
96375323638591958
```

图 8.7　相同的随机数字集，数字 6 以颜色突出显示

资料来源：改编自 Cole Nussbaumer Knaflic 的图书 *Story telling with Data*（《用数据讲故事》）。

8.3.4　在视觉效果上保持一致

在演示文稿或一系列仪表板中，应确保颜色和格式保持一致。例如，如果平均温度在第一张图表中显示为蓝色实线，则请确保它在以下所有图表中也是蓝色实线。即使图表类型发生变化，也要保持颜色一致。如果折线图中的压力传感器趋势是蓝色的，则请确保在下面的散点图中，这些点也是蓝色的。

这种一致性可以使受众不必在视图之间重新熟悉定位，它还有助于防止误解，因为受众很容易假设相同的颜色具有相同的含义。

8.3.5　使图表易于解释

对于物联网数据，时间序列分析非常普遍。随着时间的推移分析物联网传感器值的趋势对于技术支持、营销、质量和工程等角色的人员很有用。时间序列图能够比帕累托图或饼图更有效地传达趋势数据。由于要大量使用它们，因此使它们尽可能有效是很重要的。创建图表时，请记住一些要点，以帮助受众轻松得出你想要的结论。

在大多数情况下，你查看数据的方式远远超过你向受众提供的方式。因此，你应该选择最能传达你从数据分析中获得知识的图表，以便让受众轻松掌握。

以下是一些有助于使图表易于解释的方法。

❑　突出关键数据：使图表中的关键趋势线更明亮，而且可以加粗处理。在表格中，将你认为最重要的行加粗，让它非常醒目。这可以节省受众的时间并最大程度地减少误解。

❑　清楚地标记图表项目：给图表一个清晰的标题，并使字体足够大以便于阅读。确保图表轴已标记并避免使用缩写。

❑　圈出关键信息：在图表上圈出你希望确保受众注意到的区域。画一个指向它的箭头并添加说明应该如何解释它的文本。例如，如果 12 月的平均气温出现峰值是由于创纪录的区域高温，而不是由于系统问题，则可以圈出并添加注释。它将使受众不必自己提出问题或进行调查。

8.4　使用 Tableau 创建仪表板

Tableau 可以使你轻松地从已经创建的可视化分析选项卡创建仪表板。下面我们就使用 Tableau 来构建仪表板，采用的示例数据是来自第 6 章"了解数据——探索物联网数据"中的气象站数据。在构建仪表板的过程中，我们还将再次讨论如何开发问题树。

8.4.1　仪表板创建演练

Tableau 以及 Web 服务器软件，被称为 Tableau Server，它允许你从桌面软件轻松发布仪表板，以便通过浏览器查看，这样其他用户就可以轻松地与之交互。尽管 Tableau

Server 不在本书的讨论范围内，但你很可能希望将你创建的仪表板发布到它。

本次仪表板创建演练包括以下步骤。

❑ 开发分层问题树。

❑ 使可视化与思维过程保持一致。

❑ 创建单独的视图。

❑ 将视图组装到仪表板中。

8.4.2 问题层次结构示例

对于这个简单的示例，我们可以假设受众是科罗拉多州的政府水资源规划小组。该小组希望了解有多少气象站正在报告降水信息，以及信息采集情况。

以下步骤显示了如何将其制成问题树。

❑ 步骤 1：列出受众想向分析人员提出的问题。

➢ 与上个月相比，报告降水的气象站的数量有变化吗？

➢ 总共有多少个气象站发送过降水量数据？

➢ 这些气象站在哪里？

➢ 有多少气象站报告了大雨？

➢ 每个气象站的每日总和中有什么奇怪的地方可能表明存在问题吗？

➢ 上个月该州哪些地区的降雨量不错？

❑ 步骤 2：概括问题并合并。

➢ 报告可用降水数据的气象站数量的趋势是什么？

➢ 有多少气象站报告数据？

➢ 在此期间报告可用数据的气象站在哪里？

➢ 某气象站是否报告了该期间的大量降雨？

➢ 特定气象站是否存在异常降水值？

➢ 在此期间报告可用数据的气象站在哪里？（与列表中前面的类似问题合并）

❑ 步骤 3：确定起点问题。

➢ 基于与政府水资源规划小组的对话，你确定他们的第一个想法是简单地检查报告 15 min 降水数据的气象站的数量。

➢ 起点问题：有多少气象站上报数据？

❑ 步骤 4：将问题组织成问题树图（见图 8.8）。

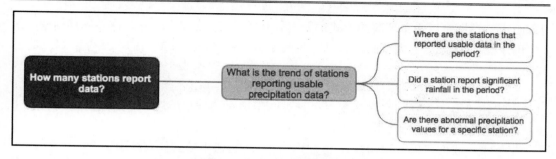

图 8.8　气象站问题分层结构

原　　　文	译　　　文
How many stations report data?	有多少气象站报告数据？
What is the trend of stations reporting usable precipitation data?	报告可用降水数据的气象站数量的趋势是什么？
Where are the stations that reported usable data in the period?	在此期间报告可用数据的气象站在哪里？
Did a station report significant rainfall in the period?	某气象站是否报告了该期间的大量降雨？
Are there abnormal precipitation values for a specific station?	特定气象站是否存在异常降水值？

8.4.3　使视图与思维过程保持一致

在 Tableau 中创建可视化视图之前，请考虑需要哪些视图以及如何安排它们。最重要的东西——起点问题的答案，应该是受众首先看到的。如果同一仪表板中有多个视觉对象，则起点问题的答案应位于屏幕的左上角。

因为回答这个问题（有多少气象站报告数据？）只需要一个简单的计数，因此，这可以只是一个数字，不需要图表。你应该把它放大，所以它会立即被注意到。让它看起来鹤立鸡群，这对受众来说是显而易见的，无须特意说明，受众即明白它是视图中最重要的信息。

接下来，你需要报告气象站数量的趋势，以便受众可以了解随着时间的推移报告的可用数据与总数相比是多了还是少了。这与第一个后续问题（报告可用降水数据的气象站数量的趋势是什么？）一致。每月趋势应该是有效的。

然后，对于任何给定的时期，水资源规划小组都想知道报告可用数据的气象站的位置，以及在这些气象站的报告时期内是否有大量降水。他们还想了解该州报告有大量降水的位置。地图是以易于理解的方式纳入大量空间信息的好方法。这与次要后续问题（在此期间报告可用数据的气象站在哪里？某气象站是否报告了该期间的大量降雨？）是一致的。

对于一个区域内的任何气象站或气象站组，水资源规划小组希望能够查看每日趋势，以便可以快速检测到任何异常情况以执行进一步调查。这与最后一个后续问题（特定气象站是否存在异常降水值？）一致。

接下来，我们可以一次构建一个视图，然后将它们组装到仪表板中。

8.4.4　创建单独的视图

对于第一个视图，我们可以使用 Tableau 连接第 6 章的 15 min 降水数据集。无论值的有效性如何，都可以通过计算数据集中唯一气象站的数量来回答起点问题。

可以使用公式 COUNTD([Station])设置一个名为 Number of Stations（气象站数量）的计算字段，该公式将根据唯一气象站的不同计数进行聚合。将 Number of Stations 聚合拖动到 Marks（标记）区域中的 Text（文本）框。使数字大而粗，以便受众首先看到它，如图 8.9 所示。

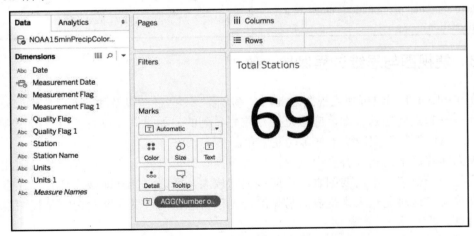

图 8.9　气象站总数计数视图

下一个视图应该与报告有效值的 Number of Stations（气象站数量）趋势这样的后续问题保持一致。由于受众对长期趋势感兴趣，因此按月份分组是合适的。

在这一阶段，可以考虑为 Qpcp 重新设置一个更有指示意义的名称。从数据集的说明文档中可知，该值表示以英寸为单位测量的降水量，因此可以将 Qpcp 重命名为 Amount of Precipitation (inches)，同时过滤掉 Qgag 或 Qpcp 中包含极值的记录。请注意，Qpcp 现在的名称是 Amount of Precipitation (inches)。

设置测量日期以显示月份和年份。将 Number of Stations（气象站数量）字段拖动到 Row（行）选择区以显示趋势。存在与 Number of Stations 总数的隐式比较，因此可以通过将 Number of Stations 拖动到 Marks（标记）区域的 label（标签）框中使之可见，如图 8.10 所示。

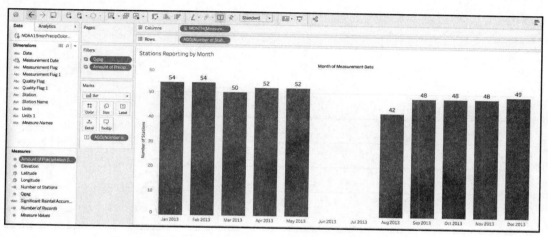

图 8.10　按月份统计的报告有效数据的气象站数量的趋势视图

问题分层结构中的下一个后续问题（在此期间报告可用数据的气象站在哪里？）是关于气象站的位置。可以使用地图映射功能来传达位置信息；还可以使用颜色回答其他后续问题，即某气象站是否报告了该期间的大量降雨？

现在可使用以下公式创建一个计算字段，并将其拖动到 Marks（标记）区域的 Color（颜色）框中。我们使用一个值作为阈值，大于等于该值将被受众视为显著值。本示例中设置该值为 0.2 in（约 0.5 cm）。

```
IF SUM([Amount of Precipitation (inches)]) >= 0.2 THEN
    "Yes"
ELSE
    "No"
END
```

生成的视图应类似于图 8.11。确保在每个视图中对工具提示使用相同的颜色和排列原则，以便清楚地显示重要信息。

最后，可以通过显示每个气象站的每日总和值来回答关于异常降水值的问题（这也是分层结构中的最后一个问题）。在第 6 章的数据调查中我们已经了解到，可以在每日条形图中轻松找到一些不同寻常的值。生成的可视化结果应类似于图 8.12。

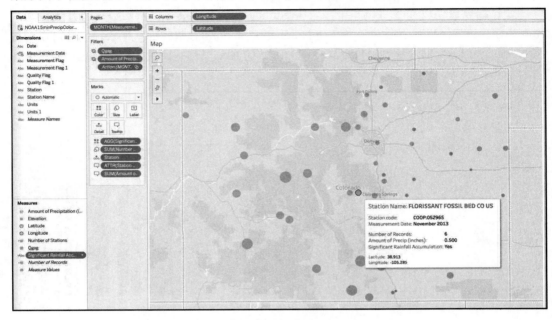

图 8.11　地图视图

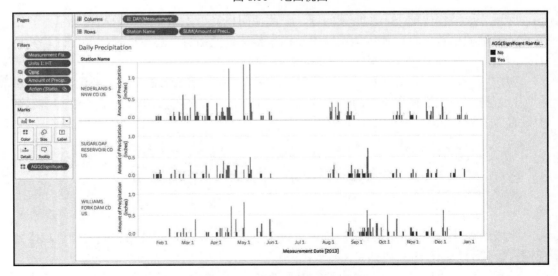

图 8.12　气象站视图的每日趋势

8.4.5　将视图组装到仪表板中

接下来的步骤是创建一个新的仪表板选项卡。将大小设置为 Generic Desktop (1366×768)（通用桌面，分辨率按 1366×768）。按照本章前面讨论的优先级顺序添加 4 个视图。初始仪表板应类似于图 8.13。

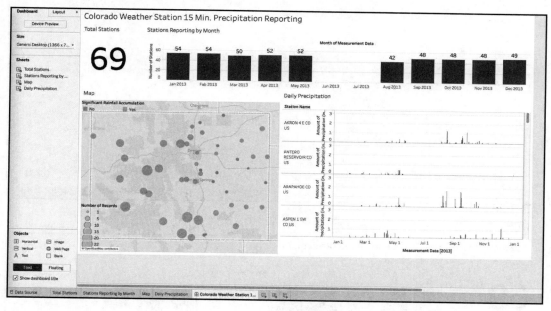

图 8.13　初始仪表板

使用 Tableau，可以添加仪表板操作，允许用户根据在源视图中单击的内容过滤其他视图。按照前面介绍的问题分层结构，单击每月趋势视图中的每月气象站计数条形图应过滤地图视图。地图视图上的一系列气象站应过滤每日趋势视图。

转到菜单栏中的 Dashboards（仪表板）并选择 Actions（操作），将若干个操作添加到仪表板视图中。

添加一个从每月趋势视图到 Map（地图）视图的过滤器，在条形图被选中时将通过 MONTH ([Measurement date])字段链接。对 Map（地图）视图执行相同操作，通过 Station（气象站）字段链接到每日趋势视图，如图 8.14 所示。

现在，仪表板的用户可以调查一个测量月份，以快速了解哪些气象站正在报告数据。他们还可以通过每日总降水量值查看一个气象站或一组气象站，以识别异常结果。图 8.15

中的示例显示了 2013 年 11 月发送报告的气象站的地图位置以及 Denver（丹佛）地区一些气象站的每日趋势。

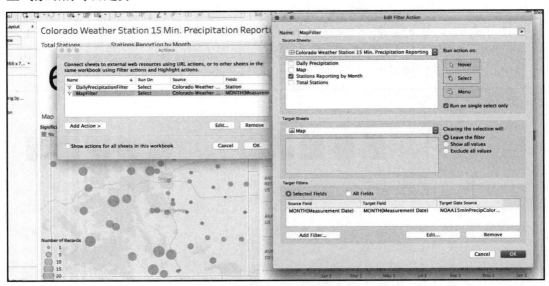

图 8.14　添加仪表板操作

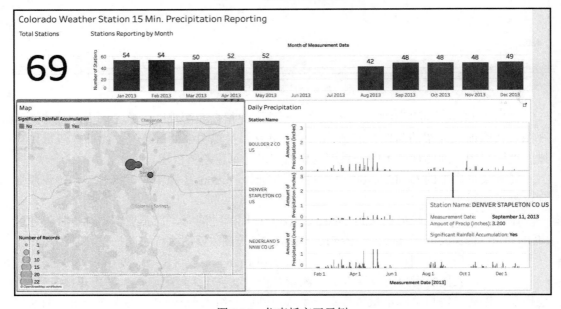

图 8.15　仪表板交互示例

8.5　创建和可视化警报

物联网数据的噪声往往是非常大的，经常存在无效值和缺失值，这需要时刻保持警惕，以便在发生数据问题时识别和纠正，具体的纠正操作可以在原始数据转换时进行，也可以在软件或设备中处理。

无论哪种方式，检测到问题的速度越快，解决问题的速度就越快。对于物联网数据，通常将不良数据视为很难恢复的损失，通过快速识别和纠正问题可将损失降至最低。

当然，也可以按照本章介绍的问题分层过程创建仪表板。考虑想要注意观察的值，然后设置一个警报视图来识别它。

8.5.1　警报设计原则

在设计警报系统时需要遵循一些原则，即使是作为仪表板一部分的简单警报也不例外。这些原则如下。

❑ 平衡警报灵敏度以最大程度地减少误报。如果警报过于灵敏，但人们却很少发现真正的问题，那么他们很快就会习惯并忽略警报。不过，也不能灵敏度太低，导致错过太多真正的问题。进行以下成本效益计算可帮助做出这种权衡。

[调查问题的成本] * [警报数量] < [实际问题的成本] * [真阳性概率]

该不等式的左侧值应该明显小于右侧值。

❑ 警惕警报疲劳。一长串连续警报令人生畏，随着时间的推移，人类大脑往往会习惯性地将其识别为正常情况。警报将开始成为背景噪声并且不会得到响应。任何拥有 Android 智能手机的人都知道这是什么感觉——太多的警报让人筋疲力尽。不需要对每个问题都发出警报。对于较大问题，应将其保持在可管控的数量范围内。

❑ 像待办事项列表一样发出警报。用户不必搜索问题所在；如果有的话，也应该为他们列出。如果没有发现任何问题，则空白清单会让人感到非常欣慰。

❑ 整合警报响应跟踪系统。如果你花了几个小时调查问题，却被告知其他人早已发现并纠正该问题，相信你会非常恼火。

8.5.2　使用 Tableau 仪表板组织警报

我们可以通过一个简单的示例来看看如何使用仪表板进行警报。Tableau Server 具有电子邮件功能，用户可以订阅，该功能将定期通过电子邮件发送仪表板图像，其中包含返回交互式仪表板的嵌入式链接，这样用户就可以像阅读早报一样阅读和消化新消息。

在调查 15 min 降水数据集时我们已经了解到，存在着代表状态而不是实际读数的测量值。这些状态值为-9999 或 999.99。如果我们每天都依赖这些数据，则希望看到的是气象站报告的有效的降水测量值，而几乎没有非测量值。这种情况下，我们可以组织一个简单的问题分层结构来代表思维过程，具体如图 8.16 所示。

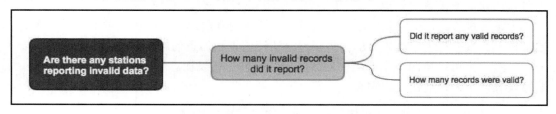

图 8.16　报告无效降水数据的气象站的警报问题分层结构

原　　文	译　　文
Are there any stations reporting invalid data?	是否有气象站报告了无效数据？
How many invalid records did it report?	它报告了多少无效记录？
Did it report any valid records?	它报告过有效记录吗？
How many records were valid?	有多少记录是有效的？

我们可以创建一个警报仪表板来每天监控这一点。这将允许快速识别问题。我们将首先按以下顺序创建 4 个额外的计算字段。

名称：**Precip Accumul Value Validity**
计算：

```
CASE [Qgag]
    WHEN -9999 THEN
        "Invalid"
    WHEN 999.990 THEN
        "Invalid"
    ELSE
        IF [Qgag] >= 0 AND [Qgag] <20 THEN
            "Valid"
        ELSE
            "Invalid"
        END
END
```

名称：**Precip Value Validity**
计算：

```
CASE [Amount of Precipitation (inches)]
    WHEN -9999 THEN
        "Invalid"
    WHEN 999.99 THEN
        "Invalid"
    ELSE
        IF [Amount of Precipitation (inches)] >= 0 AND [Amount of
Precipitation (inches)] <20 THEN
            "Valid"
        ELSE
            "Invalid"
        END
END
```

名称：**Invalid Count**
计算：

```
IF [Precip Accumul Value Validity] = "Invalid" AND [Precip Value Validity]
= "Invalid" THEN
    1
ELSE
    0
END
```

名称：**Valid Count**
计算：

```
If [Invalid Count] = 0 THEN
    1
ELSE
    0
END
```

　　在 Tableau 中有一个小技巧，可以在工具提示中创建动态条形图。你可以使用 ASCII 字符作为固定的正方形来创建看起来像动态长度的条。创建以下计算字段并将其拖到 Marks（标记）区域的 Tooltip（工具提示）框中。

名称：**Valid Count Bar**
计算：

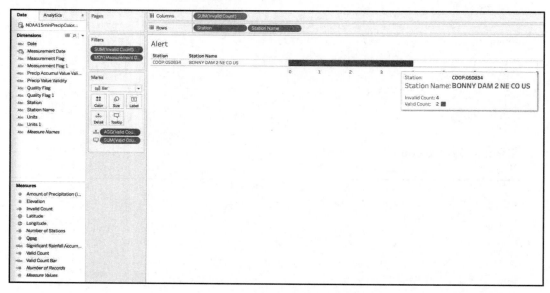

```
LEFT("███████████████████████████████████████████████████████",
SUM([Valid Count]))
```

　　现在，将上述计算字段安排到一个类似于图 8.17 所示的视图中。确保编辑 Tooltip（工具提示）以按适当的顺序排列信息。你可以将条形图公式移动到有效计数字段之后，添加测量日期过滤器，使该列表仅适用于一天。

图 8.17　警报视图

　　现在可以将警报视图放入仪表板。如果该警报视图是实时的，那么你可以将日期过滤器更改为相对日期并将其设置为昨天。然后，在 Tableau Server 中设置用户以接收警报视图的每日电子邮件。这样，你就可以在每天早上将一个需要检查的气象站列表发送到他们的收件箱。

8.6　小　　结

　　本章讨论了为物联网数据创建可视化效果时的常见错误，并给出了一些避免出现此类错误的提示。我们介绍了一种开发仪表板和可视化的方法（问题分层方法），以便将数据分析结果传达给受众。该方法的目标是使图表的视觉效果和参与交互的人的思维过程保持一致。

我们介绍了如何在仪表板上通过位置来传达重要性。对于从左到右、从上到下阅读的文化，最重要的信息应该位于左上角。

此外，使用颜色可以有效地向受众突出关键信息。

本章还使用了 Tableau 演示如何快速创建仪表板，以交互方式传达分析结果。我们通过前面章节使用的物联网天气数据示例进行了演示，并简要介绍了一些警报设计原则和使用 Tableau 的示例。

除了本书介绍的 Tableau，还有一些很棒的 R 和 Python 可视化包同样值得读者了解和探索。对于 R 语言，推荐使用 ggplot；对于 Python 语言，推荐使用 Seaborn。

第9章 对物联网数据应用地理空间分析

"我知道 Willard 离开后你的情况比较困难，但我有一个好消息要告诉你，公司会给你一些帮助。"伴随着这些话语而来的是公司互联服务开发副总裁，他缓步走向你的办公隔间，并向你投来关切的目光。

Willard 就是你的上司——哦，不，现在是你的前上司。他最近离职加入了另一家公司，担任物联网部门的负责人。他们对他建立基于云的物联网分析能力的成就印象深刻，当然，这只是你的猜想，但这就是生活啊！

现在，随着你的前上司的离开，副总裁和其他高管担心分析团队的良好发展势头会停滞。对于这种情况，你多少有点恼火，但是你也暗暗告诫自己，要往好的方面看，至少你得到了一些帮助。

他继续说道，"我们想加大投资，聚合分析恒温器数据并将其出售给电力公司。目前还没有一个竞争对手这样做，也许新来的人可以弄清楚如何做到这一点。"

哈，新人。这是激将法？"我明白了，目前公司的分析产品都是我开发的，所以你说的我当然也可以做到，"你迎着他投来的目光，自信地说道，"事实上，我也一直在寻找一个进行地理空间分析的切入点。"

你对自己的能力充满了自信，现在是时候让他们知道你的能力了。当然，你目前还不太确定该怎么做，因为这似乎有点麻烦，电力公司拥有不受州（省）界或邮政编码限制的服务区。你需要以某种方式在地图上绘制服务区域，然后在该区域中找到设备，这听起来像是要做很多手工工作。

"好吧，你的努力我们都能看见。如果你能完成这个项目，那么我相信你还能挑更重的担子。"他回答道。说完，他转过身，步履轻松地向外走，准备去参加下一个会议。你犹豫了一秒钟，想问问他是否知道其实你才是公司物联网分析背后的"大脑"，但随即你就摇了摇头，否定了自己的想法，然后回去工作。

本章将详细讨论如何利用地理空间分析来增强物联网分析。物联网设备有时会连接到在地理上不断移动的设备。即使不能移动，设备在部署时也可能具有不同的地理位置。这为通过使用基于位置的分析来寻找模式和开发有价值的服务创造了机会。我们将介绍一些地理空间分析的关键概念和技术。

本章包含以下主题。

（1）对物联网数据应用地理空间分析的优点。

（2）地理空间分析的基础知识。

❑　欢迎来到空岛。

❑　坐标参考系统。

❑　用于地理空间分析的 Python。

（3）基于向量的方法。

❑　边界框。

❑　包含。

❑　缓冲区。

❑　膨胀和侵蚀。

❑　简化。

（4）基于栅格的方法。

（5）存储地理空间数据。

❑　文件格式。

❑　关系数据库的空间数据扩展。

❑　在 HDFS 中存储地理空间数据。

❑　空间数据索引。

（6）处理地理空间数据。

❑　地理空间分析软件。

➢　ArcGIS。

➢　QGIS。

➢　ogr2ogr。

❑　PostGIS 空间数据函数。

❑　地理空间和大数据。

（7）解决污染报告问题。

9.1　对物联网数据应用地理空间分析的优点

想象一下，你的公司正在销售一种测量空气污染物的设备。它支持互联网连接，并使用 MQTT 定期向公司报告数据。该产品的目标市场是具有环保意识的消费者，他们既希望测量家庭环境周围的污染物，又希望为环境的集体监测做出贡献。

该产品的价值主张是，用户可以获得当地空气质量的免费分析，但这需要他们贡献数据来支持该事业。你的公司正计划汇总和打包对空气污染数据的高质量分析，以将其出售给政府和私人组织。

由于设备是通过各种零售店间接销售给消费者的，因此你的公司最初并不知道设备的位置。消费者在购买后会将设备连接到互联网，然后输入他们的地址。这样，设备的位置才可以被确定。

该设备具有多个传感器，可测量空气中不同污染物的水平。其中一个传感器测量二氧化氮（NO₂）的水平。NO₂ 不仅是一种有毒气体，而且具有破坏性的副作用。它促进了酸雨和光化学烟雾的产生，是其他有害二次空气污染物（如臭氧等）的前质。

图 9.1 显示了 Aeroqual 公司制造的二氧化氮传感器和二氧化氮分析模块的示例。

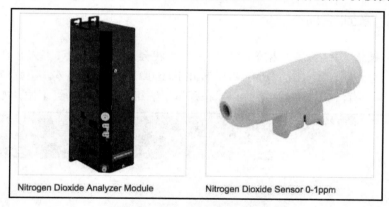

Nitrogen Dioxide Analyzer Module　　　　　Nitrogen Dioxide Sensor 0-1ppm

图 9.1　二氧化氮传感器和分析仪

资料来源：Aeroqual。

原　　文	译　　文
Nitrogen Dioxide Analyzer Module	二氧化氮分析模块
Nitrogen Dioxide Sensor 0-1ppm	二氧化氮传感器 $0 \sim 10^{-6}$

NO₂ 是通过燃烧化石燃料产生的。城市地区的主要贡献者通常是机动车尾气，但该气体也可能来自发电厂、制造设施和焊接工作。

公司想要构建和销售一个数据包，该数据包按与州（省）际高速公路的距离汇总 NO₂ 水平数据。它还希望汇总美国 115 个国会选区的结果数据。该公司认为国会游说者会为这些信息付出很高的代价。

起初，这项任务似乎非常麻烦，因为你所知道的关于设备位置的所有信息都是客户注册的地址。你的第一个想法可能是手动查看地图上的每个设备位置，并根据其与最近的州际公路的距离进行分类。但是，当你拥有 500000 台设备时，这项工作显然非常耗费人力且成本高昂。

值得庆幸的是，地理空间分析可以有效应对此类工作。接下来，我们将介绍若干个概念，然后重新考查这个示例并思考如何解决它。

9.2　地理空间分析的基础知识

在进入具体的讨论之前，我们还需要介绍一些基本概念，以便为后期的数据分析工作提供必要的知识背景。

9.2.1　欢迎来到空岛

如果你有报告 GPS 位置数据的设备，你很快就会开始注意到许多人正在访问非洲西海岸附近的一个地区。据说这是一个叫作 Null Island（空岛）的地方，正好位于 0 纬度和 0 经度。它甚至还有一个旅游网站，你可以在那里了解相关文化并购买 T 恤，如图 9.2 所示。

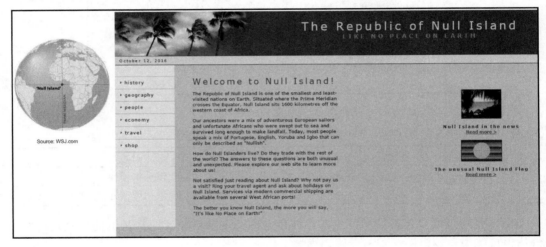

图 9.2　空岛位置和网站

资料来源：www.nullisland.com。

但是那个地方实际上并不存在，这是地理空间界的一个内部笑话。缺少的坐标值或空值都存储为 0（纬度和经度）。除了深入了解地理空间社区的幽默感，Null Island 还有助于引入地理空间分析的关键概念。

所有位置都基于参考其他一些起点。为了准确地表示一个位置，你需要知道起点的位置以及如何从该起点确定位置的框架。目前有很多关于如何做到这一点的描述，这也是坐标参考系统（coordinate reference system，CRS）出现的原因。

9.2.2　坐标参考系统

坐标参考系统也被称为空间参考系统（spatial reference system，SRS）或地图投影（map projection），用于确定将三维球状地球转换为平面 X、Y 坐标表面的方法。换句话说，它解释了使用什么方法将 3 个维度投影到二维表面上。

实际上有数千种已定义的方法可以做到这一点，每种方法都有自己的优点和缺点。每个定义的方法都是一个单独的 CRS，最常见的是全球定位系统（global positioning system，GPS）使用的世界大地测量系统 1984（world geodetic system 1984，WGS 84）。

为了正确识别位置并准确计算两点之间的表面距离等事物，必须知道一组空间数据的 CRS。它通常被识别并存储为文件或地理空间数据库的一部分。只要两者都已知，一个 CRS 就可以被转换为另一个 CRS。

9.2.3　地球并非完美球体

我们所处的地球并不是一个完美的球体。它是一个椭球体，就像一个大腹便便的男人，肚子挺得老高。这意味着在地理空间数据上使用简单的球体几何计算并不完全准确。

使用计算跨球体距离的方法（例如计算大圆距离的半正弦公式），将随着两点之间距离的增加而变得越来越不准确。当然，你仍然可以使用半正弦法来计算短距离，而不会造成太大的精度损失，但要避免在更长的距离上使用它。

半正弦公式如下所示。

$$\mathrm{hav}(\theta) = \sin^2\left(\frac{\theta}{2}\right) = \frac{1 - \cos(\theta)}{2}$$

以下 R 代码可用于计算地球上两点的半正弦距离。请记住，它在长距离上并不完全准确。取而代之的是利用代码包和了解 CRS 并能够使用它来精确计算空间数据的数据库系统。以下 R 代码使用了相距很远的两个点来让你了解该方法的相对不准确性。示例中两点之间的实际距离为 12935 km。

```
# 此代码改编自 RosettaCode

# 先提供两个点的坐标
# 芝加哥，美国奥黑尔机场（ORD）坐标
Point1Lat = 41.978194
Point1Long = -87.907739

# 印度孟买附近贾特拉帕蒂·希瓦吉国际机场（BOM）的坐标
```

```
Point2Lat = 19.0895595
Point2Long = 72.8656144

# 将十进制的度数转换为弧度
degrees_to_rad <- function(deg) (deg * pi / 180)

# 地球的体积平均半径为 6371 km，见 http://nssdc.gsfc.nasa.gov/planetary/
factsheet/earthfact.html
# 因此直径为 12742 km

# 使用半正弦方法计算大圆距离的函数
great_circle_distance <- function(lat1, long1, lat2, long2) {
    a <- sin(0.5 * (lat2 - lat1))
    b <- sin(0.5 * (long2 - long1))
    12742 * asin(sqrt(a * a + cos(lat1) * cos(lat2) * b * b))
}

# 计算两点之间的距离
haversine_distance <- great_circle_distance(
    degrees_to_rad(Point1Lat), degrees_to_rad(Point1Long),
    # 美国奥黑尔机场（ORD）
    degrees_to_rad(Point2Lat), degrees_to_rad(Point2Long))
    # 希瓦吉国际机场（BOM）

# 以 km 为单位显示结果
haversine_distance
# 12942.77 km
```

有不同的方法来调整地球的实际形状。WGS 84 CRS 使用了一些参数来提高预测的准确性。表 9.1 总结了这些参数。

表 9.1　WGS 84 定义参数

参　　　数	符　　　号	值
Flattening Factor of the Earth（地球的扁平化因子）	$1/f$	298.257223563
Geocentric Gravitational Constant（地心引力常数）	G_M	3986004.418×10^8 m^3/s^2
Nominal Mean Angular Velocity（标称平均角速度）	ω	7292115×10^{-11} rad/s
Semi-major Axis（半长轴）	a	6378137.0 m

资料来源：联合国外层空间事务办公室（United Nations Offic for Outer Space Affairs）。

虽然你会遇到 WGS 84 CRS 的二维坐标，但它其实是地球的三维表示。起点基于地球的质心。图 9.3 来自美国国防测绘局（Defense Mapping Agency），它显示了 WGS 84 CRS 的表示方式。

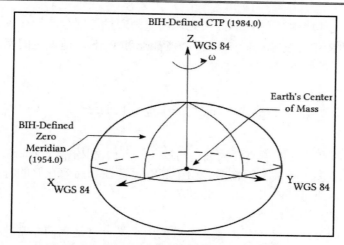

图 9.3　美国国防测绘局的 WGS 参考框架

原　　文	译　　文
BIH-Defined CTP (1984.0)	BIH 定义的 CTP（1984.0）
BIH-Defined Zero Meridian (1954.0)	BIH 定义的零子午线（1954.0）
Earth's Center of Mass	地球的质心

　　强调这一细节的目的不仅是让你了解地图投影背后的复杂性，而且是说服你利用该领域已经完成的几个世纪的工作。不要试图重起炉灶，利用现有成果即可。

　　利用地理空间分析中已经完成的功能的一个好方法是使用 Python 地理空间库。R 有许多很棒的包可以使用，但 Python 有更多选择。由于人们在地理空间社区中长期使用 Python，因此 Python 往往更加成熟。

　　Python 的可扩展性也往往比 R 更好，因此它更适合大规模、计算密集型处理。地理空间计算可以获得相当密集的数据，正如我们在本书中所了解的那样，物联网设备在短时间内就可以累积大量数据，从而使处理这些数据变成一项大规模的工作。

　　基于这些考虑，Python 非常适合用于地理空间分析。本章将把关注点从 R 代码转移到 Python 代码。对于大数据分析而言，这两者都会让人感到满意。使用 Python 前需要从以下网址下载 Anaconda 包。

https://www.continuum.io/downloads

　　Anaconda 包括 Python、R 和 720 多个包，其中包括 100 多个最流行的数据科学包。它还包括一个名为 Spyder 的 Python 集成开发环境（IDE）和基于浏览器的 Jupyter Notebook。Jupyter Notebook 对于物联网分析很重要，因为它可以在 Hadoop 集群上运行，允许用户在分布式环境中开发 Python 代码，而无须通过控制台运行代码。它还可用于在 Python、Scala 或 R 中开发 Spark 应用程序。Spark 和 Python 地理空间库的组合安装在整个集群中，提供了扩展地理空间分析的能力。

9.3　基于向量的方法

地理空间分析和文件类型有两大类：向量（vector）和栅格（raster）。向量都是关于形状的，而栅格更多则是关于网格的。由于具有灵活性和高效存储的特点，向量更为常见。向量可以简单地通过使用一组点来定义。

向量几何主要分为三种类型。

❑　点（point）：可以在两个或三个维度中定义。这是我们非常熟悉的常见纬度、经度对。之前在 R 代码中使用的机场位置就是点的示例。

❑　线（line）或 LineString：LineString 由一组点定义，顺序很重要。可以将多个 LineString 存储在一起，在这种情况下，它被称为 MultiLineString。河流系统或道路网络就是 MultiLineString 的一个示例。可以从爱荷华大学 GIS 图书馆下载包含美国州际公路网络的 MultiLineString 文件，其网址如下。

ftp://ftp.igsb.uiowa.edu/gis_library/USA/us_interstates.htm

图 9.4 是该文件的可视化结果。

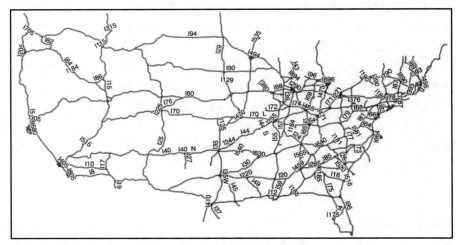

图 9.4　美国州际系统

资料来源：环境系统研究所（Environment System Research Institute，ESRI）。

❑ 多边形（polygon）：多边形被定义为一个封闭的点网络。点的顺序很重要，起点和终点重叠，从而封闭了形状。可以将多个多边形存储在一起，然后它被称为 MultiPolygon。这方面的一个典型例子是印度尼西亚国家的 MultiPolygon 图像，根据 CIA World Factbook，它由 13466 个岛屿组成，如图 9.5 所示。

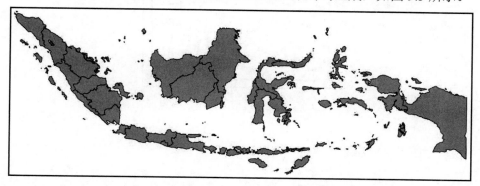

图 9.5　印度尼西亚的 MultiPolygon 图像

地理空间分析也有几个 Python 包。与向量相关的两个最流行的方法是 shapely 和 fiona。shapely 是一个平面几何库，它有几种计算地理算法，而 fiona 则可以与向量文件交互。用户可以在命令行使用 conda 命令或 pip install 命令安装这两个软件包，如以下代码所示。如果安装了 Anaconda 发行版，则可以使用 conda install 命令。

```
conda install shapely
```

或者，也可以使用以下命令。

```
pip install shapely
```

我们将探讨一些关键的向量概念以及实现它们的 shapely 代码。虽然这些概念并不全面，但相信它会带给你一个良好的起点。使用 fiona 将结果保存到文件中。

9.3.1　边界框

在基于向量的分析中，一个重要概念是边界框（bounding box）。这涉及地理空间处理的许多方面，包括空间索引。与不规则的 LineString 或 Polygon 相比，边界框的形状在计算上更容易搜索和操作。先把东西放进一个盒子里，然后再根据它的形状进行微调，这是一种高效搜索的常见模式，所以边界框也被称为"包围盒"。

边界框是包含相关向量对象的最小矩形。这通常被称为最小边界矩形（minimum bounding rectangle，MBR），是许多地理空间搜索算法的基础。图 9.6 显示了多边形集合的 MBR。

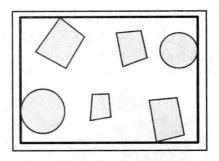

图 9.6　一组多边形的最小边界矩形

资料来源：维基百科。

可以使用边界框方法通过 shapely 确定 MBR。

```
# 导入 LineString 类
from shapely.geometry import LineString

# 从一系列的点创建 LineString
MBRline = LineString([(1, 0), (1, 1),(3,5),(2,2)])

# 确定 MBR 边界框
MBRboundingBox = MBRline.bounds

# 输出结果
MBRboundingBox

#(1.0, 0.0, 3.0, 5.0)
```

9.3.2　包含

还可以使用 contains 函数测试一个空间对象是否包含另一个空间对象，例如多边形中的点或某个州的城市。这可以用于确定某个位置是否位于邮政编码、州（省）或国会选区。within 函数是逆函数，它确定一个对象是否被包含在另一个对象中。

```
# 导入 Polygon 类
从 shapely.geometry 导入多边形

# 创建一个正方形多边形
polysquare = Polygon([(0,0),(0,2),(2,2),(2,0),(0,0)])
```

```
# 测试多边形是否包含点
print(polysquare.contains(Point(1,1)))

# 测试点是否在多边形内
print(Point(1,1).within(polysquare))

# 测试其他点是否在多边形内
print(Point(5,7).within(polysquare))
```

9.3.3　缓冲

缓冲区（buffer）将几何对象扩展指定的数量。如果它是 LineString，则缓冲区将创建一个 LineString 形状的多边形，该多边形在两侧都扩展了缓冲区量。为了说明这一点，图 9.7 显示了芝加哥附近的美国州际公路系统的特写镜头，缓冲区为 1 km。

图 9.7　芝加哥附近有 1 km 缓冲区的美国州际公路特写

9.3.4　膨胀和侵蚀

在 shapely 中，正缓冲是膨胀（dilation），负缓冲是侵蚀（erosion）。膨胀的效果如图 9.7 所示，而侵蚀则会将多边形的缓冲量缩小。

shapely 也有一些关于戴帽（cap）的形状（这里所谓的"帽子"就是线条末端的缓冲区）和缓冲区连接（join）到自身区域的选项。表 9.2 和表 9.3 显示了 cap 和 join 样式选项。

表 9.2　shapely.geometry.CAP_STYLE

特　　征	值
round	1
flat	2
square	3

表 9.3　shapely.geometry.JOIN_STYLE

特　　征	值
round	1
mitre	2
bevel	3

以下代码显示了缓冲工作原理。

```
# 导入 LineString 类、cap 和 join 样式
from shapely.geometry import LineString, CAP_STYLE, JOIN_STYLE

unbufferedLine = LineString([(0, 0), (1, 1), (0, 2), (2, 2), (3, 1),
(1,0)])
dilatedBufferedLine = unbufferedLine.buffer(0.5, cap_style =
CAP_STYLE.square)
erodedBufferedLine = dilatedBufferedLine.buffer(-0.3, join_style =
JOIN_STYLE.round)

# 显示多边形细节。这比直线更复杂
print(erodedBufferedLine)
```

图 9.8 显示了膨胀和侵蚀的可视化结果。

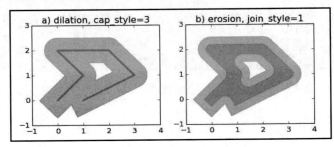

图 9.8　缓冲区示例

资料来源：shapely 文档。

9.3.5　简化

有时，在不需要精确细节的情况下，可以使用更简单的几何对象版本来加快计算速度。例如，在前面的州际公路示例中，用例可能不需要精确地沿着道路行驶的线路。如果线路接近，则在应用 1 km 缓冲区时它就可以正常工作。对象复杂性和大小的降低可以带来巨大的收益，尤其是在并行化的大数据环境中。在那种环境中，地理空间对象可以被保存在数百个节点的内存中，因此效率的提高会产生很大的影响。

shapely 提供了 simplify 方法来减少几何对象的大小和复杂性，同时保留大部分原始形状。tolerance 变量则负责控制减少的量，数字越大，越简化。下面的 Python 代码演示了其工作原理（该示例是前面缓冲区代码的扩展）。

```python
# 输出多边形区域
print(erodedBufferedLine.area)

# 显示定义多边形外部所需的坐标数
print(len(erodedBufferedLine.exterior.coords))

# 简化
erodedSimplified = erodedBufferedLine.simplify(0.05,
preserve_topology=False)

# 注意区域中的最小变化
print(erodedSimplified.area)

# 坐标大大减少
print(len(erodedSimplified.exterior.coords))

print(erodedSimplified)
```

9.3.6　研究更多基于向量的方法

限于篇幅，本节几乎没有触及可用于处理、操作和分析基于向量的几何的功能。该主题内容非常丰富，值得读者花时间深入了解，以增强物联网分析能力。

9.4　基于栅格的方法

栅格（raster）由排列成行和列的单元格组成。栅格可以视为屏幕上的像素，区别在于像素是使用设定的基本距离定义的。栅格文件和图像文件之间有很多共同点，因此有时也可以使用与图像文件相同的格式保存栅格文件。图像通常直接从栅格文件创建；从天气预报到地形图，我们总是会看到这样的例子。

网格中单元格的大小在概念上类似于图像的分辨率。与向量数据不同的是，栅格包含其覆盖的整个区域的信息。它对于具有整个区域的值的事物很有用，例如海拔和温度。缺点是产生的文件很大。

每个单元格的多个值可以存储为数据集中的不同波段（band）。这在概念上类似于彩色图像的 RGB 值。我们在第 7 章中讨论的 SRTM 和数字高程模型（digital elevation model，DEM）数据集就是栅格数据模型的示例。

栅格的主要 Python 包是 GDAL。它可以与 80 多种不同的栅格文件类型进行交互，并包含读取和转换栅格数据的功能。操作栅格数据可能会很复杂，这超出了本书的讨论范围。可以通过快速的互联网搜索找到一些很棒的教程。在大多数情况下，可使用基于向量的方法进行物联网分析。

栅格和向量数据层可以组合使用。图 9.9 由美国国家海洋和大气管理局（NOAA）提供，展示了如何将它们一起用于表示现实世界。

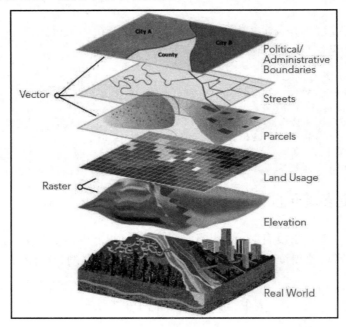

图 9.9　地理空间数据层示例

资料来源：美国国家海洋和大气管理局。

原　　文	译　　文
Vector	向量
Raster	栅格
City A	城市 A
City B	城市 B
County	县
Political/Administrative Boundaries	政治/行政区划边界
Streets	街道
Parcels	地块
Land Usage	土地使用情况
Elevation	海拔
Real World	真实世界

9.5　存储地理空间数据

有很多方法可以存储地理空间数据。根据你的预期用途，文件格式或关系数据库可能是最合适的。接下来我们将介绍这两者。

9.5.1　文件格式

存储地理空间数据的文件格式有数百种。向量数据最常见的是 ESRI shapefile。shapefile 实际上由多个不同的文件组成，主文件的扩展名为.shp。大多数地理空间感知软件和 Python 软件包都知道在给定.shp 文件的位置时会查找其他需要的文件。

GeoJSON 是另一种人类可读的存储格式。它使用定义的 JSON 格式将向量数据定义存储为文本。它易于阅读，但可能会变得很大。

表示向量数据的另一种方法（无论是在文件中还是在代码中）是使用知名文本（well-known text，WKT）格式和知名二进制（well-known binary，WKB）格式。WKT 是人类可读的，而 WKB 则不是。WKB 在大小上提供了很明显的压缩，因此通常是数据库存储的不错选择。它可以在读取时转换为 WKT。

图 9.10 总结了各种几何类型的 WKT 格式。

栅格数据最常存储在标记图像文件格式（tagged image file Format，TIFF）（.tiff）的文件中。它也可以存储为 ASCII 网格文件，但文件大小是一个问题。有一些压缩格式，例如扩展名为.sid 的多分辨率无缝图像数据库（multi-resolution seamless image database，MrSID）和扩展名为.ecw 的增强压缩小波（enhanced compression wavelet，ECW）。

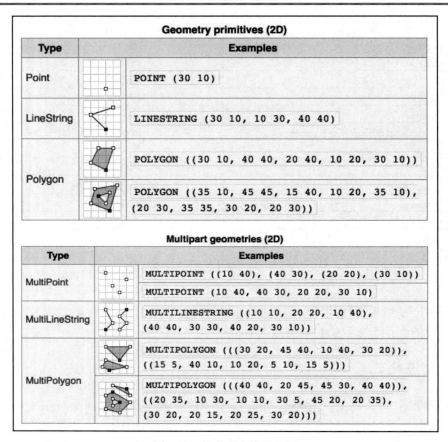

图 9.10　知名文本格式示例

资料来源：维基百科。

原　　文	译　　文
Geometry primitives (2D)	几何原语（2D）
Type	类型
Examples	示例
Multipart geometries (2D)	Multipart 几何体（2D）

9.5.2　关系数据库的空间数据扩展

通过空间数据扩展，关系数据库可以支持将几何数据存储在数据库表中，还可以执行一些地理空间功能。这些通常不是标准安装的一部分，但可以通过管理设置或安装软件扩展等来启用。

PostgreSQL 和 MySQL 都是开源关系数据库管理系统（relational database management system，RDBMS），它们都支持空间数据功能。PostgreSQL 是迄今为止最受欢迎且功能最齐全的。当为 PostgreSQL 启用空间组件时，它通常被称为 PostGIS。我们将看到可互换使用的术语。PostgreSQL 是 Amazon Web Service 上受支持的 RDS 选项，可以启用空间扩展，将其转变成 PostGIS。

对于闭源 RDBMS，Oracle（Spatial and Graph）和 SQL Server 都很流行。Oracle 通常被认为是功能最强大的。但随着越来越多的数据库支持空间数据，这些软件并不是唯一的选择。Amazon Aurora 是 AWS 上与 MySQL 兼容的托管 RDS 数据库，最近也增加了空间支持。

9.5.3 在 HDFS 中存储地理空间数据

HDFS 和 Hive 本身不支持空间数据类型。但是，一切都不会丢失，因为 HDFS 可以存储任何类型的文件，包括地理空间文件。几何图形可以按字符串（WKT）和二进制（WKB）形式进行存储。它们可以在检索时使用代码进行转换。

Hive 表是读时模式（schema-on-read）并支持用户定义函数（user defined function，UDF）。可以创建 UDF 来解释地理空间数据。

事实上，有一些开源项目就是这样做的。有一个项目被称为 SpatialHadoop，其网址如下。

http://spatialhadoop.cs.umn.edu/index.html

还有一个项目被称为 spatial-framework-for-hadoop，其网址如下。

https://github.com/Esri/spatial-framework-for-hadoop

遗憾的是，这些项目没有得到完全支持，并且不是 Cloudera 和 Hortonworks Hadoop 发行版的一部分。

一种更加稳定可靠的方法是将空间数据存储为 WKT 或 WKB，并使用 geospatial Python 包对其进行操作。

9.5.4 空间数据索引

想象一下，如果你不知道某人的住所、邮政编码，甚至连他们居住在哪个国家/地区都不知道，那么，当你想要找到这个人时，就必须逐一地拜访每个人的住所，直至遇到你要找的人，这将花费非常长的时间，无论如何都不会有人喜欢这么做。

值得庆幸的是，可以通过识别国家/地区、该国家/地区内的州或省、邮政编码和街道名称来快速识别某人的居住地，找到他们的门牌号，该门牌号往往遵循一个既定的顺序。

空间数据库可能会变得非常大，因此需要一种有效的几何搜索方法来缩短响应时间。这就是空间数据索引发挥作用的地方。有多种方法可以做到这一点。接下来，我们将介绍其中一种较为流行的方法。

9.5.5 R 树

R 树（R-tree）是 PostGIS 和 Oracle 数据库中使用的空间索引方法。它利用边界框概念来创建分层索引树。该树是平衡的，因为所有分支都具有相同级别的节点。为了理解如何构建基本的 R 树索引，我们将通过一个简单的示例进行演示。

对于给定的一组几何体，定义每个几何体的 MBR。每个几何体的 MBR 是保留在索引中的内容。图 9.11 显示了第一步的示例。

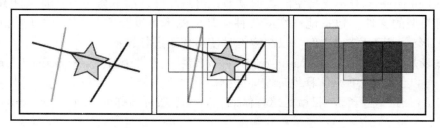

图 9.11　一组几何体的 MBR

资料来源：OSGeo 项目。

R 树索引是从 MBR 构建的，因此较大的边界框将包含较小的边界框组，目的是优化最低级别 MBR 的搜索时间。生成的边界框集形成树层次结构，存储为索引。然后使用索引树通过向下处理层次结构来快速找到匹配的几何图形。

图 9.12 对示例 R 树索引进行了可视化。

PostGIS 等空间数据库可以轻松地在几何字段上创建索引。PostGIS 使用了简单 SQL 语句构建 R 树索引。为了稳定可靠，PostGIS 将在通用搜索树（generalized search tree，GiST）层之上构建索引。GiST 是一种通用算法，可与多种类型的索引方法一起使用。

GiST 的示例代码如下。

```
CREATE INDEX [indexname] ON [tablename] USING GIST ([geometryfield]);
```

还有一个名为 rtree 的 Python 包，可用于构建索引作为代码模块的一部分。这对于需要重复扫描一组几何图形的密集地理空间处理非常有用。

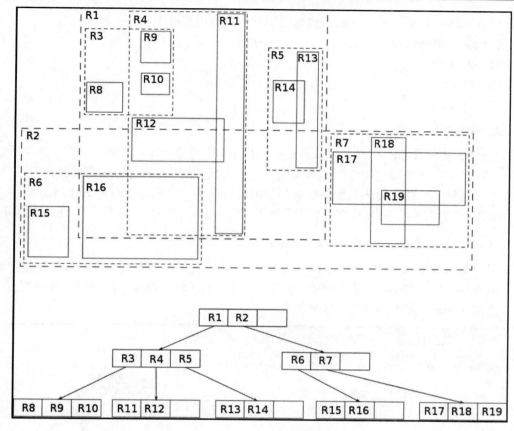

图 9.12　R 树索引

资料来源：维基百科。

9.6　处理地理空间数据

目前有一些专业软件可以帮助处理和可视化地理空间数据。这对于较小的数据和一次性的数据分析都很有用。即使拥有大数据解决方案，使用这些工具也可以帮助我们更有效地将我们的发现传达给他人。

9.6.1　地理空间分析软件

我们将介绍一些最流行的地理信息系统（geographic information system，GIS）工具，以便读者对它们有所了解。它们是地理空间分析的有用支持工具。

我们将介绍的软件如下。

❑　ArcGIS。

❑　QGIS。

❑　ogr2ogr。

1. ArcGIS

ArcGIS 是付费 GIS 软件的事实标准。它由 ESRI 公司开发和维护，具有一些很不错的功能，很多专业地理空间分析师都在使用。ArcGIS 拥有 ESRI 的世界级支持和许多培训选择，链接了一些有用的数据集和地理空间分析功能，这些功能也由 ESRI 维护。

ArcGIS 可作为桌面应用程序或云服务使用。用户可以注册 60 天免费试用，其网址如下。

https://www.arcgis.com/features/free-trial.html

用户可以使用 ArcGIS 执行多种不同类型的分析，包括对自定义 shapefile 进行地理编码。图 9.13 显示了如何使用 ArcGIS 定义一个多边形区域，这是一组位置点在星期五下午 5 点的 4 min 车程内的多边形区域。

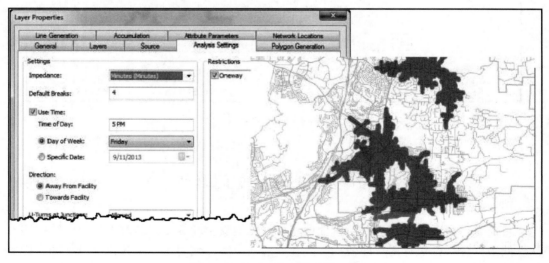

图 9.13　行驶时间区域分析示例

资料来源：ArcGIS。

2. QGIS

QGIS 是功能非常强大的开源桌面 GIS 软件。它类似于 ArcGIS，但不像 ESRI 付费软件那样具备全部功能。QGIS 在价格上是免费的，且具备大多数常见的功能。它还可以使用 Python 代码进行操作，相关的文档和书籍也非常丰富。

　　用户可以从以下网址下载并安装 QGIS。

http://www.qgis.org/en/site/forusers/download.html

　　如果无法获得 ArcGIS，则 QGIS 是一个很不错的选择。本书中的很多图像都是使用 QGIS 创建的。使用 QGIS 和 ArcGIS 都可以直接连接到地理空间数据库，如 PostGIS 和 Oracle。图 9.14 显示了可以使用 QGIS 创建的图像示例。

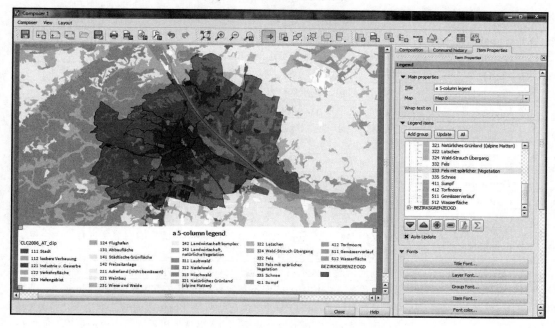

图 9.14　QGIS 示例

资料来源：anitagraser.com。

3．ogr2ogr

　　ogr2ogr 是 GDAL 库的一部分。它是一种命令行工具，用于将文件从一种 OpenGIS 简单要素参考实现（OpenGIS simple features reference implementation，OGR）空间数据格式转换为另一种格式。它是一个非常简洁的工具，但被地理空间分析师大量使用。命令行转换的一般格式如下。

```
ogr2ogr -f "file_format" destination_data source_data
```

例如,用户可以使用它将 PostGIS 数据转换为 shapefile 或将 shapefile 加载到 PostGIS。它支持将向量数据转换为 90 多种文件格式。

9.6.2　PostGIS 空间数据函数

PostGIS 包含许多可以在标准 SQL 查询中引用的空间数据函数。表 9.4 提供了一些常用函数的说明。

表 9.4　PostGIS 常用函数

功　　能	说　　明
ST_GeomFromText	从 WKT 表示返回指定的 ST_Geometry 值
ST_GeomFromWKB	根据 WKB 几何表示和可选的 SRID 创建一个几何实例
ST_Buffer	返回一个几何图形,该几何图形将覆盖输入几何图形给定距离内的所有点
ST_ConvexHull	几何体的凸包,表示包含集合内所有几何体的最小凸几何
ST_Intersection	返回一个几何图形,该几何图形表示 geomA 和 geomB 的共享部分
ST_Simplify	使用道格拉斯-普克算法(Douglas-Peucker algorithm)返回给定几何体的简化版本
ST_Boundary	返回几何体组合边界的闭合结果
ST_Transform	返回一个新几何体,其坐标已转换为不同的空间参考系
ST_Centroid	返回几何体的几何中心
ST_ClosestPoint	返回 g1 上最接近 g2 的二维点。这是最短直线的第一个点
ST_Contains	当且仅当 B 中没有任何点位于 A 的外部,并且 B 的内部至少有一个点位于 A 的内部时,才会返回 true
ST_Covers	如果几何体 B 中没有任何点位于几何体 A 之外,则返回 1(true)
ST_Crosses	如果提供的几何体有一些但不是所有的内部点都共有,则返回 true
ST_Distance	对于几何体类型,以投影的单位返回两个几何体之间的二维笛卡儿距离(基于空间参考系)。对于地理数据,输入默认值以返回两个地理位置之间的最小测地线距离(以 m 为单位)
ST_Intersects	如果几何/地理空间在 2D 中相交,则返回 true(共享空间的任何部分),否则返回 false(它们不相交)。对于地理数据,公差为 0.00001 m(因此任何靠近的点都将被视为相交)
ST_Length	如果几何体是 LineString 或 MultiLineString,则返回该几何体的 2D 长度。几何体以空间参考系为单位,地理数据以 m 为单位(默认椭球体)
ST_Touches	如果几何体图形至少有一个共同的点,但它们的内部不相交,则返回 true

上述函数可以轻松用作 SQL 查询的一部分。以下示例显示了如何将缓冲区添加到 Interstates 表中 Roads 几何体字段中的每个 LineString。

```
SELECT ST_Buffer(Roads, 10, 'endcap=round join=round')
From Interstates;
```

9.6.3　大数据世界中的地理空间分析

物联网数据的容量和速度对地理空间分析提出了很大的挑战，其数据很容易因为容量太大而无法使用桌面 GIS 工具进行分析，它甚至可能因为太大而无法在具有空间数据扩展功能的关系数据库中被有效处理。此外，由于地理空间功能的密集计算要求，近实时响应也可能是一个挑战。

在这种情况下，可以使用专门针对大数据构建的工具，它们也有一些地理空间分析选项。例如，Elasticsearch 是一个开源的分布式搜索引擎，它可以从一台服务器扩展到数百台服务器，并具有一些空间搜索功能，用户可以搜索在某个经纬度点一定距离内的位置。AWS 提供了托管的 Elasticsearch 服务，用户无须担心管理服务器的问题。

AWS 还拥有一项名为 Redshift 的托管 PB 级数据仓库服务。这在第 3 章已经介绍过。Redshift 不直接支持几何字段，但支持 Python 用户定义函数（UDF）。用户可以使用 Python 代码和 shapely 包创建 UDF，然后从 Redshift SQL 语句中调用它们。Hive 和 Spark 都可以使用类似的策略。

ESRI 支持名为 GP tools for AWS 的开源项目，允许 ArcGIS 用户连接到 Amazon EMR 和 S3 数据源。该项目托管在 GitHub 上，其网址如下。

https://github.com/Esri/gptools-for-aws

9.7　解决污染报告问题

根据在本章所学的知识，现在你已经可以解决本章开头介绍的按国会选区划分的物联网空气污染物传感器数据问题。在 PostGIS 等数据库中使用 Python 代码或空间数据查询函数执行以下步骤。

（1）下载美国州际公路的 shapefile。例如，University of Iowa（爱荷华大学）提供的美国国家交通地图集州际公路 shapefile，其网址如下。

ftp://ftp.igsb.uiowa.edu/gis_library/USA/us_interstates.htm

（2）下载美国国会选区的 shapefile。例如，可从美国人口普查局（Census Bureau）获得 TIGER/Line Shapefile，其网址如下。

https://www.census.gov/cgi-bin/geo/shapefiles/index.php?year=2016&layergroup=
congressional+districts+%28115%29

（3）使用 ogr2ogr 命令行工具将 shapefile 加载到地理空间数据库中，或者使用 fiona
包加载到 Python 中。

（4）使用 shapely 包或 PostGIS 中的 ST_Buffer 为州际公路的 MultiLineString 添加
1 km 的缓冲区。

（5）使用 Google Maps 等地图 API 对每个设备地址进行地理编码，以获得纬度和经
度点对。Google Maps API 在第 7 章中已经详细介绍过。

（6）将物联网设备位置加载为点几何图形。

（7）将 R 树索引应用于点和国会选区多边形以加快计算速度。这是可选操作。

（8）查找包含在州际公路缓冲多边形内的点。contains 函数是可执行此操作的方法
之一。将这些点标记在范围内，剩余的点标记在范围之外，以便它们可以用作比较。

（9）对于每个点，搜索包含它的国会选区多边形并跟踪结果。这是利用步骤（7）
创建空间索引的好地方。

（10）计算每个设备的污染值并结合国会选区和州际公路缓冲区的范围内外标签。

（11）透视和比较数据以编制报告。

（12）要求加薪，因为你为公司带来了收益！

（13）你还可以使用 buffer 函数中的 erosion（侵蚀）选项来创建识别多个距离范围
的州际多边形。从作为缓冲区的最大范围开始，然后在每个范围级别逐渐下降。为每个
范围创建一个缓冲多边形。首先搜索最小的缓冲多边形，其次是稍大的，然后是更大的，
以此类推。不在范围内的可不予考虑。

（14）又可以要求加薪了！

9.8　小　　结

本章详细阐释了如何使用地理空间分析来发现有关物联网数据的见解并回答复杂的
问题。我们讨论了地理空间分析对地理分布的物联网设备的重要性，并介绍了坐标参考
系（CRS）、半正弦距离及其局限性等概念。

我们所身处的世界并不是一个完美的球体，为此我们介绍了进行调整以准确测量距
离的方法，并且讨论了用于地理空间分析的 Python 函数，如 buffer 和 contains 等，还附
带了一些相应的示例。

存储和处理地理空间数据需要一些专门的操作。本章介绍了一些地理空间数据库和 GIS 软件工具，还列出了 PostGIS 常用的空间数据函数。我们还讨论了在大数据世界中利用地理空间分析的一些技巧。

地理空间分析为以创新的方式分析物联网数据提供了巨大的机会。它可以帮助发现噪声很大的数据中的模式，这也是从数据中提取价值、创造收益的另一种方式。

第 10 章　物联网分析和数据科学

"由于你的地理空间搜索创新服务，我们的收入增长了 5%，"公司互联产品开发副总裁兴奋地说道，"你知道的，你的前上司的职位仍然空缺，也许我们应该从内部提拔……"

你的心跳加快了，你早就希望他能得出这个结论。在你的数据分析为公司带来利润之后，你本就应该得到升职。现在已经有一个人为你工作，专注于地理空间分析。也许你还可以打开思路，让整个团队再做些什么。

"我们一直在尝试一些东西，"他继续说道，"凭借着我们收集的所有这些数据，我们应该能够利用机器学习模型来预测设备故障。有些人认为我们应该聘请外部顾问。"

他眨眨眼睛就走开了，双手背在身后，吹着口哨，颇有点像勃拉姆斯的曲调。

本章将介绍机器学习、深度学习和使用 ARIMA 进行预测等数据科学技术，特别关注如何将这些方法用于物联网数据。每个核心概念都将与 R 中的示例一起进行讨论。对于深度学习的介绍将使用 TensorFlow 创建 Amazon EC2 实例。

本章涵盖了很多内容，所以请用心学习。

本章包含以下主题。

❑　机器学习。

　　核心概念。

❑　特征工程。

❑　验证方法。

❑　偏差-方差权衡。

❑　比较并找到最适合的模型。

❑　随机森林模型。

❑　梯度提升机模型。

❑　异常检测。

❑　使用 ARIMA 进行预测。

❑　深度学习。

➢　使用物联网数据的用例。

➢　使用 TensorFlow 设置和运行简单的深度学习模型。

10.1　机　器　学　习

蜘蛛侠的叔叔本·帕克曾经说过，"能力越大，责任越大。"这对于机器学习（machine learning，ML）来说是完全正确的。机器学习很容易出错，但在熟练的从业者手中，它确实像是一种艺术形式。机器学习可以用来大规模地做一些不可思议的事情，但它应该带有一个很大的警告标志："谨慎使用，再三验证"。

虽然我们将讨论一些核心概念并提供用户可以自己获取和运行的代码，但这仍是一个需要大量学习的复杂领域。熟练应用它需要数年时间。本章中的每一节本身都可以写一本书——不，很多本书。因此，如果打算在物联网数据上应用机器学习，请仔细阅读，然后带着问题和思考查阅更多内容。本章旨在引领读者进入数据科学家的门墙，至于接下来的路就全靠读者自己了。

10.1.1　关于机器学习

向 100 位专家询问机器学习的定义，可能会得到 100 个略有不同的答案。有些人会放宽视野，回答得很全面，包括深度学习、人工智能和一些传统的统计技术（如最小二乘线性回归）等，而有些人则会将它与称为统计学习的相关领域分开，将机器学习狭义地定义为一些建模技术。

有人甚至会说它根本不存在于现实世界，只存在于过度炒作的媒体故事中。他们认为这与几十年来一直在进行的传统统计分析完全相同。有些人会认为"机器学习"一词与"人工智能"一词完全可以互换，而另一些人则会认为它们是完全独立的事物。

机器学习是统计技术在一组有序的步骤（也被称为算法）中的应用。统计技术很少有新的，许多已经存在了几十年，有些已经存在了一个多世纪。许多机器学习方法也已经存在了几十年。改变的是计算力成本的急剧下降以及计算力的急剧增加。在 1980 年需要几个月才能计算出来的结果，现在只需要几秒钟或更短的时间即可完成计算。

随着一些强大的开源统计软件库（如 R 和 Python）的出现，再加上现代计算硬件的低成本和可用速度，机器学习已经在各种应用程序中变得实用。随着机器学习使用的增加，对现有方法的改进和新算法的开发也随之而来。这直接导致预测能力的显著提高，形成了机器学习的黄金时代。

我们将使用一个类比（希望这不是夸大其词）来帮助你思考这一点。使用传统的统计技术时，你就像是一名机械工程师，运用你的专业知识和关于事物如何工作的知识来定义一组组合在一起的组件。你可以使用这些方法来明确地构建你的统计模型，根据数据的测试和分析来定义每个组件的详细信息。

使用机器学习时，你将变得更像一名农业工程师——培育数据模型的农民。你的任务是使用大量的数据训练出拟合度最好的数据模型，如图 10.1 所示。

图 10.1　机器学习从业者

资料来源：Jim Campbell 作品，https://www.inlander.com/spokane/farming-data/Content?oid=2136658。

本章将机器学习定义为一种具有 3 个通用组件的方法，当它们组合时，可以从所提供数据的土壤中发展出一个程序。这组统计技术将学习确定目标值或类别的基础函数的表示。在这种情况下，学习是一个拟合过程，而不是像我们人类一样的认知过程，你的计算机根本不知道这一切意味着什么——它全是 0 和 1。

实际上，机器学习模型的底层函数思想从来都不是认知。因此，该方法的准确率只能从新数据示例的错误率中推断出来。许多机器学习算法（实际上是一组算法）的目标是以迭代方式找到正确的杠杆组合以最小化这些错误率。如果生成的机器学习模型在这方面做得很好，那么它就可以很好地泛化。稍后将对此进行更多说明。

任何机器学习模型都可以被视为具有 3 个相互关联的组件。

❑　表示。

❑　评估。

❑　优化。

接下来，让我们详细介绍这 3 个组件。

10.1.2　表示

表示（representation）是计算机可以解释的模型正式构建的方式。例如，决策树、支持向量机和神经网络等都是表示的方式。机器学习模型通常由表示的名称来引用。例如，分类器（classifier）就是由表示生成的可能模型集合中的一个实例。当我们选择使用某种表示时，我们其实正在确定模型能够学习的分类器的可能性。可能性的范围被称为假设空间（hypothesis space）。

如果真实的（也是未知的）分类器模型不在假设空间中，那么它是无法学习的。我们将使用的大多数表示模型都有很大的假设空间，因此这可能不会成为问题。但是我们应该意识到这一点，因为我们可能需要扩展表示模型的选择以扩展集体假设空间。如果我们从正常的机器学习模型集中获得较差的预测性能，那么这可能是必要的。

10.1.3　评估

随着机器学习模型的自我调整，需要有一种方法来评估（evaluation）它的表现。需要有一个函数来衡量性能，以了解哪些分类器是优秀的，哪些是比较糟糕的。这就是评估函数发挥作用的地方。常见的评估函数包括准确率、错误率、精确率、召回率、F 分数、平方误差和信息增益等。

这些函数也被称为目标函数（objective function）或评分函数（scoring function）。

10.1.4　优化

大多数机器学习模型表示都有很大的假设空间。对所有可能性的顺序搜索将花费比你等待答案更长的时间；月、年或生命周期，具体取决于模型表示的复杂性。优化方法的选择决定了学习过程的效率。有若干种通用方法可以搜索最佳分类器。这方面的一些示例包括梯度下降、贪心搜索和线性规划等。

图 10.2 总结了机器学习算法的 3 个组成部分。

Representation	Evaluation	Optimization
Instances	Accuracy/Error rate	Combinatorial optimization
K-nearest neighbor	Precision and recall	Greedy search
Support vector machines	Squared error	Beam search
Hyperplanes	Likelihood	Branch-and-bound
Naive Bayes	Posterior probability	Continuous optimization
Logistic regression	Information gain	Unconstrained
Decision trees	K-L divergence	Gradient descent
Sets of rules	Cost/Utility	Conjugate gradient
Propositional rules	Margin	Quasi-Newton methods
Logic programs		Constrained
Neural networks		Linear programming
Graphical models		Quadratic programming
Bayesian networks		
Conditional random fields		

图 10.2　机器学习算法的 3 个组成部分

资料来源：*A Few Useful Things to Know about Machine Learning*（《关于机器学习的一些有用的知识》），作者：华盛顿大学 Pedro Domingos。

原　　　文	译　　　文
Representation	表示
Instances	示例
K-nearest neighbor	K 最近邻
Support vector machines	支持向量机
Hyperplanes	超平面
Naive Bayes	朴素贝叶斯
Logistic regression	逻辑回归
Decision trees	决策树
Sets of rules	规则集
Propositional rules	命题规则
Logic programs	逻辑程序
Neural networks	神经网络
Graphical models	图形模型
Bayesian networks	贝叶斯网络
Conditional random fields	条件随机场
Evaluation	评估
Accuracy/Error rate	准确率/错误率
Precision and recall	精确率和召回率
Squared error	平方误差

原　　文	译　　文
Likelihood	似然
Posterior probability	后验概率
Information gain	信息增益
K-L divergence	K-L 散度
Cost/Utility	成本/效用
Margin	边际
Optimizations	优化
Combinatorial optimization	组合优化
Greedy search	贪婪搜索
Beam search	束搜索
Branch-and-bound	分支定界
Continuous optimization	持续优化
Unconstrained	不受限
Gradient descent	梯度下降
Conjugate gradient	共轭梯度
Quasi-Newton methods	拟牛顿法
Constrained	受限
Linear programming	线性规划
Quadratic programming	二次规划

10.1.5　泛化

　　机器学习项目的基本目标是生成一个模型，然后使用该模型预测未见数据（例如，通过现有股票交易数据训练出一个机器学习模型，然后使用该模型预测未来股票交易价格）。我们希望它以最小的错误进行预测、分类或估计。因此，我们要处理的重点并不是已经拥有的数据，而是未见数据。

　　用于开发机器学习模型的数据被称为训练集（training set）。训练集应该代表我们希望在将来应用模型的数据集中找到的内容。即使我们有一个非常大的训练集，未来的数据集也不太可能完全相同。这个庞大而复杂的世界会产生很多变化。

　　机器学习模型使用各种未来示例按预期工作的能力被称为泛化（generalization）。它是机器学习、深度学习和大多数其他预测建模技术中的一个关键概念。我们希望机器学习模型能够准确预测今天拥有的数据和未来将拥有的数据。也就是说，我们希望模型能够泛化到它所源自的数据集之外。我们所考虑的重点应该是增加未来未知数据集的准确性概率。毕竟，这是首先开发机器学习模型的重点。

但是，由于今天拥有的数据是训练集，并且尝试使用模型逼近的底层函数是未知的，因此我们别无选择，只能使用训练数据本身的误差作为未来数据集误差的代理，因为机器学习模型会自我优化，当然这也是有风险的。

庆幸的是，有一些方法可以保护我们免受盲目乐观的机器学习模型的影响，下文将对此进行详细介绍，现在只需要知道，实用的机器学习是建立在不信任的基础上的，这是使它非常强大的原因之一。

如果处理得当，通过严格验证的机器学习模型将继续在纷繁复杂的现实世界中应用并取得更大的成果。

10.2　使用物联网数据进行特征工程

常有人说，自动执行机器学习的软件工具可以获取你的所有数据并确定什么是重要的，然后自动从中构建最佳模型——而你，只需单击一个按钮即可。但是，一般而言，你拥有的原始数据并不是机器学习模型可以成功使用的形式。按原样使用数据可能是一个很糟糕的提议。在美妙的自动化声音的引诱下，许多不知深浅的开发人员像被海妖吸引的渔夫一样，在这条航路上折戟沉沙。

显著提高机器学习模型的预测能力的最佳方法之一不在于算法本身，而在于如何将导致模型产生的数据呈现给模型。数据的转换、新字段的添加以及分散注意力的字段的删除都是在清晰知道表示模型如何运作的情况下完成的。这个过程被称为特征工程（feature engineering）。数据字段通常被称为机器学习中的特征（feature）。我们将在本章的其余部分采用该术语。

特征工程的目标是使你的机器学习模型尽可能容易地获得工作良好的性能。不同的表示对于什么是工作良好有不同的要求，因此你会发现自己需要创建专门针对机器学习表示的相同原始数据集的不同版本。也就是说，你需要了解正在使用的每个机器学习表示，以确保为其提供最佳执行机会。

特征工程是一门艺术，而且很难。但是，它可以增加很多价值并大大增加你成功的可能性。接下来我们将阐释与此相关的一些关键概念。

10.2.1　处理缺失值

物联网数据非常混乱（很多消息发出去了不确定能否被接收），缺失值是常见的。

有一些选项可以解决这个问题，以提高机器学习模型的质量。这就是操作人员技术和经验发挥作用的地方——判断力很重要。

以下是一些处理缺失值的方法。

❑ 删除包含缺失值的数据行。这是比较简单的处理方式，但如果只有一小部分丢失，而且这个百分比看起来是随机的，那么它对结果的影响很小。我们可以使用 Tableau 等工具分析有缺失值的数据，并与没有缺失值的数据进行对比，判断删除行的影响。R 和 Python 等也可以很好地完成这项任务。

❑ 不要使用包含大量缺失值的特征，只需将它们取出即可。如果使用的特征中有很高百分比的估算值，那么通过这种方式构建的结果模型，其有效性将是值得怀疑的，这和使用口香糖补胎一样，只能凑合一时。

❑ 可以使用特征有效值的平均值、中位数或众数来估算值。这虽然不够好，但在某些情况下也可以工作。第 6 章介绍了一些确定数据意义的技术，可以结合这些技术来填充值。

❑ 创建一个机器学习模型以根据其他特征估算值，然后使用机器学习模型中的结果来预测目标变量。目标变量就是我们所要预测的，也是构建模型的目的。通过嵌套建模，可以获得更好的缺失值估计。

R 中的 mice 包可用于识别和处理缺失值。mice（老鼠）这个名称其实是通过链式方程进行多变量插补（multivariate imputation by chained equations）的缩写。它具有多个函数来进行一些高级插补以填充缺失值。它还可以使用机器学习技术（例如随机森林和逻辑回归）来估算值。图 10.3 显示了 R mice 包的标志。

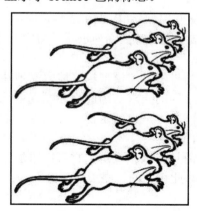

图 10.3　R mice 包（这些家伙可以帮助估算缺失值，靠剩余的键盘奶酪生存）

下面的代码演示了一个非常简单的使用 mice 来估算值的示例。我们将从安装 R 时附带的示例数据集 airquality 开始。它表示的数据类似于物联网设备可能获得的数据。

```
# 确保所需的软件包都已安装
if(!require(mice)){
    install.packages("mice")
}
if(!require(VIM)){
    install.packages("VIM")
}
if(!require(lattice)){
    install.packages("lattice")
}

library(mice)
library(VIM)
library(lattice)

# 载入 airquality 数据集（安装 R 时附带的示例数据集）
mice_example_data <- airquality
```

接下来，汇总数据以查看统计信息并了解缺失值的位置。

```
# 汇总原始数据。注意 Temp 中的 NA 值
summary(airquality)
```

汇总结果如图 10.4 所示。请注意缺失值（NA）的模式。

```
     Ozone           Solar.R          Wind             Temp           Month            Day
 Min.   :  1.00   Min.   :  7.0   Min.   : 1.700   Min.   :56.00   Min.   :5.000   Min.   : 1.0
 1st Qu.: 18.00   1st Qu.:115.8   1st Qu.: 7.400   1st Qu.:72.00   1st Qu.:6.000   1st Qu.: 8.0
 Median : 31.50   Median :205.0   Median : 9.700   Median :79.00   Median :7.000   Median :16.0
 Mean   : 42.13   Mean   :185.9   Mean   : 9.958   Mean   :77.88   Mean   :6.993   Mean   :15.8
 3rd Qu.: 63.25   3rd Qu.:258.8   3rd Qu.:11.500   3rd Qu.:85.00   3rd Qu.:8.000   3rd Qu.:23.0
 Max.   :168.00   Max.   :334.0   Max.   :20.700   Max.   :97.00   Max.   :9.000   Max.   :31.0
 NA's   :37       NA's   :7
```

图 10.4　数据集汇总结果

可以看到，只有 Ozone 和 Solar.R 这两列包含缺失值，我们可以删除更多的值来演示 mice 估算缺失值的方式。

```
# 从 Temp 字段删除一些数据
mice_example_data[1:5,4] <- NA
# 从 Wind 字段删除一些数据
mice_example_data[6:10,3] <-NA
```

```
# 汇总原始数据。注意 Temp 中的 NA 值
summary(mice_example_data)
```

现在的汇总结果如图 10.5 所示。

```
     Ozone           Solar.R          Wind            Temp           Month           Day
 Min.   :  1.00   Min.   :  7.0   Min.   : 1.700   Min.   :57.00   Min.   :5.000   Min.   : 1.0
 1st Qu.: 18.00   1st Qu.:115.8   1st Qu.: 7.400   1st Qu.:73.00   1st Qu.:6.000   1st Qu.: 8.0
 Median : 31.50   Median :205.0   Median : 9.700   Median :79.00   Median :7.000   Median :16.0
 Mean   : 42.13   Mean   :185.9   Mean   : 9.848   Mean   :78.28   Mean   :6.993   Mean   :15.8
 3rd Qu.: 63.25   3rd Qu.:258.8   3rd Qu.:11.500   3rd Qu.:85.00   3rd Qu.:8.000   3rd Qu.:23.0
 Max.   :168.00   Max.   :334.0   Max.   :20.700   Max.   :97.00   Max.   :9.000   Max.   :31.0
 NA's   :37       NA's   :7       NA's   :5        NA's   :5
```

图 10.5　删除一些数据后的汇总结果

还可以使用 mice 以更复杂的方式查看缺失数据中的模式。md.pattern()函数将按特征组合显示缺失值的频率。

```
# 使用 mice 查看缺失数据的模式。第一个未命名的列中将显示行数
# 完整或缺失的模式由命名列中的 1 或 0（缺失）表示
# 结果显示有 104 行的所有行数据完整，34 行仅缺少 Ozone，4 行仅缺少 Solar.R
md.pattern(mice_example_data)
```

输出窗口显示的缺失值模式如图 10.6 所示。

```
    Month Day Wind Temp Solar.R Ozone
104   1   1    1    1      1      1   0
 34   1   1    1    1      1      0   1
  4   1   1    1    1      0      1   1
  3   1   1    0    1      1      1   1
  4   1   1    1    0      1      1   1
  1   1   1    1    1      0      0   2
  1   1   1    0    1      1      0   2
  1   1   1    0    1      0      1   2
  1   1   1    1    0      0      0   3
      0   0    5    5      7     37  54
```

图 10.6　使用 mice 以更复杂的方式查看缺失数据中的模式

查看模式的一种更直观的方式是通过 VIM 包使用聚合绘图。以下代码和图 10.7 显示了缺失值的位置（图 10.7 中以红色表示缺失值）。右侧的百分比数字还显示了该特征中有多少缺失值。注意任何缺失超过 5%的特征，因为缺失超过 5%的特征很难正确估算，并且在构建机器学习模型时最好将其排除在数据集之外。在本示例中可以看到，Ozone 是该数据集中唯一缺失值超过 5%的特征。

```
# 使用 vim 包直观查看缺失值
aggr_plot <- aggr(mice_example_data, col=c('gray','red'), numbers=TRUE,
sortVars=TRUE, labels=names(data), cex.axis=.7, gap=3, ylab=c("Histogram
-missing data","Pattern"))
```

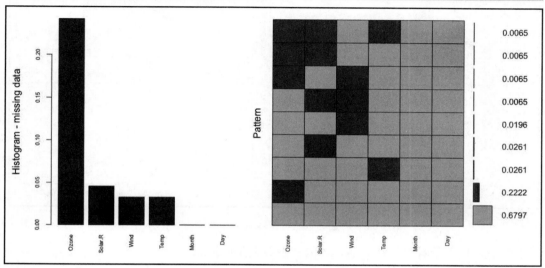

图 10.7　显示缺失值的空气质量数据聚合绘图

现在可以使用 mice 来估算值。我们将使用默认的 5 组插补。

```
# 在插补之前删除月份和日期的分类变量
# mice() 函数是一种马尔可夫链蒙特卡罗（Markov Chain Monte Carlo，MCMC）方法
# 该方法可利用数据的相关性
# 并通过使用不完整变量的回归，为每个特征插补 m 次缺失值（默认为 5 次）
# 在其他变量上迭代执行，通过 maxit 设置最大迭代次数
imputed_example_data = mice(mice_example_data[-c(5,6)], m=5,
printFlag=FALSE, maxit = 50, seed=250)
```

可以使用密度图查看估算值与实际已知值的比较情况。已知值以蓝色线显示，估算值以浅红色线显示。

请记住，我们将其设置为估算值的 5 次迭代，因此有 5 条浅红色线，如图 10.8 所示。

```
# 查看结果的密度图
# 蓝色线是实际观察数据，红色线是插补数据
densityplot(imputed_example_data)
```

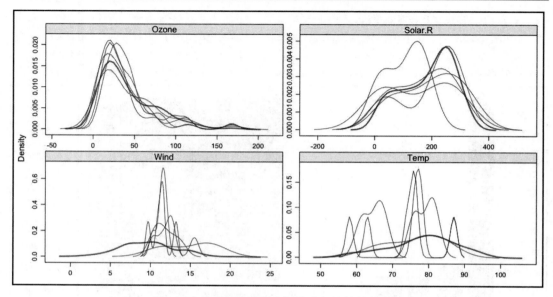

图 10.8　将估算数据与实际值进行比较的密度图

最后，可以查看包括估算值在内的完整数据集的汇总。

```
# 使用 complete 函数获取已插补值的数据集
completed_example_data <- complete(imputed_example_data,1)
# 现在来看一下汇总
summary(completed_example_data)
```

汇总结果如图 10.9 所示。

```
     Ozone          Solar.R          Wind            Temp
 Min.   :  1.0   Min.   :  7.0   Min.   : 1.70   Min.   :57.00
 1st Qu.: 18.0   1st Qu.:115.0   1st Qu.: 7.40   1st Qu.:72.00
 Median : 31.0   Median :212.0   Median : 9.70   Median :79.00
 Mean   : 42.6   Mean   :186.2   Mean   :10.01   Mean   :77.83
 3rd Qu.: 63.0   3rd Qu.:259.0   3rd Qu.:11.50   3rd Qu.:85.00
 Max.   :168.0   Max.   :334.0   Max.   :20.70   Max.   :97.00
```

图 10.9　包括估算值在内的完整数据集的汇总

mice 的插补方法很多，使用以下代码可获得其完整选项列表。

```
methods(mice)
```

mice 插补方法的完整选项列表如图 10.10 所示。

```
[1] mice.impute.2l.norm       mice.impute.2l.pan      mice.impute.2lonly.mean   mice.impute.2lonly.norm
[5] mice.impute.2lonly.pmm    mice.impute.cart        mice.impute.fastpmm       mice.impute.lda
[9] mice.impute.logreg        mice.impute.logreg.boot mice.impute.mean          mice.impute.midastouch
[13] mice.impute.norm         mice.impute.norm.boot   mice.impute.norm.nob      mice.impute.norm.predict
[17] mice.impute.passive      mice.impute.pmm         mice.impute.polr          mice.impute.polyreg
[21] mice.impute.quadratic    mice.impute.rf          mice.impute.ri            mice.impute.sample
[25] mice.mids                mice.theme
see '?methods' for accessing help and source code
```

图 10.10　mice 插补方法的完整选项列表

10.2.2　居中和缩放

测量值可以来自截然不同的范围。例如，气压通常以毫巴（mbar）为单位测量，海平面的平均值为 1013 mbar（101300 pa），而大气温度通常在-30℃～40℃。

调整这些差异的方法被称为居中（centering）。我们可以通过计算特征中所有值的平均值来使特征居中，然后从每个单独的值中减去它。生成的变换特征的平均值为 0。

想象一下，我们可以绘制一个直角三角形，其中第一边长为 100 m，第二边长为 1 m，斜边的边长为 100.03 m。斜边几乎无法与 100 m 长的线区分开来。

现在，假设第一边的边长拉伸到 10000 m，而第二边的边长保持 1 m 不变，在这种情况下，我们甚至不会说它是一个三角形，因为它太畸形了，失去了归类于三角形的意义。对于包含许多尺度相差很大的特征值的机器学习模型来说，也存在这个问题。

举例来说，如果数据集中同时包含降水量与海拔这两个特征或房屋价格与卧室数量这两个特征，那么它们的值显然会相差很大——降水量可以低至几毫米，海拔可以高达数千米；房屋价格可以高达数万元，而卧室数量通常是个位数。

解决此问题的方法之一是缩放（scaling）。缩放可将特征的每个值除以其标准偏差（根据特征中的所有值计算）。这会强制这些值的标准偏差为 1。

结合居中和缩放，现在所有的（连续值）特征都可以相互比较。我们只是让机器学习模型更容易从噪声中梳理出信号。

以下示例代码显示了如何在 R 中应用它。以下是 10.2.1 节中 mice 示例代码的延续。

```
# 居中和缩放完整示例数据
if(!require(caret)){
    install.packages("caret")
}
library(caret)

# 创建定义预处理方式的对象
cs_example_prepocessObj <- preProcess(completed_example_data, method =
```

```
(c("center","scale")))

# 应用变换
cs_example_data <- predict(cs_example_prepocessObj,
completed_example_data)

# 查看居中和缩放之后数据的汇总
summary(cs_example_data)
```

生成的数据集将居中并缩放。现在的汇总统计信息如图 10.11 所示。

```
      Ozone              Solar.R             Wind               Temp
 Min.   :-1.2217    Min.   :-1.9818    Min.   :-2.34863    Min.   :-2.1993
 1st Qu.:-0.7225    1st Qu.:-0.7877    1st Qu.:-0.73838    1st Qu.:-0.6155
 Median :-0.3407    Median : 0.2847    Median :-0.08863    Median : 0.1235
 Mean   : 0.0000    Mean   : 0.0000    Mean   : 0.00000    Mean   : 0.0000
 3rd Qu.: 0.5990    3rd Qu.: 0.8044    3rd Qu.: 0.41987    3rd Qu.: 0.7570
 Max.   : 3.6825    Max.   : 1.6336    Max.   : 3.01888    Max.   : 2.0240
```

图 10.11　查看居中和缩放之后数据的汇总

10.2.3　时间序列处理

物联网数据通常是定期捕获的，并且值在序列中的位置也可以是有意义的。以固定间隔捕获的数据集被称为时间序列（time series）。时间序列为机器学习带来了它们自己的复杂性。

如前文所述，值在序列中的位置可以具有超出值本身的意义。在机器学习中说某事有意义基本上就是说它具有预测价值。它应该被捕获为模型输入中的一个特征，以便模型可以将其合并到学习过程中。

这可以通过转换数据来完成，以便时间序列中有意义的元素被捕获为数据集中的附加特征。以下是一些示例。

❑　添加星期几作为特征。

❑　添加一年中的月份作为特征。

❑　先前数据在固定周期内出现的频率。这可以使用多个周期长度并为每个周期长度创建一个特征来完成。

❑　一系列先前值的平均值。以股票价格预测为例，当模型进行训练时，它采用的就是一系列的先前值，这些值的时间序列具有非常重要的意义；当模型应用于新数据时，这些数据是未知的（除非你是一个时间穿越者）。

10.3　验　证　方　法

机器学习是一个高度迭代的过程。在此过程中通常会产生数百、数千甚至数百万的变化。在这个数量级上，即使误报结果的概率很低，也可能会有多个误报。使用 95%置信度的传统统计应用程序在这样的迭代次数下容易失效。大多数统计检验假设只检验一个假设。使用机器学习，可以尝试数千到数百万个假设以寻找最佳模型，因此肯定会得到能够通过所有统计检验的模型，只是概率很小。

遵循程序世界的不信任原则，在针对从未见过的数据进行测试之前，任何模型都不被认为是可接受的。这个过程被称为验证（validation）。

10.3.1　交叉验证

一种流行的验证方法被称为交叉验证（cross-validation）。它涉及将训练集随机划分为多个相等的数据行子集。子集被称为折（fold）。

第一次，我们可以在除一个子集之外的所有其他子集上训练模型。未被模型用于训练的集合作为验证集（validation set），它们将被用于检查训练模型的错误率。

第二次，我们可以在除一个子集之外的所有其他子集上训练另一个模型，但这次的那一个子集是不同的。该子集同样用于检查在其他子集上训练的模型的预测误差。

这种情况继续进行，每个子集只作为验证集一次，并且所有数据都用于训练和验证。生成的模型集将各自运行自己的预测，结果的平均值将作为输出给出。

10 折是最常用的数量，但这个数字其实是按照惯例设置的，而不是说数字 10 在这方面有什么特殊意义。10 折交叉验证（10-fold cross-validation）就是用于描述这一方法的典型术语。

使用交叉验证的优点是可以使用同一组训练数据模拟各种数据集。这也增加了生成的模型很好地进行泛化的机会。即使训练数据有限，它也允许我们拥有强大的验证过程，如图 10.12 所示。

R 中的 caret 包可以轻松地将交叉验证合并到机器学习过程中。机器学习过程通常被称为流水线（pipeline）。

以下代码建立了在实际训练模型时会使用的训练过程。下文将再次使用它。

```
# 创建一个训练控制对象，定义训练方式
# 此示例使用 10 折交叉验证，重复 5 次
```

```
library(caret)
ctrl <- trainControl(method = "repeatedcv",number = 10,repeats = 5)
```

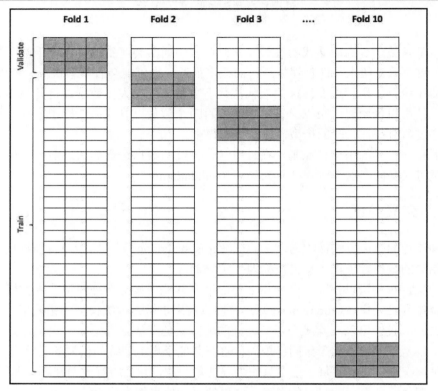

图 10.12 10 折交叉验证（每一折的验证集显示为蓝色，训练集显示为白色）

原　　文	译　　文
Fold	折
Validate	验证
Train	训练

10.3.2　测试集

最好的做法是保留一定百分比的训练数据，直至找到你认为的最佳性能模型或一组优化模型（来自不同技术）。

这个保留一定百分比的数据通常被称为测试集（test set），它将作为你对通过验证过程优化的模型的最终测试。如果你正在聘请咨询公司来执行建模，则请为自己保留一个测试集，不要提供给它们，然后使用该测试集来检验咨询公司生成的优化模型的准确性。你应该得到与它们报告的结果相似的结果。如果没有，那么在支付咨询费用之前你需要与它们谈谈。

10.3.3　精确率、召回率和特异性

　　针对测试数据测试机器学习模型的有效性的结果可以总结为 4 类（假设模型预测的是两个类别，例如"是/否"或"损坏/未损坏"）。我们将使用可穿戴物联网传感器的示例，其中传感器数据用于预测某人是否在行走。

　　（1）机器学习模型说某人在行走，但他实际上是坐在沙发上看电视、喝饮料，那么这就是假阳性（false positive，FP），也被称为误报或 I 类错误。

　　（2）机器学习模型说某人不是在行走，但实际上他因为刚刚喝多了饮料而快步走到洗手间，那么这就是假阴性（false negative，FN），也被称为 II 类错误。

　　（3）机器学习模型说某人在行走，实际上他也确实在行走，这被称为真阳性（true positive，TP）。

　　（4）机器学习模型说某人没有行走，事实上，他当时正在床上打呼噜，所以他确实没有行走，这被称为真阴性（true negative，TN）。

　　总结一下，可以将它们放入一个 2×2 矩阵中，并显示每种类型的出现次数。这被称为混淆矩阵（confusion matrix），可以从中生成有关机器学习模型性能的各种有用的诊断信息。

　　图 10.13 显示了混淆矩阵的一般示例。

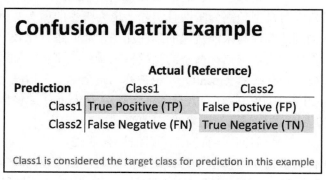

图 10.13　混淆矩阵的一般示例

原　　文	译　　文
Confusion Matrix Example	混淆矩阵示例
Prediction	预测
Actual (Reference)	实际（参考）

在 R 中生成的混淆矩阵如图 10.14 所示。caret 包中的 confusionMatrix 函数可用于根据训练模型的预测进行创建。

```
confusionMatrix(data = testPredictions, reference = classFactors,
positive = "Class1")
```

```
                Reference
Prediction Class1 Class2
    Class1    380     57
    Class2     79    484
```

图 10.14　R 中的混淆矩阵示例

原　　文	译　　文
Prediction	预测
Reference	参考

如果你获取机器学习模型预测为阳性且实际上也为阳性（符合预期）的所有实例，并将其与预测为阳性的总次数（无论是否符合预期）进行比较，那么可以衡量你对阳性的信任程度模型的预测。该指标被称为精确率（precision）。它也被称为阳性预测值（positive predictive value，PPV）或查准率，但更常见的称呼是精确率。

精确率=真阳性/(真阳性+假阳性)

如果你获取机器学习模型预测为阳性且实际上也为阳性的所有实例，并将其与实际阳性总数（正确预测到的阳性与未能发现的阳性加在一起）进行比较，那么可以衡量模型捕捉所有阳性事件的能力。该指标衡量的是模型在看到某事物时知道它是目标事物的准确程度。该指标被称为召回率（recall），也被称为查全率、灵敏度（sensitivity）或真阳性率（true positive rate，TPR）。还有人称其为命中率（hit rate）或检测概率（probability of detection）。但更常见的称呼是召回率或灵敏度。

召回率=真阳性/(真阳性+假阴性)

如果你想判断你的机器学习模型作为评论家的能力，则可以将所有预测的阴性（实际上也是阴性）与所有阴性总数（预测正确的阴性与没有被正确预测到的阴性加在一起）进行比较。这将让你衡量模型在看到某事物时知道它不是目标事物的准确程度（例如，一个小孩也许分不清李子、栗子和梨，但是他能够清楚地知道这些都不是他需要的苹果，那么他作为评论家的能力就是100分）。该指标被称为特异性（specificity）或真阴性率（true negative rate，TNR）。

$$特异性=真阴性/(真阴性+假阳性)$$

片面强调单个指标可能具有误导性。例如，如果阴性实例很少见，比如概率为1%，那么模型只要简单地始终假设实例是阳性的，即可获得99%的出色召回率。但是，在这种情况下，即使其召回率很好，其特异性指标也会非常糟糕。因此，最好通过多项指标以验证你的模型性能是否良好。

10.4　理解偏差-方差权衡

机器学习中的一个核心概念是偏差-方差权衡（bias-variance tradeoff）。这个权衡很好理解，就是指偏差减少往往会增加方差，而减少方差又将增加偏差。这个概念与机器学习的一大危险——过拟合（overfitting）密切相关。

过拟合是指模型扭曲自身以恰到好处地拟合训练数据，但这样做时，它在泛化到新数据示例时将表现很糟糕。训练集上的误差会很低，而测试集上的误差会很高。

如果你没有意识到这种危险，则很容易自欺欺人地认为自己已经建立了一个高度准确的模型，但当它在现实世界中惨遭失败时，你会感到无比尴尬。

10.4.1　偏差

偏差（bias）是机器学习模型持续学习相同事物时的倾向。一致性（consistency）是指对同一数据集的变体可以重复迭代的结果。偏差越高，生成的学习模型就越偏离目标。如果偏差较低，则生成的训练模型将始终更符合目标。

高偏差模型在训练数据和测试数据上都会有很大的错误率。这种现象被称为欠拟合（underfitting）。换句话说，更复杂的模型应该在两种情况下（训练和测试）都能更好地拟合数据。

以下示例比较了关于数据集的低偏差线性模型和关于不同数据集的高偏差线性模型。我们使用了相同的简单模型来表明偏差水平不一定与机器学习模型的选择有关。尽管某些模型具有较高的偏差倾向，但重要的是模型和数据的组合，如图10.15所示。

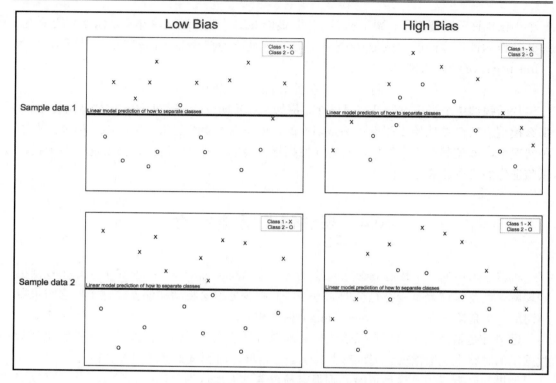

图 10.15 高偏差和低偏差模型

原　　文	译　　文
Linear model prediction of how to separate classes	预测如何分离类的线性模型
Low Bias	低偏差
High Bias	高偏差
Sample data 1	示例数据 1
Sample data 2	示例数据 2

10.4.2 方差

方差（variance）与更复杂的模型相关联，是指机器学习模型扭曲自身以很好地拟合训练数据的能力。最终的学习模型将根据所训练的数据集的变体而有很大不同。高方差模型存在过拟合的问题。

高方差模型在训练数据上的错误率较低，而在测试数据上的错误率较高。高方差模型非常适合训练数据的精确组成。它学习了所有随机噪声以及数据中的潜在信号。

如果在学习过程中不加以检查，则对于更高级的机器学习模型来说，方差是一个大问题。这是因为这些方法具有令人难以置信的灵活性，几乎可以有效地记住训练集中的任何数据组合。

10.4.3　权衡和复杂性

在一个完美的世界中，你将拥有在学习过程之后具有低偏差和低方差的机器学习模型。但是，你应该知道，我们生活在一个远非完美的世界中。因此，与大多数事情一样，我们需要进行适当的权衡才能获得最佳结果。

机器学习研究工作的目标不仅是找到最佳的权衡组合，而且还要开发新的机器学习技术，在一个指标上做出一些牺牲，以换取另一个指标的显著减少。对于任何给定的机器学习模型，都需要在偏差和方差之间进行权衡，以便找到能够泛化最佳结果的配置。

遗憾的是，这个最佳配置是未知的，必须根据训练和验证过程中的误差计算来推断。

更复杂的模型可以更好地拟合数据并减少训练过程中的错误。但是，它们也容易出现过拟合，这将增加测试数据的误差，以及以后新的现实世界数据的误差。图 10.16 表示了模型的一系列复杂性设置，目标是找到最小化训练和测试误差的最佳位置。这代表了一个最佳权衡方案，当训练好的模型被投入生产中时，你希望将其很好地泛化到未来的数据集。

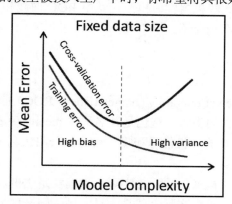

图 10.16　复杂性增加时的偏差-方差权衡

资料来源：http://horicky.blogspot.com/2012/06/。

原　　文	译　　文
Fixed data size	固定数据大小
Mean Error	均值误差
Model Complexity	模型复杂性
Cross-validation error	交叉验证误差

续表

原　　文	译　　文
Training error	训练误差
High bias	高偏差
High variance	高方差

幸运的是，有一些方法——如正则化（regularization）旨在帮助防止过拟合，以增加最终训练模型处于最佳权衡区域的可能性。这些方法已经合并到你将用于扩展机器学习模型的 R 包中。

10.5　使用 R 比较不同的模型

我们不仅要找到经过训练的机器学习模型的最佳版本，还要比较多个经过训练的优化的机器学习算法。每个机器学习算法都有其优缺点，因此，如果只选择一个就是自我设限。根据要解决的具体问题，可以选择若干个模型进行训练。然后，将训练好的模型相互横向比较，选择拟合最佳的模型。

有多种方法可以相互比较机器学习模型，其中 ROC 曲线和 AUC 度量是两种比较流行的方法。接下来我们将逐一介绍。

10.5.1　ROC 曲线

接收者操作特性（receiver operating characteristics，ROC）曲线起源于二战雷达工程，最早是作为评估雷达可靠性的指标，这也是其名称中 receiver（接收者）的由来。雷达需要将其所接收的信号中真正的飞机信号和噪声（比如一只大鸟飞过）区分开来，这通常会产生以下 4 种情况。

- ❑　如果它预测的是飞机（阳性），实际上也确实是飞机，则被称为真阳性。
- ❑　如果它预测的是飞机，实际上却是一只大鸟，则被称为假阳性。
- ❑　如果它预测的是大鸟（阴性），实际上也确实是大鸟，则被称为真阴性。
- ❑　如果它预测的是大鸟，实际上却是飞机，则被称为假阴性。

ROC 曲线是比较机器学习模型有效性的常用方法。它可基于阈值度量测量召回率与误检率（计算为 [1-specificity]，如前文所述，specificity 指的是特异性或真阴性率）。误检率也被称为假阳性率（false positive rate，FPR）或误报率。

你可能已经注意到一种趋势，即许多度量指标都有若干个不同的名称，这可能会让人感到困惑，但了解这些度量指标的化名也很有必要，因为不同的文章、博客和研究论文会使用不同的名称。

在大多数情况下，ROC 曲线将用于二元分类问题。二元分类问题的一些示例包括故障/无故障、运行/未运行、下雨/不下雨和购买/不购买等。ROC 曲线显示了正确分类（真阳性）的好处和错误分类（假阳性）的成本之间的权衡变化。

真阳性率可以按以下方式计算。

真阳性率=正确分类的阳性/训练集中的所有阳性

假阳性率可以按以下方式计算。

假阳性率=错误分类的阴性/训练集中的所有阴性

图 10.17 是单个模型的 ROC 曲线示例。真阳性率（也被称为召回率或灵敏度）显示在垂直 y 轴上，假阳性率（误报率）显示在水平 x 轴上。对角虚线表示由随机猜测组成的模型的外观。模型的 ROC 曲线越接近这条线，它与随机猜测的区别就越小。虚线下方的曲线则比随机猜测更糟糕，但只要采取与预测相反的方式，那么它仍然有些价值。弯曲的蓝线代表当前绘制的机器学习模型。

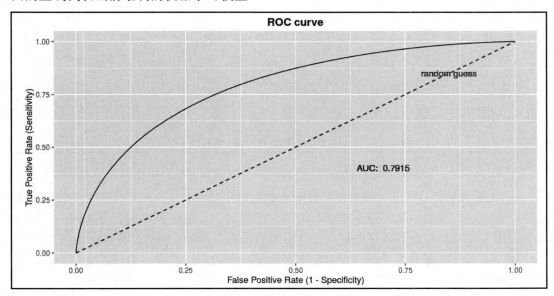

图 10.17　ROC 曲线示例图

资料来源：https://kennis-research.shinyapps.io/ROC-Curves/。

原　　文	译　　文
random guess	随机猜测

一般来说，我们会在同一张图上比较多个机器学习模型，每个模型都有自己的曲线。但是，仅使用一条机器学习曲线能给人更清晰的直观感受。

我们可以沿着曲线从左到右阅读该图。图表的左侧表示机器学习模型的更保守的阈值设置，而向右移动则表示越来越自由的设置。

一个完美的模型将在所有阈值设置中完美区分正例（阳性）和负例（阴性），直至到达最自由的设置。完美曲线通常会到达图表的左上角。图10.18就是这样一个非常完美的模型示例，但在实践中这几乎是不可能的。

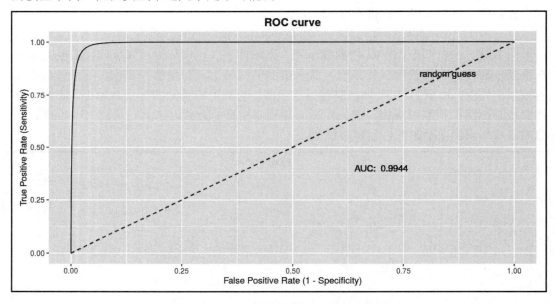

图 10.18　一个近乎完美的机器学习模型

ROC 曲线是通过在训练模型中运行训练数据以生成每个实例的正分类可能性的预测分数（或概率）来生成的。结果按最有可能的顺序排序。每个预测都会与实例的实际分类和真阳性率的运行分数进行比较，并且当我们在列表中向下移动时会保留假阳性率。

每个真阳性率和假阳性率的组合都会被绘制在图表上，并用一条线连接这些点。实际上，ROC 曲线是一个阶梯函数，它会随着训练集大小的增长而接近真实曲线。

ROC 曲线显示了机器学习模型在各种阈值场景中的性能。当使用 ROC 曲线比较机器学习模型时，实际上就是比较它们在许多不同阈值条件下的性能。这可以让我们更全面地了解模型的性能。

在 R 中可以轻松生成 ROC 曲线图。使用 pROC 包时，仅通过 roc 函数和 plot 函数即可生成图表图像。以下是一个简单示例。

```
# 加载 pROC 库
library(pROC)

# 基于模型和它的类标签创建 ROC 对象
rocCurve <- roc(response = classFactors,
    predictor = testPredictionsProb,
    # roc 函数假设第二个类是目标，所以我们将反转标签
    levels = rev(levels(classFactors)))

# 绘制曲线
plot(rocCurve, legacy.axes = TRUE, identity = TRUE, col = "blue",
add = FALSE)
```

还可以通过使用'add = TRUE'选项再次调用此函数来向图表添加另一条模型曲线

该代码将生成类似图 10.19 所示的 ROC 曲线图。

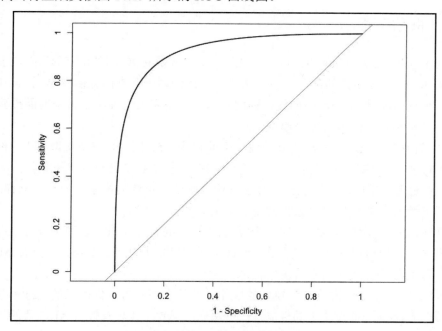

图 10.19　R 中的 ROC 曲线图示例

以下是使用 ROC 曲线的一些好处。

❑　对类分布的变化不敏感。假设模型在区分正例和负例方面很有效，则正例和负

例数量的变化不会影响机器学习模型的 ROC 曲线。

❑ 即使分类错误的成本不相等也很有用。当误报的成本或正确分类的收益发生变化时，ROC 曲线不受影响，只有沿着曲线的感兴趣区域会发生变化。换句话说，最佳阈值设置会发生变化，但曲线的形状不会发生变化。

❑ 允许比较不同机器学习模型在各种阈值设置下的性能。一些模型在保守设置下表现最好，而另一些模型则在更自由的设置下可能表现最好。因此，最佳模型将取决于底层业务用例。

以下是使用 ROC 曲线进行分析时要记住的事项。

❑ 难以直观地用于多类模型。很难在二维空间之外进行可视化，并且多类预测模型的维度会快速增长。虽然有一些方法可以做到这一点，但它们不容易解释。

❑ 很难向非分析型观众解释。ROC 曲线有一定的学习难度（用更专业的术语来说就是"学习曲线陡峭"）。当然，非专业人士也可以通过反复接触来学习如何理解它。一旦克服了解释图表的困难，你会发现它非常有用。

10.5.2　曲线下面积

曲线下面积（area under the curve，AUC）指的就是 ROC 图"正方形"中位于机器学习模型的 ROC 曲线下方的部分。由于它是一个比例，因此它的范围总是为 0～1。AUC 为 1 表示一条覆盖整个图形的曲线，因此它与左上角完美对齐，这将是前面提到的很少被观察到几乎不可能出现的完美模型。

ROC 图中虚线表示的随机模型的曲线下面积为 0.5。因此，在现实世界中，你将看到 0.5～1.0 的 AUC 数字。如何解释 AUC 数字在很大程度上取决于行业和业务情况。AUC 为 0.6，表明优于随机，可能已经是金融行业选股的很不错的模型；但是，同样的 AUC 测量对于医疗行业的癌症检测来说则是彻底失败的。

AUC 数字是使用单个数字而不是图表比较模型的有用方法。这种比较可以在不同的模型之间进行，也可以在经过调整或重新训练后的模型上进行。但是，仅查看 AUC 值存在风险，因为你会丢失一些有价值的信息。

AUC 数字可以让你大致了解模型的性能，但几乎不能告诉你曲线的实际形状。你无法确定模型在不同阈值设置下的性能。在更保守的设置下，具有较低 AUC 值的机器学习模型实际上可能比具有较高 AUC 值的另一个模型表现更好。

AUC 值是进行快速比较和将 ROC 曲线归结为一个数字的实用简化。但在做出任何业务决策之前，你应该始终查看完整的 ROC 曲线，尤其是在 AUC 值接近的情况下。

可以使用 pROC 包在 R 中快速生成 AUC 值。例如，基于之前的 ROC 代码，可使用 auc 函数获得 AUC 值。

```
auc(rocCurve)
```

10.6　使用 R 构建随机森林模型

大多数机器学习教科书都是从一个简单的模型开始的，如感知器（perceptron）。但是，如果能创建出更好的模型，那么无疑是令人兴奋的。

我们将从随机森林（random forest）模型开始。除了有一个听起来很酷的名字，它们还很灵活且易于泛化。它们使用了一种叫作变量重要性（variable importance）的方法来解释输入特征的有用性。

10.6.1　随机森林关键概念

随机森林是一种基于决策树（decision tree）的机器学习建模过程。决策树基于每个拆分的信息增益，通过跨输入特征的连续拆分的层次结构来预测目标变量。如果这听起来让人感到困惑，则不妨将其视为导致预测结果的一系列决策规则。

图 10.20 解释了决策树的概念。

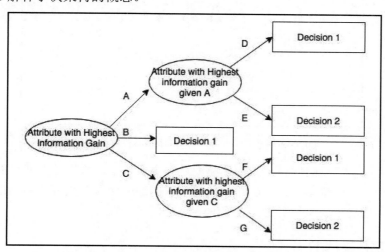

图 10.20　决策树 ID3 算法简单示意图

资料来源：维基公共资源。

原　　文	译　　文
Attribute with Highest Information Gain	包含最高信息增益的特性
Decision 1	决策 1
Attribute with Highest information gain given A	给定 A 的情况下包含最高信息增益的特性
Attribute with highest information gain given C	给定 C 的情况下包含最高信息增益的特性
Decision 2	决策 2

随机森林通过引入随机性和重复性使其更进一步。从原始训练集中，通过随机拆分和自举（bootstrapping）数据集来训练一棵树，可以创建训练集的随机变化。

自举法可以从数据集中随机抽取样本来创建（通常）更大的数据集，以此模拟来自同一数据记录群的不同数据集。

随机森林的形式也为树的生长增加了一些随机性。它可以从特征子集中选择一个随机特征，以在每个分支上进行拆分。随着决策树森林的创建，整个过程会不断重复。一个模型中通常有 1000 多棵树。然后，该模型将对所有树的决策进行平均以得出预测 值，如图 10.21 所示。

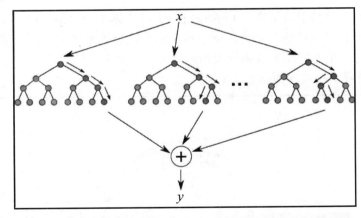

图 10.21　随机森林示意图（所有的树变体都将投票以得出综合答案 y）

这是一个过于简化的解释，因为该模型还有更多细节。根据正在研究的问题，该模型还提供了若干个调整参数，这就是数据科学家的经验和技巧发挥作用的地方。这个过程通过群体智慧效应减少了变化。其代价是偏差略有增加。

10.6.2　随机森林 R 示例

随机森林是 R 应用的亮点，因为它可以为你做很多调整（当然这也可能是危险的）。

我们将通过一些示例代码来演示寥寥几行 R 代码可以做什么。但在确定参数和方法之前，建议仔细进行数据校验和探索。

此代码从 mice 部分获取估算值，并根据 Wind（风）、Ozone（臭氧）和 Solar radiation（太阳辐射）的值预测温度是高于平均值还是低于平均值。温度高于平均值将归类为 hot（热），低于平均值将归类于 cold（冷）。

```r
# 基于温度值对估算数据进行分类
# 这是随机森林模型的目标变量
cs_example_data$tempClass <- ifelse(cs_example_data$Temp > 0,"hot","cold")

# 确保安装了所需的软件包，然后加载它们
if(!require(randomForest)){
    install.packages("randomForest")
}

library(randomForest)
library(caret)

# 定义如何训练模型
ctrlCV <- trainControl(method = "repeatedcv", number =10, repeats=5,
returnResamp='none')

# 定义目标变量
target <- "tempClass"

# 定义自变量特征
predictors <- c("Ozone","Solar.R","Wind")

# 将数据拆分为训练集和测试集
training <- createDataPartition(cs_example_data$tempClass, p=0.7,
list=FALSE)
trainData <- cs_example_data[training,]
testData <- cs_example_data[-training,]

# 训练随机森林模型并指定树的数量
# 使用 caret 包控制交叉验证
rfModel <- train (trainData[,predictors],
    trainData[,target],
    method = "rf",
    trControl = ctrlCV)

# 对测试数据运行预测以获得类的概率
testPredRFProb <- predict(rfModel, testData, type = "prob")
```

```
# 再次运行预测以获得预测的类
testData$RFclass <- predict(rfModel, testData)

# 获取正类（热）的概率和预测的类
testData$RFProb <- testPredRFProb[,"hot"]

# 显示结果的混淆矩阵
confusionMatrix(data = testData$RFclass, reference = testData$tempClass,
positive = "hot")
```

　　模型生成的结果混淆矩阵如图 10.22 所示。这是一个比我们想要的小得多的样本量，模型性能并不是那么好，但它确实有一些预测价值。

```
Confusion Matrix and Statistics

          Reference
Prediction cold hot
      cold   14   5
      hot     6  20

               Accuracy : 0.7556
                 95% CI : (0.6046, 0.8712)
    No Information Rate : 0.5556
    P-Value [Acc > NIR] : 0.004499

                  Kappa : 0.5025
 Mcnemar's Test P-Value : 1.000000

            Sensitivity : 0.8000
            Specificity : 0.7000
         Pos Pred Value : 0.7692
         Neg Pred Value : 0.7368
             Prevalence : 0.5556
         Detection Rate : 0.4444
   Detection Prevalence : 0.5778
      Balanced Accuracy : 0.7500

       'Positive' Class : hot
```

图 10.22　随机森林建模产生的混淆矩阵汇总

10.7　使用 R 构建梯度提升机模型

　　与随机森林类似，梯度提升机（gradient boosting machine，GBM）是一种基于决策树的模型，它结合了来自多棵树的预测以得出聚合响应。当然，GBM 不是为答案投票的数千棵独立生长的树，而是一系列连续连接在一起的浅树。

梯度提升机是一种非常流行且强大的机器学习技术。它还有一种变体，称为 XGBoost（赢得了最近几场 Kaggle 竞赛）。

 提示：

Kaggle 是一个数据科学竞赛平台，有很多公司会发布一些接近真实业务的问题，吸引爱好数据科学的人来一起解决。其网址如下。

https://www.kaggle.com/。

10.7.1　GBM 的关键概念

决策树的深度或浅度是指它具有多少层次结构。层次结构的数量越少，则树越浅。梯度提升机将使用连续的弱学习器，这些学习器是根据先前模型的误差度量进行训练的。弱学习器意味着它具有一定的预测能力，但并不高。浅树通常很弱，因为它只使用一个或少量特征来拆分训练数据。

将得到的预测加在一起即可得出最终预测。有若干种变体使用不同的方法来估计误差并确定每棵树的深度。

梯度提升机通过将先前模型的误差连续纳入更高的误差区域来拟合下一个模型，每棵树都试图纠正前一棵树的错误，以此类推。这解决了使用单个决策树时的问题。一棵树在每个分支上将数据分成越来越小的组。这会导致过拟合，因为它开始拟合噪声，尤其是当它在分支末端进入小样本时。梯度提升机通过在每个连续学习的树上重用整个数据集来避免这种情况，图 10.23 是梯度提升机的概念示意图。

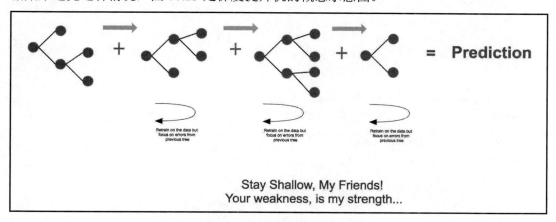

图 10.23　梯度提升机概念

原　　文	译　　文
Prediction	预测
Retrain on the data but focus on errors from previous tree	重新训练数据，但关注前一棵树的错误
Stay Shallow, My Friends!	坚持使用浅树
Your weakness, is my strength...	弱学习器也会带来力量

10.7.2　梯度提升机 R 示例

在 R 中，gbm 包可用于训练梯度提升机（GBM）。梯度提升机具有树深度和收缩率的调整参数。R 的优点在于它可以为用户调整这些参数（和前面的随机森林模型一样，这也可能是危险的）。以下代码使用了 caret 包来拟合梯度提升机模型并优化调整参数。

```
# 确保安装了所需的软件包，然后加载它们
if(!require(gbm)){
    install.packages("gbm")
}

library(gbm)

# 重用来自随机森林示例的训练控制和训练数据

# 训练随机森林模型并指定树的数量
# 使用 caret 包控制交叉验证
gbmModel <- train (trainData[,predictors],
trainData[,target],
method = "gbm",
trControl = ctrlCV,
verbose = FALSE)

# 对测试数据运行预测以获得类的概率
testPredGBMProb <- predict(gbmModel, testData, type = "prob")

# 再次运行预测以获得预测的类
testData$GBMclass <- predict(gbmModel, testData)

# 获取正类（热）的概率和预测的类
testData$GBMProb <- testPredGBMProb[,"hot"]

# 显示结果的混淆矩阵
```

```
confusionMatrix(data = testData$GBMclass, reference = testData$tempClass,
positive = "hot")
```

该示例获得的混淆矩阵类似于图 10.24。可以看到，在我们的小样本中，梯度提升机的表现并没有那么糟糕。

```
Confusion Matrix and Statistics

              Reference
Prediction cold hot
      cold   16    5
      hot     4   20

               Accuracy : 0.8
                 95% CI : (0.654, 0.9042)
    No Information Rate : 0.5556
    P-Value [Acc > NIR] : 0.0005445

                  Kappa : 0.597
 Mcnemar's Test P-Value : 1.0000000

            Sensitivity : 0.8000
            Specificity : 0.8000
         Pos Pred Value : 0.8333
         Neg Pred Value : 0.7619
             Prevalence : 0.5556
         Detection Rate : 0.4444
   Detection Prevalence : 0.5333
      Balanced Accuracy : 0.8000

       'Positive' Class : hot
```

图 10.24　梯度提升机产生的混淆矩阵汇总信息

10.7.3　集成方法

集成方法（ensemble method）是一种将机器学习模型组合在一起以生成预测结果的方法。可以将它想象成一个机器学习模型的委员会，每个机器学习模型都会投票，投票的统计结果就是预测的结果。

有多种方法可以计算选票，你需要尝试使用它们，看看是否可以提高集成模型的性能。当然，这超出了本书的讨论范围。

研究和现实世界的使用表明，集成方法通常比任何单独的合并模型表现得更好。集成方法是一种通过减少任何一个模型的预测变化来提高现实世界性能的方法。它们应该包含在你的物联网分析数据科学工具包中。

10.8　使用 R 进行异常检测

异常检测是一种使用历史数据来识别异常观察值的方法，它不需要标记的训练集。现代异常检测方法考虑了数据中的长期趋势和周期性变化，同时确定将哪些观察值标记为异常。

Twitter 最近发布了一个用于 R 的高级开源异常检测包，称为 AnomalyDetection。它旨在检测单值高频（少于一天）时间序列数据中的异常。当然，你也可以设置一个选项来处理超过一个月的数据集，它也可以在非时间序列数据的向量上使用。

它擅长处理趋势和季节性的影响——尽管在这种情况下，季节性是在几分钟到几天的水平上，而不是每年。其 GitHub 网址如下。

https://github.com/twitter/AnomalyDetection

可使用以下 R 代码轻松将其安装为 R 包。注意确保 AnomalyDetection 的拼写正确，因为 AnomalyDetection 是另一个不同的包。

```
install.packages("devtools")
devtools::install_github("twitter/AnomalyDetection")
```

以下示例显示了如何对传感器数据使用 AnomalyDetection。异常检测本身很有用，但在时间窗口（每小时或每天）中检测到的异常频率在用作其他模型的输入时，也可能具有良好的预测价值。例如，将最近一小时内压力传感器异常的频率与平均温度传感器读数相结合，可以高度预测未来的发电机故障。

以下示例代码可从估算数据集中获取 Wind（风）值并查找异常情况。搜索可以是向前或向后的，也可以两者兼而有之。

```
# 载入库
library(AnomalyDetection)

# 本示例使用了向量方法，是因为没有提供时间戳
# 如果提供了时间戳，则可以使用 AnomalyDetectionTs
res = AnomalyDetectionVec(cs_example_data$Wind, max_anoms=0.05, period=60,
direction='both', only_last=FALSE, plot=TRUE)
res$plot
```

上述代码创建了如图 10.25 所示的可视化结果。它识别出的可能为异常值的点已经以蓝色小圆圈标记。

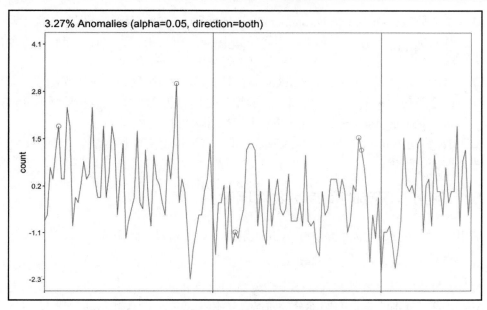

图 10.25　对示例数据集中的 Wind（风）值进行异常检测

10.9　使用 ARIMA 进行预测

有时，我们可能还需要预测时间序列的未来值，如估计未来几个月活跃的物联网设备的要求；或者，可能需要预测远程油井泵的使用时间。预测时间序列的最流行方法之一是自回归综合移动平均线（autoregressive integrated moving average，ARIMA），也称为自回归整合移动平均线。

10.9.1　关于 ARIMA

ARIMA 不是一个模型，而是一组相关方法，这些方法试图描述数据中的自相关以预测未来值。ARIMA 是移动平均和自回归技术的组合。自回归意味着对变量未来值的预测是基于变量过去值的线性组合。

具体来说，ARIMA 代表的是自回归（autoregressive，AR）、整合（integrated，I）和移动平均（moving average，MA）。

- ❑ 自回归（autoregressive）模型利用了这样一个事实，即在时间 t 的观察与之前的观察（例如，在时间 $t-1$）是相关的。当然，并非所有时间序列都是自回归的。

❑ 整合分量（integrated component）涉及差分（differenced）数据，或数据从一个时间到另一个时间的变化。例如，如果我们关注的滞后（lag，指时间之间的距离）为 1，则差分数据将是时间 t 的值减去时间 $t-1$ 的值。

❑ 移动平均分量（moving average）将使用滑动窗口平均最近 x 个观测值，其中，x 是滑动窗口的长度。例如，在股票交易中常使用平滑异同移动平均（moving average convergence divergence）指标来观察价格趋势。

ARIMA 将趋势和季节性影响纳入未来预测。它可以使用多种方法对季节性数据和非季节性数据进行建模。

10.9.2　使用 R 预测时间序列物联网数据

使用 R 时，forecast 包中包含了 Arima 函数。可使用以下代码安装它。

```
install.packages("forecast")
```

Arima 函数可以设置预测的非季节性分量和季节性分量（如果需要）。每个分量都由 3 个数字组成，分别代表自回归部分的阶数、要使用的差分度数和移动平均部分的阶数。这在 R 文档中通常表示为(p,d,q)。

与数据科学中的所有事情一样，正确的起点是查看你的数据，注意任何不寻常的趋势，并执行一些诊断性统计分析，以了解对于非季节性分量和季节性分量来说，适合的(p,d,q)值是什么。

幸运的是，R 可以为我们处理很多这样的事情（当然，和前面介绍的随机森林与梯度提升机模型一样，这也可能是危险的）。R 可以根据一系列测试自动确定适当的值，这是使用 auto.arima()函数完成的。我们还应该分析结果和残差值以确定预测模型是否可行。

以下示例代码可从我们在本章中使用的纽约空气质量数据集中获取 Wind（风）值，并拟合 ARIMA 模型。

```
# 加载 forecast 库
library(forecast)

# 在太阳辐射数据上创建时间序列
# 空气质量数据采集时间为 1973 年 5 月 1 日至 1973 年 9 月 30 日
windTS <- ts(completed_example_data$Wind,start = c(1973,5,1),
frequency =365.25)

# 显示随着时间的推移而发生变化的值
plot.ts(windTS)
```

```
# 拟合 ARIMA 模型
fit <- auto.arima(windTS)

# 绘制下一个月的预测图
plot(forecast(fit, h=30))
```

生成的预测图如图 10.26 所示，可以看到 auto.arima 函数为(p,d,q)选择的值为(3,1,1)，预测的风值存在很大差异。

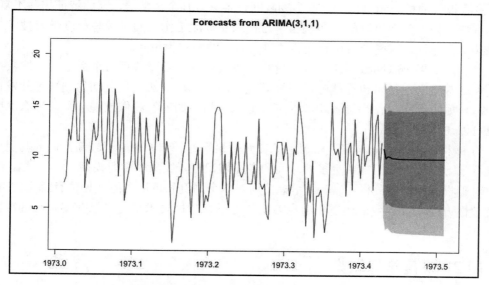

图 10.26　Wind（风）值的 ARIMA 预测

10.10　深　度　学　习

深度学习（deep learning，DL）是数据科学的一个领域，它正在快速发展并产生了很多令人兴奋的成果。一些深度学习模型在某些类型的图像识别方面甚至比人类更擅长。当媒体报道提到人工智能（artificial intelligence，AI）时，通常指的都是深度学习模型。

深度学习模型非常复杂，尽管其中一些概念与我们在本章中讨论的机器学习概念相似（如偏差-方差权衡），但是深度学习模型可以具有数百万个特征，并且可能需要数天或数周的时间来进行训练。

10.10.1　使用物联网数据进行深度学习的用例

深度学习可以通过复杂数据创造奇迹，它具有数千到数百万个特征，使用大量标记数据作为训练集。图像识别的快速进步与谷歌和其他公司多年来收集的大量已识别图像有关，也与所使用的深度学习算法的进步有关。

对于物联网数据，这可能会限制深度学习技术的实用性。大多数物联网数据相对较新，没有很长的标记示例历史。许多物联网设备只有几个传感器，因此特征集并不复杂。在这些情况下，前面讨论的许多机器学习技术在预测工作上的表现与深度学习技术一样好，甚至会更好。深度学习在时间和计算力方面的成本也更高。

当然，如果物联网数据流包含大量特征并且有数十万到数百万个标记的训练数据可用，那么深度学习技术也许能够显著提高预测能力。这显然正是自动驾驶汽车开发目前的状态。如果图像是作为设备功能的一部分采集的（如静态图像或视频），那么深度学习也可以在这方面大展身手。

与 R 相比，Python 与深度学习包的交互效果最好。它们也相对较新，因此与更成熟的机器学习相比，我们需要更多的时间和专业知识来开发深度学习模型。

对于物联网数据分析而言，可考虑使用对单个用例和可用训练数据最有意义的方法。从有效性方面来说，我们还需要考虑使用深度学习建模技术是否可以获得足够的准确率提升。

10.10.2　深度学习纵览

深度学习像一个大筐，筐里面装满了使用各种方法的大量项目和神经网络配置。图 10.27 显示了深度学习可用的各种架构。在选择使用模型时，通常需要在模型可获得的准确率和训练模型所需的计算时间之间进行权衡。正确的权衡取决于具体用例。在图 10.27 中，y 轴代表准确率，x 轴代表计算要求。

深度学习是一个很宏大的范畴，有很多专业领域需要进行探索。有些方法专门从图像、声音和文本中提取特征，有些方法可以对数千到数百万张图像进行分类，有些翻译方法可以记住句子中已经翻译过的一些单词，以提高当前正在翻译的单词的准确性。

还有一些用例则结合了网络架构类型。图 10.28 显示了从图像中提取特征的用例，它可以使用卷积神经网络（convolutional neural network，CNN）对图像中的元素进行分类，并使用循环神经网络（recurrent neural network，RNN）将提取的特征与单词选择相匹配，以便为原始图像创建文本标题。

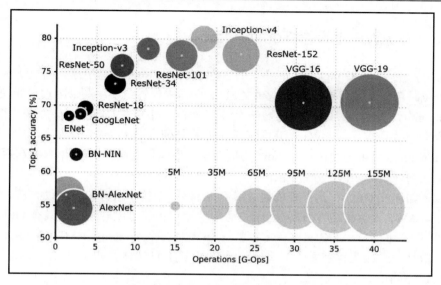

图 10.27　深度学习网络架构的比较

资料来源：medium.com。

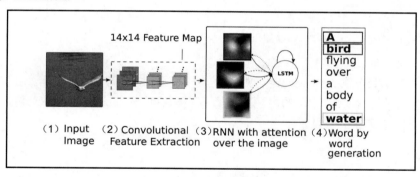

图 10.28　深度学习用例

资料来源：medium.com。

原　　　文	译　　　文
（1）Input Image	（1）输入图像
（2）Convolutional Feature Extraction	（2）卷积特征提取
（3）RNN with attention over the image	（3）关注图像的 RNN
（4）Word by word generation	（4）逐字生成
14×14 Feature Map	14×14 特征图

10.10.3　在 AWS 上设置 TensorFlow

2015 年 11 月，Google 发布了一个名为 TensorFlow 的深度学习开源软件平台。TensorFlow 具有灵活的架构，允许在多个CPU之间传播计算或使用图形处理单元（graphical processing unit，GPU）。GPU 拥有数千个计算核心，可促进大规模并行处理并很好地满足深度学习训练需求。与 GPU 交互的最常见方式是使用 Python 代码。

Python keras 包可充当 TensorFlow 的接口层，使编程更简单。因此，建议使用 keras，而不是直接对 TensorFlow 进行编程。

那么，如何在 GPU 单元上轻松设置具有 keras 接口的 TensorFlow 以加快训练时间？幸运的是，AWS 为 AMI 实例提供了所有这些功能。我们可以轻松地在具有 GPU 支持的 EC2 实例上启动一个 AMI 实例，这被称为 AWS deep learning AMI（AWS 深度学习 AMI），但是，应该注意查看一下报价，因为它的 GPU 需求是很大的。有关具体使用信息可访问以下网址。

https://aws.amazon.com/amazon-ai/amis/

10.11　小　　结

本章是数据科学各个领域的走马观花之旅，简要讨论了如何将机器学习方法应用于物联网数据分析。本章所涉及的主题只是数据科学这座宏伟大厦的小小一角，希望这样的旅程不会让你感到头晕目眩。

第 11 章　组织数据的策略

你刚刚绕着办公隔间转了一圈，视察了一下你的团队，发现他们都在勤奋地敲打着键盘。你已经接替了前上司所担任的职位，现在领导着一个由数据分析师组成的小团队。

你的上司——公司互联服务开发副总裁，正笑盈盈地向你走来。

"团队工作安排得如何？"他问。

你告诉他一切正常，大家都很积极，他点点头表示赞许。

"我有一个想法，"他说，"你的团队表现很好。但他们提供分析的速度与几个月前一样。我们能做些什么来帮助他们更快地迭代吗？"

对此你报以会心的微笑，因为几个星期以来，你也一直在思考同样的事情。

"我们所做的任何数据分析工作的大部分时间都花在收集、清洗和处理数据上，"你说，"这一部分所占的时间可能是 80%甚至更高。我打算召集团队与数据库专家一起集思广益，看看如何减少它。如果解决了这个问题，那么它应该会对提高工作效率有很大的帮助。"

他满意地点了点头，又嘱咐了几句，然后转身离开参加下一个会议。你默默地看着他的背影，心里思考着如何节省时间以满足公司的期望，但是目前还不知道该怎么做。

本章的重点是如何组织数据，使数据分析师更容易提取其中的价值。我们将引入链接分析数据集（linked analytical dataset，LAD）的概念，作为显著提高机器学习建模开发速度的一种方式。你将学习如何平衡可维护性与数据分析师的生产力。

我们还将探讨如何防止你的数据湖变成数据沼泽。如果它难以处理，物联网数据将不会产生太大价值。如果没有人被允许使用它，那么它的价值将更低。

本章还将讨论为物联网数据制定数据保留策略。这将专注于保留分析价值，同时降低维护大量历史数据的成本。

本章包含以下主题。

❑　LAD 概念介绍。

❑　构建 LAD 的过程。

❑　管理数据湖。

❑　数据保留策略。

11.1　链接分析数据集

LAD 的概念将分析数据集和关系数据库的成熟理念联系在一起。将它们结合在一起可以加快数据分析师的分析速度，这正是我们最关心的部分。

本书引入了 LAD 这一术语，尽管这样的一般性概念并不新鲜，但是，这种安排方式似乎并没有通用名称，因此我们打算赋予它一个通用名称。在有了 LAD 名称之后，让我们看看它的内核究竟是什么。

11.1.1　分析数据集

创建分析数据集的过程在概念上很简单，但在执行上却很困难。分析数据集实际上就是将一堆有用的特征组合到每个记录实例中。

创建分析数据集既是为了数据理解的目的（如第 6 章"了解数据——探索物联网数据"），也是为了机器学习的目的（如第 10 章"物联网分析和数据科学"）。我们的目标是将物联网分析师回答特定主题问题所需的内容（至少80%）合并到一张表中，该表也将不断地自动为他们而创建。

11.1.2　构建分析数据集

分析数据集是半非规范化表。半非规范化（semi-denormalized）的意思是不仅包括字段的 ID 代码，还包括字段的描述。我们还可以根据值的范围创建类别，并将它们作为单独的特征包含在内。

构建分析数据集的目标是让分析师的生活更轻松，而不是专注于有效存储值，就像纯粹的关系数据库设计一样。构建分析数据集就是在预先构建分析师将使用 SQL 构建的转换数据集，这实际上是在预处理数据集，为训练机器学习模型做准备。

由于数据整理占用了典型分析师 80%～95%的时间，因此，如果其中大部分数据都已经构建、测试并整合了业务逻辑，则可以节省大量时间。这不仅是对单人单次有效，而且可以作用于多人多次。这种复合效应极大地增加了预先构建分析数据集的价值。

构建分析数据集的任务应该是在表中包含可用于多个不同项目和主题的特征。它需要一些经验丰富和领域知识广泛的分析人员来选择最佳特征。你永远无法将分析师需要的 100%的内容放在一张表中，但即使是 80%的目标也可以带来巨大的好处。

以下过程将有助于决定如何为特定主题构建分析数据集。我们将使用来自物联网设备的 GPS 位置数据示例。数据集中的每个实例都是时间和位置的组合。

（1）确定数据的分辨率。需要什么级别的聚合？单个记录将处于设备级别、报告的实例级别还是时间段级别？这应该取决于基于传入数据分辨率的最有意义的内容，以及它将如何用于业务目的。在我们的示例中，分辨率为 GPS 位置报告频率，即每 10 s 一次。

（2）列出从数据中添加或转换的所有变体、类别、计算和描述。这应该是你的团队认为对建模有用的东西。这也可以通过与业务专家讨论什么对他们有用来确定。在我们的 GPS 定位示例中，列出的项目如下。

- ❑　Latitude（纬度）。
- ❑　Longitude（经度）。
- ❑　The day of the week（星期几）。
- ❑　Time since previous GPS position record（自上次 GPS 位置记录以来的时间）。
- ❑　Speed（速度），根据之前的滚动记录集计算。
- ❑　The current time zone offset（当前时区偏移量）。
- ❑　Day/Night（日间/夜间）。
- ❑　GPS grid identifier（GPS 网格标识符）。
- ❑　UTC Time（UTC 的准确时间）。
- ❑　Local Time（准确的本地时间）。
- ❑　Current State（设备的当前状态），包括行驶、空转或停车等。

（3）检查每个项目在分析、机器学习建模或报告中可能使用的频率。确定创建和存储信息的成本是否值得它所使用的频率。在我们的示例中，准确的本地时间和星期几这两项被删除。这是基于预期的使用频率与保存信息的存储和计算成本决定的。这是一种平衡行为，你的决定可能会随着时间的推移而改变，因为不同的字段对不同业务的价值是不一样的。

（4）创建数据转换代码，在一个表中自动创建和维护信息。我们的目标是以自动化方式执行此操作，以便数据分析师不必在每次需要时重新创建它。

（5）如果记录中不存在唯一标识符，则为每条记录创建一个。在本示例中，它将是与唯一设备标识符组合的确切 UTC 时间，因此需要为组合创建一个单独的 ID 字段。这样做是为了让数据分析师的生活更轻松，他们不必担心因为使用两个不同的字段连接数据集而使得分析更加复杂。将其合二为一后，可实现如图 11.1 所示的简化效果。

UTC|DeviceID	DeviceID	UTC Time	Latitude	Longitude	Time since previous (sec)	Speed (km)	Current time zone offset	Day/Night	GPS grid identifier	Current State
20170619031504|0678991B1	0678991B1	6/19/2017 3:15:04	41.881832	-87.623177	15	0	-5	N	U2345	Parked
20170619031524|0678991B1	0678991B1	6/19/2017 3:15:24	41.881834	-87.623181	20	5	-5	N	U2345	Driving
20170619031544|0678991B1	0678991B1	6/19/2017 3:15:44	41.881828	-87.623182	20	20	-5	N	U2345	Driving
20170619031604|0678991B1	0678991B1	6/19/2017 3:16:04	41.881841	-87.623187	20	25	-5	N	U2344	Driving

图 11.1　表格形式的分析数据集示例

11.1.3　将数据集链接在一起

在构建每个分析数据集时，你应该问问自己："如何将它们链接到其他分析数据集？哪些字段是相关的关键数据集的天然桥梁？"然后，有意识地以一种易于连接的方式构建分析数据集。这通常通过创建新的或使用现有的标识符键来完成。两个数据集中的标识符键是相同的。

如果这听起来很熟悉，那么这是因为它与关系数据库设计的概念完全相同。它还与在线分析处理（online analytical processing，OLAP）数据仓库中的星型模式设计密切相关。只不过目标有所不同。

对于关系数据库设计来说，其目标是通过将数据非规范化到多个链接表中来最小化甚至消除数据重复。非规范化可将标识符与其在不同表中的描述分开，以便描述只被存储一次。

对于星型模式设计来说，其目标是使向下钻取和预定义指标的计算变得轻松快捷。数据集按照时间、类别、会计年度和公司部门等维度进行存储和链接。

对于 LAD 设计来说，其目标是最大限度地减少连接，同时仍然允许轻松创建混合数据集，这是以前没有的。

我们的目标是最大限度地减少物联网分析师的数据转换工作（他们需要为机器学习建模构建训练集）。这项工作的权衡是数据大小、开发分析数据集时的初始提取、转换和加载（ETL）复杂性以及数据重复等。

图 11.2 显示了一个简单的示例。

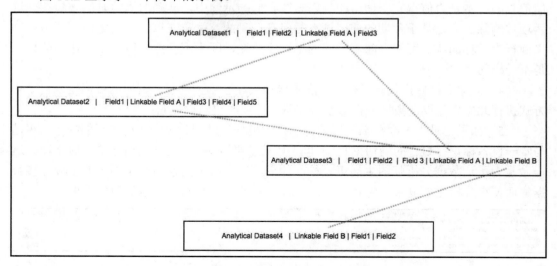

图 11.2　LAD 设计

原　　文	译　　文
Analytical Dataset	分析数据集
Linkable Field	可链接字段

　　使用 HDFS 或 S3 等大数据系统时，存储大型数据集的成本将大幅下降。由于数据分析师与数据处理有关，因此错过物联网分析业务机会的成本可能非常高。这是一个值得权衡的选择，它可以大大加快新机器学习模型开发的迭代时间。

　　可以按照以下步骤识别和建立分析数据集之间的链接。

　　（1）识别可以连接其他分析数据集的字段。这些数据集可能已经创建或正在考虑创建。在我们的 GPS 数据示例中，纬度和经度的组合标识了一个位置。某些位置，如休息站、配送中心和加油站等，都有与之相关的有用且可能具有预测性的数据。

　　（2）如有必要，可组合多个字段以创建一个标识链接的字段。大数据系统处理单个字段连接比处理多个字段连接要好得多。它还使数据分析师使用起来更加简单，因此在组合数据集时出错的可能性更小。在本示例中，可以将稍微四舍五入的纬度和经度值组合到单个标识字段中，并将其存储在数据集中的单独字段中。四舍五入是为了调整该位置的极其精确的 GPS 值，但对于停车场来说，它可能就是不同的区域。

　　（3）对数据集中的所有可链接字段重复。GPS 网格标识符是另一个候选者。

　　（4）将数据集及其链接添加到主图表以作参考。

　　图 11.3 显示了在简单的 GPS 示例中如何链接其他分析数据集。

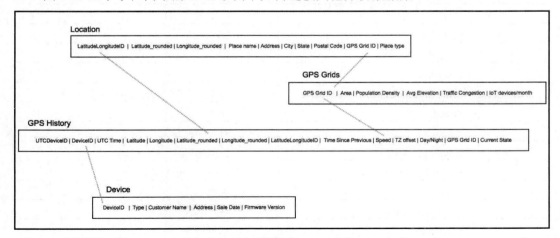

图 11.3　简单的 LAD 示例

原　　文	译　　文
Location	位置
GPS Grids	GPS 网格
GPS History	GPS 历史记录
Device	设备
LatitudeLongitudeID	纬度经度 ID
Latitude_rounded	四舍五入之后的纬度
Longitude_rounded	四舍五入之后的经度
Place name	位置名称
Address	地址
City	城市
State	州
Postal Code	邮政编码
GPS Grid ID	GPS 网格 ID
Place type	位置类型
Area	区域
Population Density	人口密度
Avg Elevation	平均海拔
Traffic Congestion	交通拥堵状况
IoT devices/month	物联网设备/月
UTCDeviceID	UTC 设备 ID
UTC Time	UTC 时间
Latitude	纬度
Longitude	经度
Time Since Previous	自上次 GPS 位置记录以来的时间
Speed	速度
TZ offset	时区偏移量
Day/Night	日间/夜间
Current State	设备的当前状态
Type	类型
Customer Name	客户名称
Sale Date	销售日期
Firmware Version	固件版本

11.2　管理数据湖

数据湖（data lake）是用来从多个来源转储大量潜在有价值数据的地方。其中一些来源是物联网设备，而另一些来源是公司内部数据，例如生产、采购或客户服务记录。数据湖的概念是将所有这些种类的数据放在一个地方，以便可以通过统一的界面访问这些数据。对于 Hadoop，数据湖将被存储在 HDFS 中，并且可能会通过 Hive 或 Spark 被访问。

11.2.1　防止数据湖变成数据沼泽

当水流入一个它聚集和停滞的区域中时，就会形成沼泽。藻类覆盖在水面上，使沼泽变得混乱不堪。当数据湖有大量原始数据流入但却缺乏有效组织，并且很少使用它时，它就变成了被戏称为数据沼泽（data swamp）的东西。

当决定将数据从多个系统复制到一个区域（如 HDFS）而不对其进行任何更改时，通常会发生这种情况。由于安全限制，分析师可能会发现难以访问它。即使可以访问，也会发现很难理解过多的关系表，因为没有关于 ID 字段代码的含义，也缺乏处理数据时应该使用什么业务逻辑的指令键。

在这种情况下，数据分析师只能无奈地放弃。久而久之，大量潜在有价值的数据会像沼泽中的植物一样腐烂，被长期闲置，白白浪费存储空间和金钱。

11.2.2　数据提炼

运行良好的数据湖实际上并不是统一的数据水池。它们更像是一个炼油厂系统。在炼油厂系统中，未加工过的原油通过管道或超级油轮流入几个不同的炼油厂。然后，炼油厂将其加工成几种不同的精炼石油产品，从汽油到凡士林，甚至还有动物饲料。

有时，一家炼油厂的输出结果是另一家炼油厂的输入，后者进一步加工并将其与其他精炼产品进行结合。这样的类比虽然不是很完美，但确实不会有人将原油从地下取出之后就直接放入他们的油箱中。

数据提炼厂会产生相似的过程。没有人使用原始数据，他们会使用高价值的加工成品。图 11.4 演示了这个概念。

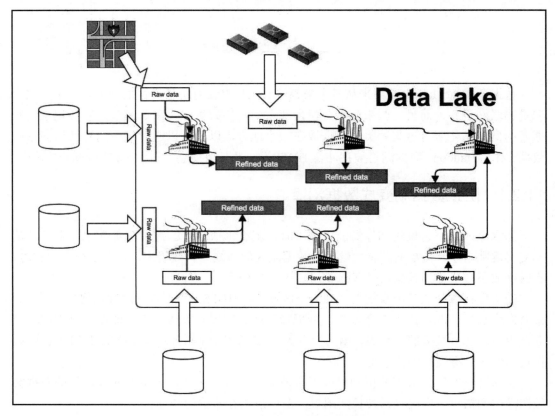

图 11.4　在数据湖中运行的数据提炼厂

原　　文	译　　文
Data Lake	数据湖
Raw data	原始数据
Refined data	提炼之后的数据

11.2.3　数据开发过程

数据科学需要不断的实验。物联网分析具有巨大潜力，但是，没有人能够确定它的具体开发进度，因为物联网分析同样需要进行大量的实验。为了防止这种情况变得无法管理，需要有一种方法将临时数据集从早期开发推进到可重复和稳定的数据产品。

建立一个开发进度过程将有助于管理这一点。数据科学是高度迭代的，这使得我们很难像正常的数据库开发项目那样找到一个表明状态变化的明确点。

解决此问题的方法之一是设置定期检查。在此期间，团队应确定哪些数据集已准备好进入下一阶段的开发。确定这应该多久发生一次，并定义各个阶段的相应要求，所有这些都应基于具体项目情况。

我们将检查项目组提出的开发进度路径，然后根据具体的物联网分析环境的需求自定义该路径。

一般来说，数据湖可划分为以下 3 个区域。

❑ 沙箱（sandbox）。数据分析师在该领域拥有完全的读写权限。除了为团队准备的沙箱，他们可能还有自己的沙箱。这适用于初始实验和模型开发。

❑ 成熟（mature）区域。数据分析师可以完全访问该领域，但没有自己的成熟环境，团队共享环境。用于生成该区域中保存的数据集的所有代码和脚本都应受源代码控制。

❑ 生产（production）环境。数据分析师具有完全的读取权限，但没有写入能力。该区域的数据集已经过全面测试，用于生成数据集的代码和脚本处于源代码控制之下，并且变更控制流程已经到位。

在区域之间移动数据集的建议过程如下。

❑ 建立对数据集的定期循环检查。这可能是每个月、每个季度或每半年一次，应使用最适合的物联网分析进度方法。该检查应该是定期执行和强制执行的。由于分析会频繁进行迭代，因此该检查很容易被延迟，故应强制团队执行该检查。

❑ 查看上述所有 3 个区域中的数据集是否应该被删除。这些数据集可能是从未成功使用的开发数据集，或者是正在生产中的旧版本。我们可以从 Java 中汲取灵感，定期进行垃圾收集活动，以保持数据湖的优化。

❑ 检查准备转移到成熟区域的沙箱数据集。这些数据集要么是与特定项目相关的，可用于团队测试，要么对团队的一般性工作有用。后者应设置为定期重复和计划的作业以构建数据集。这种类型的数据集将有助于在未来加速许多项目。

❑ 查看准备好投入生产的成熟数据集。这些数据集通常与特定项目相关，并且已通过所有测试。一旦这些数据集被投入生产中，未来的变化就应该是最小的。此时，应将数据集的控制权移交给一个单独的小组，以维护和提供服务级别的支持。

11.3　数据保留策略

大数据最终会变得过大且维护成本高昂。因此，在最大化价值的同时还应该最小化成本，对于这一目标而言，我们应该确保为物联网数据制定保留策略。数据保留在一定时间后可以简单地删除。

当然，这样做也可能会错过构建一些未来会盈利的分析服务，因为这些服务是在删除数据之前没有想到的。

还有其他一些选项可以让我们在保持数据价值的同时最大限度地降低成本。接下来我们将具体讨论这些选项。

11.3.1　目标

物联网分析的保留策略有两个目标。

❑ 保持数据价值。高级建模技术（如深度学习）需要大量历史数据才能最大限度地提高预测效果。我们很难提前知道哪些字段对未来的未知项目有价值。传统的数据保留策略是，将记录存储一段时间，然后删除整个数据集，这可能会导致失去盈利机会。因此，我们要进行不同的考虑。

❑ 最小化成本。物联网数据可以迅速变大。即使是使用基于云的 HDFS 存储，其成本也会变得很大。因此，永远保留所有数据的成本很容易超过它所提供的价值。数据越容易访问，成本就越高，所以应该有一些妥协方案来保持低成本。

11.3.2　物联网数据的保留策略

我们将介绍 3 种减少数据存储大小的策略。这些可以单独使用或组合使用。我们还将讨论每种方法的优缺点，并介绍一个利用这 3 种方法的保留计划示例。

这 3 种减少数据存储大小的策略分别如下。

❑ 降低可访问性。

❑ 减少字段数。

❑ 减少记录数。

1．降低可访问性

通过降低数据的相对可访问性，我们可以在不删除任何数据的情况下显著降低成本。接下来将介绍一些具体方法。

❑ 压缩。我们压缩数据可以留下所有信息，但（通常）会增加访问数据的时间。使用 Avro 和 Parquet 等压缩格式可以显著减少 Hadoop 集群和 S3 文件夹中的存储大小（从而降低成本），同时还可以提高性能。性能改进需要对文件格式进行一些深思熟虑的设计，但无论如何都是最佳实践。

HDFS 也支持其他压缩格式，如 GZIP 和 Snappy。

压缩应该是降低文件大小要做的第一件事。此外，它的好处是我们可以在进行初始存储设计时就考虑压缩计划。

❑ 将存储技术更改为成本更低的选项。保留数据，但转向成本更低的方法。这样做通常会有性能损失，但如果不经常访问移动的数据，那么这是值得的。这可能是从 SSD 支持的存储转移到普通硬盘支持的存储，最后可能是从硬盘转移到磁带。

❑ 更改可访问性服务的级别。此方法更适合云存储服务，类似于更改存储技术（尽管在云中也可以这样做）。对于 Amazon S3，可能是更改为 standard-infrequent access（标准-不经常访问）这一级别的服务；对不经常访问的数据，还可以更改为 Amazon Glacier 服务级别。S3 允许根据规则（例如文件的存在时间）自动安排何时应将文件移动到较低的服务级别。

❑ 更改冗余级别。HDFS 可以持久性保留多个文件副本。标准设置是 3 个副本，但这是可配置的。我们可以对那些价值较低的文件更改其冗余级别，这样可以节省一些成本。Amazon S3 同样具有减少冗余的选项。

2．减少字段数

随着对物联网数据的了解，你会发现某些字段比其他字段更有价值。通过使用第 6 章和第 10 章所述的技术可以看到，有些字段（特征）在统计上很重要，而另外一些字段则意义不大。

对于比较早期的文件，我们可以按照一些方法来保留有用的字段，同时删除那些似乎没有什么影响的字段。

❑ 转换早期的数据以仅保留有用的字段。将旧数据移动到新文件或表中，但仅保留那些有用的字段。然后删除旧记录。

❑ 拆分有用字段并区别对待。对于较早期的记录，可以将有用字段保留在易于访问的热门区域，同时将作用不大的字段打入"冷宫"。

❑ 汇总和删除大型数据字段。例如文本或二进制文件（如图像或声音），可以将冗长的自由格式文本字段削减为仅统计关键字出现的次数。

3．减少记录数

最后一种策略就是简单地删除陈旧记录。但是，别着急，这也可以有其他一些选项，至少可以保留一些可能有用的信息，因为一旦删除了历史记录，它就永远消失了。如果在删除数据之后，又发现需要这些数据来创建更有价值的机器学习模型并产生一些额外的收入，则悔之晚矣。

下面列出了删除记录时的一些选项。

❑　删除原始数据但保留其精炼版本。经过一段时间后，同时拥有原始数据和精炼版本可能不会增加太多价值。因此，可以考虑删除较旧的原始数据文件，这样不会损失太多价值。

❑　汇总旧数据。不是完全删除数据，而是将单个记录汇总为每周或每月汇总值。适当的汇总统计可以是平均值或总和，或者是整组汇总统计。例如，我们可能想要保存平均值、标准差、最大值、最小值和记录数。这可以将数千行减少为一行，因此拥有更广泛的结果数据集是非常好的。我们将失去数据中的一些价值，因为无法获得完整的分辨率，但是仍然在汇总统计信息中保留了一些信息价值。如果需要，甚至可以稍后使用统计数据来模拟单个记录。

❑　删除旧数据。这应该是终极选择。记住，分析是基于数据构建的，一旦数据消失，那么分析也就成了无根之萍。

11.3.3　保留策略示例

我们将回到 GPS 位置数据示例来学习如何设置保留策略。原始数据被放入 HDFS 表中并保持未压缩状态，然后经过一系列的数据提炼，将数据转换为干净且有用的分析数据集。所有分析数据集都以 Parquet 格式被压缩，这仍然是在 HDFS 中。

在检查原始数据后，初始转换中的任何问题通常都会在一周内发现。一个多月后不会发现任何问题。因此，原始数据被保留为最近一个月，然后被移至 S3 标准访问服务中。在 S3 中，可创建一个规则集，以便在一个月后将数据移入 standard-infrequent access（标准-不经常访问）服务，再过一个月后又移入 Amazon Glacier。3 个月后，可以考虑从 Amazon Glacier 中删除数据。

经过几个月的统计分析和建模，可以在每个分析数据集中确定若干个关键字段。一般来说，两年多以前的数据记录很少被访问，而 3 年多以前的记录则几乎从未被访问过。

两年前的数据可从 HDFS 移出到 S3 标准访问服务中。两三年前的数据可被转换为只保留关键字段。较旧的数据可被移至 Amazon Glacier 中。4 年后，数据以每日汇总的形式进行汇总，其中包含每个设备的记录计数、开始、结束和平均位置以及行驶距离和行驶时间等指标。此数据被保存在 S3 标准访问服务中，因为它的大小已经缩减了 10000 倍。最后是删除完整的数据。

11.4　小　　结

本章探讨了如何通过减少处理数据所花费的时间来提高数据分析师的工作效率。我们引入了 LAD 的概念，并介绍了对其进行构建的过程。

本章讨论了如何防止数据湖变成数据沼泽，并通过炼油厂的类比阐释了数据提炼和数据存储区域等概念。

我们还探讨了数据保留策略。在设计保留策略时，应考虑最大化数据价值和最小化保存成本的双重目标。

第 12 章将讨论物联网分析的经济学。

第 12 章　物联网分析的经济意义

你坐在办公室里，盯着窗外街对面的大楼。你在胡思乱想中摆弄着手上的钢笔，时不时地在桌子上敲一敲。你的上司在 20 min 前离开了你的办公室。

"我们需要一个预测性维护计划，"他说，"但它不能亏本！我们需要更多的收入。我不希望你把时间浪费在无法赚钱的分析上。"

你表示赞同地点了点头，脸上带着一副胸有成竹的微笑。其实，你知道如何进行分析，但并不知道如何从收入和成本的角度来看待它。

"你可以继续尝试新事物，多进行一些实验总是好的，但是要记住一点：不许赔钱。"他继续叮嘱道。

"好吧，这是当然，"你思索着，"可是我该怎么做呢？"

本章将解释如何思考物联网分析项目的商业案例。我们将探讨通过最小化成本和增加收入流机会来优化投资回报的方法。

商业案例的成本和收益可以而且应该直接用于物联网分析流程。通过这样做，这些方法不仅可以具有良好的预测价值，而且还能进行优化以提供可带来丰厚利润的服务。

本章还将通过预测性维护的案例来探讨应用数据分析以最大化其价值的方法。预测性维护是物联网分析的常见应用，它节省的开支可大大超过客户支付的服务费用。

本章包含以下主题。

❑　云计算的经济意义。
> ➢　可变成本与固定成本。
> ➢　退出选项。
> ➢　云成本可能会迅速上升。

❑　开源软件的经济意义。
> ➢　知识产权考虑。
> ➢　可扩展性。
> ➢　技术支持。

❑　考虑增加收入的机会。
> ➢　对当前业务的拓展。
> ➢　新的收入机会。

- ❑　预测性维护的经济意义示例。
    - ➢　预测性维护的价值公式。
    - ➢　价值决策示例。

12.1　云计算的经济意义

初看起来，云计算似乎应该像本地系统一样受到重视。开源解决方案似乎总是最有意义的，因为没有许可费——它是免费的。

我们将通过一些方法来为物联网分析评估云计算和开源软件在经济上的得失。像大多数事情一样，它比初看起来要复杂得多。

12.1.1　可变成本与固定成本

可变成本会随着使用量的增加而放大，也会随着使用量的减少而收缩。例如，用于组装车辆的汽车零件、运输燃料和云服务，它们都是可变成本；而固定成本意味着无论使用量是多少，其成本都是恒定的。例如数据中心的物理服务器、物业维护成本和设备（或云环境）管理，它们都是固定成本。

在传统的商业案例中，固定成本常被假设为持续到能够以某个预期的数量出售为止。这很少在短时间内发生。假定可变成本与所需的使用量相关。在决定停止某个项目后，即使是这种情况下的可变成本也通常需要时间来结束。图 12.1 演示了这种概念。

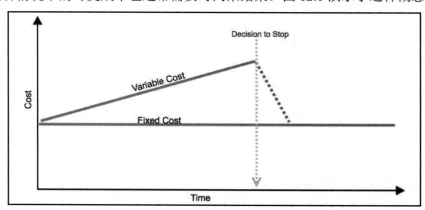

图 12.1　传统的固定成本和可变成本

原　　文	译　　文
Cost	成本
Time	时间
Variable Cost	可变成本
Fixed Cost	固定成本
Decision to Stop	决定停止

12.1.2　退出选项

使用云计算进行物联网分析时，几乎所有成本都是可变的，只有环境维护（人工）存在一些固定成本。这些当然也应该包含在业务案例中，但与可变成本相比，它是最小的。如果在这种情况下决定停止一个项目，则可以立即消除所有成本。我们将此称为退出选项。

退出选项很有价值，在为物联网分析制定业务案例时也应包括在内。在确定物联网分析项目不可行时，可以立即终止所有成本。图 12.2 说明了这种情况。

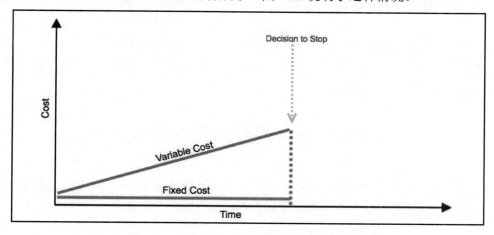

图 12.2　云物联网分析可变成本包含退出选项

原　　文	译　　文
Cost	成本
Time	时间
Variable Cost	可变成本
Fixed Cost	固定成本
Decision to Stop	决定停止

12.1.3　云成本可能会迅速上升

对于云成本，如果没有精心设计和密切监控，可能也会迅速上升。如果物联网分析项目被设计为需要更频繁地调用其他云服务，则这种非常上升的情况可能会非常明显。

例如，考虑一个 AWS Lambda 函数，该函数使用消息队列服务检查 Amazon IoT Hub 上所有物联网设备的存储状态。Web 开发人员创建一个用户界面，该界面在每次页面加载或刷新时调用此函数。每次调用该函数时，所有 3 个服务都会产生费用。成本上升的速度可能比预期要快得多。因此，更好的设计是为 AWS Lambda 函数设置一个计划，使其每隔几分钟运行一次，并将结果存储在缓存引用中，以供 Web 界面使用。

如果我们所创建的物联网分析应用程序不能向上和向下扩展，那么这也会让成本变得非常昂贵。如果我们的计算旨在满足最大预期需求，而不是根据需要进行扩展，那么我们其实是在为不需要的容量付费。

12.1.4　密切监控云计费

大多数云基础设施服务（包括 AWS）都提供了一种设置规则的方法，以在成本超过特定阈值时提醒用户。规则可以设置为每小时、每天或每月。这些应立即设置，以便用户立即知道成本是否超出预期。

12.2　开源软件的经济意义

开源软件，如 R 或 Python，成本很低，但在实践中并不是真正免费的。任何使用开源软件组件的物联网分析业务案例都需要考虑费用问题。

12.2.1　知识产权考虑

并非所有开源代码都被许可用于商业和盈利用途。在将开源代码合并到产生收入的商业项目之前，需要检查它提供了何种类型的知识产权（intellectual property，IP）许可，以确保符合知识产权要求，这将涉及一些法律服务费用。

图 12.3 显示了开源许可证类型的子集。

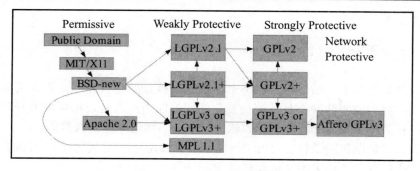

图 12.3　开源许可证类型示例

资料来源：维基百科。

原　　文	译　　文
Permissive	自由
Weakly Protective	弱保护
Strongly Protective	强保护
Network Protective	网络保护
Public Domain	公共领域

12.2.2　可扩展性

在开源软件上扩展物联网分析可能会带来一些挑战。可以使用 R 或 Python 来探索和生成机器学习建模以及许多其他分析。两者都可以扩展到单个计算实例的大小。例如，R 会将所有内容都保存在内存中，因此它的限制就是该机器上的内存大小。

这两种编程语言都不是原生分布式的，因此，如果要扩展到单个计算实例之外，就需要使用额外的框架和设计复杂性。这是使用 Apache Spark 的好处之一。如果可以按并行方式进行分析，则可以使用 Spark 来管理分布式计算。这与第 5 章中介绍的映射（map）和归约（reduce）概念相同。

在有了 Spark 之后，Python 代码可以作为分布式作业传递，并将结果收集到 DataFrame 中。但是，Python 代码所需的所有库包都必须存在于集群的每个节点上。为了有效地做到这一点，我们需要一个包管理器。Continuum 公司提供了一个名为 Anaconda Scale 的包管理器，其网址如下。

https://docs.continuum.io/anaconda-scale/

这个包管理软件会增加一些成本，这些成本也应该被包含在业务案例中。

使用 SparkR 包可以通过 R 实现相同的概念。同样，我们也应该使用包管理器来跨集群安装和管理库。

12.2.3　技术支持

开源软件是免费的，当然也就谈不上保修或支持。如果有问题，那么需要自己解决它。很可能，我们的团队并不具备解决复杂问题的能力。有些公司可以为开源软件提供技术支持，有些甚至提供受支持的开放软件版本，当然这些都是收费的。

典型的例子是现在归微软所有的 Revolution Analytics。它提供了 R 开源软件的受支持版本，但是也有与之相关的支持和许可费。

一般来说，如果有依赖于运行创收业务的开源代码，那么在出现问题时，可能需要技术支持。要么需要雇用业内高手来解决问题，要么应该与专门提供此支持的公司签订合同。任何商业案例都应该考虑这些成本。

12.3　物联网分析的成本考虑

有一些与物联网分析相关的成本考虑。它们不是物联网数据分析独有的，但是会随着处理需求与规模的扩大而变得更加明显。

12.3.1　云服务成本

物联网分析需要多层云服务。物联网分析解决方案中通常包含物联网中心、消息队列、负载均衡、计算、存储、机器学习服务、数据仓库和安全服务等。

如前文所述，如果不仔细设计和密切监控，这些成本会迅速增加。因此，应确保在业务案例中包含所有服务，并利用云的灵活性将成本降至最低。

12.3.2　考虑未来使用需求

在对物联网数据分析的未来使用需求进行建模时应该谨慎。业务案例不应仅包括在数据处理和存储期间用于分析的服务，它还应该包括对存储的历史数据进行临时分析和数据科学建模的成本。

12.4　考虑增加收入的机会

一旦掌握以下操作：建立物联网分析平台、清洗和优化数据、使用探索性分析和可视化技术来理解数据、通过外部数据集增强物联网数据、在恰当的情况下应用地理空间分析、通过数据科学来理解数据和执行预测任务、组织数据湖以提高分析效率，你就可以开始考虑如何创造额外的收入机会了。

这些是你在深入了解数据之前可能没有考虑过的。在构建物联网分析基础设施之前，你也可能根本没有这些机会。

在考虑增加收入的机会时，可思考以下可能性。

❑　对当前业务的拓展。

❑　新的收入机会。

12.4.1　对当前业务的拓展

对当前业务的拓展思路显然应该与你已经在做的事情密切相关，并且应该可以为你的客户增加额外的价值。从最终客户的角度考虑服务总是有益的。你可以设身处地为他们着想，思考怎样才能节省成本并让自己更好地经营业务。更好的做法是，询问客户的意见。一些需要考虑的领域如下。

❑　现场操作监控。即时获取现场设备状态数据通常是首先添加物联网设备的原因。但是你可以通过向客户提供监控和警报服务来为他们增加价值，这样他们就不必自己创建它。你也可以拥有更大的业务规模，因为你的成本可以分摊给许多客户。

❑　现场设备位置和状态的跟踪。同样，你可以将成本分摊给许多客户，因此可以按低廉的价格将其作为服务提供给他们。对客户来说，这将比他们自己创建该服务的成本更低。

❑　改进现场维修服务。如果你的公司还在为连接到物联网的设备提供服务，那么你就有机会获得更快、更好的现场服务水平。如果你还监控设备并跟踪位置和状态，那么这是自然而然的下一步。你不仅可以立即知道是否存在问题，还可以确切地知道问题的位置以及需要携带哪些元器件来纠正问题。

即使你不提供设备的现场服务，也可以充当提供该服务的公司的中介。由于你正在提高整个流程的效率，这对最终客户和现场服务公司都具有价值。双方都有可能接受你提供的服务，成为你的收入来源。

12.4.2　新的收入机会

创建新的收入机会的想法是指与当前业务流程没有直接关系的附加服务。想想看，你获得了关于流入中心位置的物联网设备的位置和操作的新信息。这是你以前没有的信息。你可以花点时间以不同的角度研究该信息，并思考如果该信息始终可用，那么你的公司能否从中产生收入。试着摆脱惯性思维，考虑以下因素。

- ❏ 物联网数据池本身的价值。想想哪些企业和行业会发现你拥有的有价值的数据。在保护客户隐私的情况下，你可以将该信息打包并有偿提供给其他公司。

  我们在本书前面讨论了一个关于物联网恒温器数据的例子，这些数据可以被汇总并出售给发电公司。

  蜂窝网络公司可以将手机位置数据打包，以指示当前高速公路沿线的交通拥堵情况。一些手机应用程序公司会收集 GPS 位置并将其打包出售给零售商，作为其商店客流量的指标。

  金融和保险公司肯定会比官方统计数据更早地发现业务部门活动指标的价值。

- ❏ 新的业务服务。你的公司拥有物联网数据和数据分析能力，因此完全可以提供更多的服务，它甚至可能在当前不相关的业务中。

  回到物联网恒温器示例。由于公司既可以检测供暖通风与空气调节（heating ventilation and air conditioning）问题，也可以知道设备的位置，因此可以有效地安排正确的维修程序。这个概念在 12.4.1 节中已经提到过。如果物联网恒温器公司目前没有这项服务，那么它们可能会想要提供该服务，因为它们有能力这样做。想象一下，如果恒温器向客户发送一封电子邮件，表明它检测到了问题，并且可以让维修人员在两个小时内以预先确定的合理价格进行维修，那么客户只需单击鼠标进行确认即可，如图 12.4 所示。

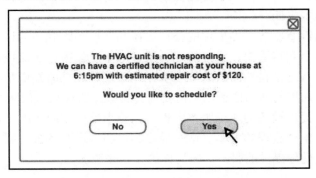

图 12.4　客户确认接受维修服务

- ❏ 以前无法提供的对客户非常有价值的服务。客户也许能够通过你已经拥有的数据来改善他们的业务。他们可能已经在寻求类似服务，所以与他们联系并询问他们是否接受该服务是非常有价值的。你可以打包该服务并出售给所有客户。例如，如果你为连接到货柜卡车的物流公司提供 GPS 跟踪设备，则不妨考虑如何为客户找到对他们有价值的数据。你可以为客户提供基准标记服务，以比较他们的货柜卡车的行驶里程；随着时间的推移，你可以汇总货柜卡车的位置数据，向客户展示路线集中图；这些路线地图又可以通过应用程序提供给物流客户，使他们能够实时掌握自己包裹的位址。

12.5　预测性维护的经济意义示例

预测性维护是物联网分析引用的常见价值主张。我们将通过一个示例来探讨它在经济上的意义。

12.5.1　预测性维护的现实情境

预测性维护的经济性可能并不是十分明显。即使你可以准确地预测到早期的失败，它也不总是有意义的。在很多情况下，你实际上会因为这样做而赔钱。即使它可以省钱，也有一个最佳时间点的问题。最佳时间点将取决于预测模型的成本和准确率。

12.5.2　价值公式

在做出是否需要进行预测性维护的决策时，可以使用一个价值公式作为指导，该公式将允许发生故障的成本与主动修复组件的成本进行比较，同时还考虑到预测故障的可能性。

$$净节约=(故障成本×(预期故障数-预期真阳性预测))-$$
$$(主动维修成本×(预期真阳性+预期假阳性))$$

如果故障成本与主动维修成本相同，那么即使有一个完美的预测模型，也不会产生任何净节约。更何况，我们从第 10 章中已经了解到，通过物联网分析的数据科学模型获得完美预测结果几乎是不可能的。

此外，你还需要确保将无形成本包括在失败成本中。无形成本的一些例子包括法律费用、品牌资产损失等，甚至还包括客户的费用。

当故障成本和主动维修成本之间存在较大差异时，结合表现良好的预测模型，那么预测性修复就是有意义的。例如，如果故障的成本是需要更换 100 万美元的机车发动机，而主动维修的成本则仅为 200 美元,那么在主动更换计划实施之前,模型的准确性甚至不必那么高,它也是极具经济意义的。

另一方面,如果故障的成本是需要更换 400 美元的汽车涡轮增压器,而涡轮增压器的主动维修成本为 350 美元,则预测模型需要高度准确,才具有一定的经济意义。

12.5.3　价值决策示例

为了说明这个例子,我们将介绍一个虚拟的业务情境,然后介绍如何使用一些 R 代码来模拟该决策的成本效益曲线。该代码将使用拟合的预测模型来计算净节约值以生成成本曲线。然后,可以在业务决策中使用该成本曲线来确定:当具有预测故障的单元达到多少比例时应该进行主动更换。

想象一下,你在一家制造柴油发电机的公司工作。有一个冷却液控制阀,通常可以运行 4000 小时,直到有计划地更换。从数据分析中,公司意识到两年前制造的发电机可能会比预期更早出现阀门故障。

当阀门出现故障时,发动机会过热并且其他几个部件会损坏。故障成本(包括维修人员的人工费和客户停机成本)平均为 1000 美元,主动更换阀门的成本为 253 美元。

是否应该更换总体中的所有冷却液控制阀门呢?这取决于预期的失败率有多高。在这种情况下,大约 10%的当前未发生故障的单元预计会在计划更换之前发生故障。此外,重要的是,你对故障的预测能力有多好也很重要。

下面的 R 代码模拟了这种情况,并使用简单的预测模型(逻辑回归)来估计成本曲线。该模型的曲线下面积(AUC)接近 0.75。由于该数据集是随机模拟的,因此在运行代码时其结果会有所不同。

```
# 确保安装了所有需要的软件包
if(!require(caret)){
    install.packages("caret")
}

if(!require(pROC)){
    install.packages("pROC")
}

if(!require(dplyr)){
    install.packages("dplyr")
}
```

```
if(!require(data.table)){
    install.packages("data.table")
}

# 加载所需的库
library(caret)
library(pROC)
library(dplyr)
library(data.table)

# 生成样本数据
simdata = function(N=1000) {
    # 模拟 4 项特征
    X = data.frame(replicate(4,rnorm(N)))
    # 创建一个隐藏的数据结构来学习
    hidden = X[,1]^2+sin(X[,2]) + rnorm(N)*1
    # 10% TRUE, 90% FALSE
    rare.class.probability = 0.1
    # 模拟真实的分类值
    y.class = factor(hidden<quantile(hidden,c(rare.class.probability)))
    return(data.frame(X,Class=y.class))
}

# 创建一些数据结构
model_data = simdata(N=50000)

# 在模拟数据上训练逻辑回归模型
training <- createDataPartition(model_data$Class, p = 0.6, list=FALSE)
trainData <- model_data[training,]
testData <- model_data[-training,]
glmModel <- glm(Class~ . , data=trainData, family=binomial)
testData$predicted <- predict(glmModel, newdata=testData,
type="response")

# 计算 AUC
roc.glmModel <- pROC::roc(testData$Class, testData$predicted)
auc.glmModel <- pROC::auc(roc.glmModel)
print(auc.glmModel)

# 将测试数据和预测汇总在一起
```

```
simModel <- data.frame(trueClass = testData$Class,
                       predictedClass = testData$predicted)

# 重新排序行和列
simModel <- simModel[order(simModel$predictedClass, decreasing = TRUE), ]
simModel <- select(simModel, trueClass, predictedClass)
simModel$rank <- 1:nrow(simModel)

# 为故障和主动维修分配成本
# 主动维修零件的成本
proactive_repair_cost <- 253
# 零件故障的成本（包括所有成本，如生产损失等，而不仅仅是维修成本）
failure_repair_cost <- 1000

# 定义每个预测/实际组合
# 零部件被预测为故障但其实并没有（假阳性，误报）
fp.cost <- proactive_repair_cost
# 零部件没有被预测会出现故障，但它确实出现故障了（假阴性，漏报）
fn.cost <- failure_repair_cost
# 零部件被预测会出现故障并且它确实出现故障了（真阳性）
# 这对节约成本来说是负面的
tp.cost <- (proactive_repair_cost - failure_repair_cost)
# 零部件没有被预测会出现故障，它也确实没有出现故障（真阴性）
tn.cost <- 0.0

# 包含未来失败的概率
simModel$future_failure_prob <- prob_failure

# 为每个实例分配成本的函数
assignCost <- function(pred, outcome, tn.cost, fn.cost, fp.cost, tp.cost,
prob){
    # 没有成本，因为没有采取任何行动，也没有出现故障
    cost <- ifelse(pred == 0 & outcome == FALSE, tn.cost,
        # 不采取行动，但是需要进行维修的成本
        ifelse(pred == 0 & outcome == TRUE, fn.cost,
            # 不需要但却进行了主动维修的成本
            ifelse(pred == 1 & outcome == FALSE, fp.cost,
                # 避免了出现故障的主动维修的成本
                ifelse(pred == 1 & outcome == TRUE,tp.cost, 999999999))))
    return(cost)
}
```

```
# 初始化列表以保存最终输出
master <- vector(mode = "list", length = 100)

# 使用模拟模型
# 在实践中，此代码可用于比较多个模型
test_model <- simModel

# 创建一个循环以通过动态阈值递增
# 从 1.0 [无主动修复] 到 0.0 [所有主动修复]
threshold <- 1.00
for (i in 1:101) {
    # 添加使用百分位排名的预测类
    test_model$prob_ntile <- ntile(test_model$predictedClass, 100) / 100
    # 根据递增的阈值动态确定是否应用主动修复
    test_model$glm_failure <- ifelse(test_model$prob_ntile >=
    threshold, 1, 0)
    test_model$threshold <- threshold

    # 与实际结果进行比较以分配成本
    test_model$glm_impact <- assignCost(test_model$glm_failure,
    test_model$trueClass, tn.cost, fn.cost, fp.cost, tp.cost,
    test_model$future_failure_prob)

    # 计算不进行任何主动维修的成本
    test_model$nochange_impact <- ifelse(test_model$trueClass == TRUE,
    fn.cost, tn.cost) # test_model$future_failure_prob

    # 运行求总和以生成整体影响
    test_model$glm_cumul_impact <- cumsum(test_model$glm_impact) /
    nrow(test_model)
    test_model$nochange_cumul_impact<-cumsum(test_model$nochange_impact)/
    nrow(test_model)

    # 计算分类失败的数量
    test_model$glm_failure_ct <- cumsum(test_model$glm_failure)

    # 创建新对象以容纳最终绘图的每次迭代输出的一行
    master[[i]] <- test_model[nrow(test_model),]

    # 将阈值降低 1% 并重复计算新值
```

```
        threshold <- threshold - 0.01
}

finalOutput <- rbindlist(master)
finalOutput <- subset(finalOutput,
                 select = c( threshold,
                               glm_cumul_impact,
                               glm_failure_ct, nochange_cumul_impact)
)

# 将基线设置为不进行任何主动维修的成本
baseline <- finalOutput$nochange_cumul_impact

# 绘制成本曲线
par(mfrow = c(2,1))
plot(row(finalOutput)[,1],
    finalOutput$glm_cumul_impact,
    type = "l",
    lwd = 3,
    main = paste("Net Costs: Proactive Repair Cost of $",
proactive_repair_cost, ", Failure cost $", failure_repair_cost, sep = ""),
    ylim = c(min(finalOutput$glm_cumul_impact) - 100,
              max(finalOutput$glm_cumul_impact) + 100),
    xlab = "Percent of Population",
    ylab = "Net Cost ($) / Unit")

# 绘制主动维修计划和"什么也不做"方法的成本差异
plot(row(finalOutput)[,1],
    baseline - finalOutput$glm_cumul_impact,
    type = "l",
    lwd = 3,
    col = "black",
    main = paste("Savings: Proactive Repair Cost of $",
proactive_repair_cost, ", Failure cost $", failure_repair_cost,sep = ""),
    ylim = c(min(baseline - finalOutput$glm_cumul_impact) - 100,
              max(baseline - finalOutput$glm_cumul_impact) + 100),
    xlab = "% of Population",
    ylab = "Savings ($) / Unit")
    abline(h=0,col="gray")
```

从最终的净成本和节省曲线中可以看出，根据模型的预测，最佳节省将来自前 30% 单位的主动维修计划。此后节省的费用会减少，尽管在替换多达 75% 的总体时仍然可以节省费用。但在此之后，成本比我们节省的还要多。图 12.5 是上述代码的输。

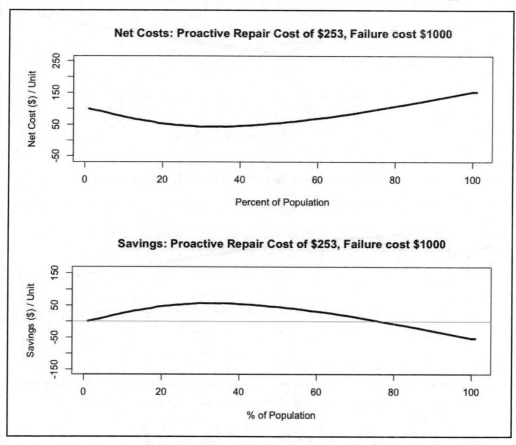

图 12.5　主动维修费用为 253 美元、故障成本为 1000 美元时的成本曲线和节约曲线

如图 12.6 所示，当故障成本下降到 300 美元时，你绝不会省钱，因为主动维修成本总是超过减少的故障成本。这并不意味着你不应该进行主动维修，你可能仍希望这样做以满足客户。但即使在这种情况下，这种成本曲线方法也可以帮助你决定能够花多少钱来解决问题。你可以重新运行代码，将 positive_repair_cost 设置为 253，并将 failure_repair_cost 设置为 300，以生成图 12.6 中的输出。

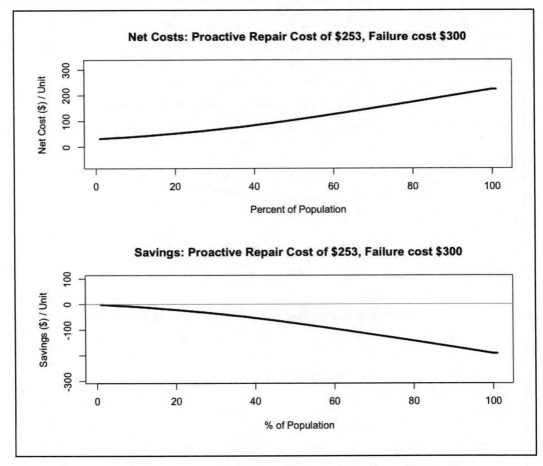

图 12.6　主动维修费用为 253 美元、故障成本为 300 美元时的成本曲线和节约曲线

现在来看看当故障成本变为 5000 美元时，节约曲线如何变化。你会注意到，主动维修成本和故障成本之间的差额在很大程度上决定了主动维修何时具有经济上的意义。你可以重新运行代码，将 positive_repair_cost 设置为 253，并将 failure_repair_cost 设置为 5000，以生成图 12.7 中的输出。

因此，最终决策将基于预期成本和收益的业务情况。机器学习建模可以帮助在适当的条件下优化节省的收益。利用成本曲线有助于确定主动更换的预期成本和节省情况。

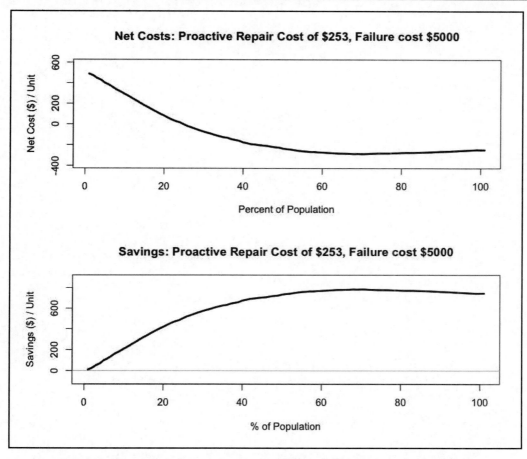

图 12.7 主动维修费用为 253 美元、故障成本为 5000 美元时的成本曲线和节约曲线

12.6 小 结

本章讨论了云计算和开源软件的经济意义。我们回顾了物联网分析的成本考虑因素以及如何思考增加收入的机会。我们还介绍了思考物联网分析业务案例的方法。

本章以预测性维护的经济意义为例，讨论了如何查看应用物联网分析机器学习模型的成本和收益。我们还提供了一个计算成本收益的示例框架以及一些 R 代码，演示了如何基于机器学习模型生成成本曲线。

第 13 章　总结和建议

公司的运营总裁，以前是互联服务开发副总裁和你的上司，正在微笑地看着你，你们的双手紧握在一起。

"公司收入增长了 10%，这显然归功于你团队的努力，"他说，"我和 CEO 决定设立一个新职位，即物联网分析副总裁。我希望你来领导它。"

"谢谢，感谢领导对我的信任。"你努力掩饰着自己的笑容。

"告诉你的团队，公司将大力支持你们的工作，我们正在为你的团队增加一个数据管理团队和一个前端原型设计团队。在下一个财年，我们的物联网产品数量将增加一倍。"

他松开手，点点头，然后微笑着走开。

你回到自己的座位上，开心地回味着："终于成功了。"经过一段时间的努力，你实现了以前想要达成的目标。你喜滋滋地享受着这一切，直至你忽然意识到："等等，我该如何管理双倍的产品和一个更大的团队，同时仍然满足 CEO 的收入预期呢？"

欲知后事如何，请听下回分解……

作为本书的最后一章，本章总结了前面所学的内容，并提出了一些关于如何从物联网分析中获得最大价值的建议。

此外，本章还包括一个示例项目，读者可以尝试挑战一下自己。

本章包含以下主题。

❑ 本书关键主题回顾。
　➢ 物联网数据流。
　➢ 物联网探索性分析。
　➢ 物联网数据科学。
　➢ 通过物联网分析增加收入。
❑ 示例挑战项目。

13.1　本书关键主题回顾

本书涵盖了从设备数据采集、处理到分析结果呈现的物联网数据流的全范围处理步骤。这是一个广泛的主题，但它们确实适合联系在一起。图 13.1 显示了这种联系，并映射了书中每一章的关系。

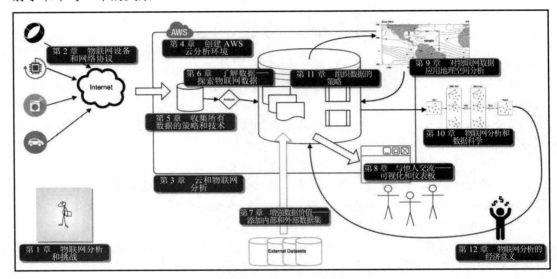

图 13.1　本书介绍的一般物联网数据处理和分析流程

13.1.1　物联网数据流

　　为了理解一个复杂的系统（例如来自物联网设备的数据流），需要绘制出它的处理流程，然后，还需要了解沿途的每一站如何影响最终结果。

　　我们讨论了物联网数据面临的诸多挑战。它是出了名的混乱，并且经常会有缺失和不正确的值。在第 1 章"物联网分析和挑战"，我们探讨了数据质量问题、与时间相关的问题、与空间位置相关的问题，以及物联网数据中更为突出的分析挑战。

　　在使用生成的数据进行分析时，了解物联网设备的局限性以及与之相关的各种通信协议将会有很大帮助。在第 2 章"物联网设备和网络协议"中，我们简要介绍了各种通信架构的优缺点。

　　由于物联网数据的规模和使用方式的不确定性，收集和处理物联网数据具有一定的挑战性，甚至通过分析来预测会发现什么样的商机也很困难。第 3 章"云和物联网分析"介绍了使用云架构的好处，以及为物联网相关分析提供的一些关键云服务。

　　第 4 章"创建 AWS 云分析环境"演示了如何为数据分析创建安全云环境。

　　第 5 章"收集所有数据的策略和技术"详细介绍了用于存储和处理大量物联网数据的大数据技术。

简而言之，我们的建议如下。

❑　物联网数据庞大且混乱，关键是要学会如何处理它。

❑　了解物联网设备的信息和数据的传输方式。

❑　在可根据需要扩展和收缩的环境中存储和处理物联网数据。云服务符合该要求。

❑　使用大数据技术，可以使小规模解决方案只需少量更改即可大规模运行。

13.1.2　物联网探索性分析

在探索物联网数据时，可以将其与外部数据（如地图）相结合，并利用可视化技术来传达你的发现，这样也许可以产生巨大的影响。图 13.2 由约翰·斯诺在 19 世纪后期创建，用于展示他对霍乱疾病数据的分析，发现 1854 年的霍乱流行与水源有关。这使人们更好地了解了霍乱这种疾病的原因，挽救了数十万人的生命。

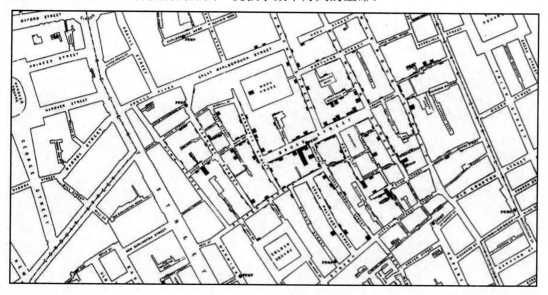

图 13.2　约翰·斯诺霍乱地图

资料来源：美国疾病控制中心（Center for Disease Control，CDC）。

在中心位置收集物联网数据后，你需要对其进行探索以了解数据，并看看是否能够发现其模式。在第 6 章"了解数据——探索物联网数据"中，我们介绍了如何使用 Tableau 快速了解数据、发现问题并在地图上查看。在此过程中，还提到了如何寻找可能具有预测价值的特征以用于数据科学技术。

添加外部数据可以大大提高分析的潜在价值。我们在第 7 章"增强数据价值——添加内部和外部数据集"中讨论了增值数据的几个来源,包括地理、经济和人口数据集。

通过对物联网数据的探索性分析来传达你发现的信息也非常重要。其他人需要以易于理解的方式找到有用的模式和趋势。因此,在第 8 章"与他人交流——可视化和仪表板"中介绍了仪表板和可视化设计等技术。

简而言之,我们的建议如下。

- ❑　全面了解你的数据。
- ❑　添加外部数据以增加价值。
- ❑　有效地传达你的发现。
- ❑　通过有用的仪表板和警报提高整个公司的效率。

13.1.3　物联网数据科学

从一组复杂的数据中发现意想不到的价值是数据科学的好处之一。此外,它还可以从看似平凡的数据中发现一些人类不容易实现的创造性价值。图 13.3 就是这样一个示例,该图片由 Google 深度学习算法生成。

图 13.3　深度学习模型生成的幻觉图像

资料来源:TheNewStack.io。

在了解物联网设备报告的内容、将其与外部数据结合、识别有趣的模式并将信息传达给他人之后，我们可以通过地理空间分析增加额外的价值。

物联网设备通常分布于地理空间，有时甚至可以四处移动。结合位置和使用信息可以为数据分析和有价值的服务增加新的业务机会。这还可以添加具有预测价值的附加特征。第 9 章"对物联网数据应用地理空间分析"介绍了利用这些技术的方法。

数据科学是一个非常宏大的领域，最近在机器学习技术的应用方面取得了一些令人兴奋的进展。第 10 章"物联网分析和数据科学"详细阐释了机器学习的关键概念，以及一些流行的算法，如随机森林和梯度提升机等。

第 10 章还讨论了特征提取、偏差-方差权衡、验证方法和机器学习模型评估指标等，介绍了使用 ARIMA 进行趋势预测的操作，并提供了 R 示例代码。如果你拥有恰当的数据，那么深度学习被认为是一种能够从物联网数据中榨取额外价值的潜在方法。

简而言之，我们的建议如下。

❑ 使用位置从你的物联网设备中学习有用的东西。

❑ 构建一组丰富的机器学习特征。

❑ 应用机器学习技术时要小心，但一定要探索它们的用途。

❑ 有意义的时候使用深度学习，没有意义的时候不要使用它。

13.1.4　通过物联网分析增加收入

将成本与收益的最佳比率作为实现利润最大化的目标在所有行业中都很重要。图 13.4 显示了农民如何考虑成本和肥料用量与由此产生的产量和作物价格的关系。

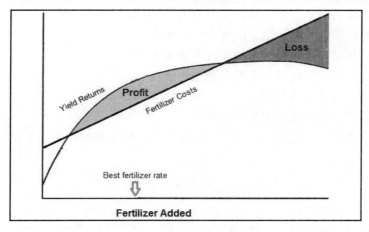

图 13.4　肥料价格和作物产量

资料来源：SMART! Fertilizer management（聪明！肥料管理）。

原　　文	译　　文
Yield Returns	收益回报
Profit	利润
Fertilizer Costs	肥料成本
Loss	损失
Best fertilizer rate	最佳施肥率
Fertilizer Added	增加的肥料

数据科学家将大部分时间花在整理和清洗数据上。通过安排数据存储，可以让他们的工作更轻松，这样也可以加快他们对价值的探索速度。一种被称为 LAD 的方法可以帮助做到这一点。

为分析项目设计一个从实验到生产的进度计划将有助于分析环境的管理。设置数据保留策略可以让我们在保持低成本的同时保留有价值的数据。第 11 章"组织数据的策略"详细探讨了所有这些内容。

最大化利润意味着在寻找增加收入的机会的同时保持低成本。第 12 章"物联网分析的经济意义"介绍了云分析的经济学。云环境并不总是灵丹妙药，如果设计不当，那么成本可能会迅速攀升。因此，我们应该密切关注云服务的账单，同时设计可扩展和可收缩的程序以充分利用云经济，同时保持较低的成本。

将业务案例成本和收益直接纳入机器学习建模能够优化模型的输出。我们介绍了一种创建成本曲线的方法，以可视化机器学习模型的影响，并通过一个假设示例深入探讨了预测性维护经济学。

简而言之，我们的建议是如下。

❑　为数据科学家，而非数据库管理员组织数据。

❑　计划将初始概念发展为可增加收入的服务。

❑　制定数据保留策略以保留潜在数据价值。

❑　适当使用云以保持低成本。

❑　通过机器学习构建成本和收益曲线。

❑　预测性维护并不总是有意义的，你需要结合成本和收益来确定是否这样做。

13.2　示例挑战项目

如果你准备好挑战自己，那么以下是一个你应该可以自己解决的项目。纸上谈兵永远比不上实战练习，尤其是在没有固定答案时。因此，发挥你的聪明才智尝试一下吧。

该项目的基本步骤如下。

（1）设置 AWS 环境。按照第 4 章"创建 AWS 云分析环境"的演示为数据存储和物联网分析准备一个安全区域。

（2）为 NOAA 每小时天气数据构建数据源。可以在 AWS Lambda 函数或 Amazon Kinesis 等服务中使用 Python 代码来处理源。

（3）将数据集导入 Hadoop 环境（存储在 HDFS 中）中。练习使用 Hive 查询数据。对于 Hadoop 托管服务，可以使用 Amazon EMR 或 Cloudera/Hortonworks 发行版。

（4）结合另一个数据集，可以自行选择。

（5）使用 Tableau 执行分析以了解数据。连接到 Hive 并探索组合数据。创建仪表板以传达一些指标和警报。

（6）使用 R 创建机器学习预测模型。使用随机森林和梯度提升机来拟合模型。使用 ROC 曲线图判断哪个模型最好。预测天气，做你自己的天气预报员！

13.3　小　　结

本章回顾了全书的重要主题，并添加了一些简明扼要的建议。最后，我们还提出了一个挑战项目，它不但可以巩固你在本书学到的知识，也可以为你带来乐趣。

好运总是与勤奋的人相伴，祝你能够通过数据分析发掘到物联网的价值！